U0175973

智能系统与技术丛书

深入浅出 Embedding

原理解析与应用实践

吴茂贵 王红星 著

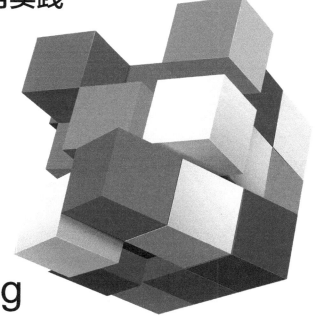

Embedding Inside Out

Principle Analysis and Application Practice

机械工业出版社
CHINA MACHINE PRESS

图书在版编目（CIP）数据

深入浅出 Embedding：原理解析与应用实践 / 吴茂贵，王红星著 .-- 北京：机械工业出版社，2021.5（2024.6 重印）
（智能系统与技术丛书）
ISBN 978-7-111-68064-2

I. ①深…　II. ①吴…　②王…　III. ①人工神经网络－研究　IV. ①TP183

中国版本图书馆 CIP 数据核字（2021）第 072166 号

深入浅出 Embedding：原理解析与应用实践

出版发行：机械工业出版社（北京市西城区百万庄大街 22 号　邮政编码：100037）
责任编辑：韩 蕊　李 艺　　　　　　　　　责任校对：殷 虹
印　　刷：北京捷迅佳彩印刷有限公司　　　版　　次：2024 年 6 月第 1 版第 5 次印刷
开　　本：186mm×240mm　1/16　　　　　印　　张：20
书　　号：ISBN 978-7-111-68064-2　　　　定　　价：99.00 元

客服电话：（010）88361066　68326294

Preface 前　言

为什么写这本书

近年来，视觉处理和自然语言处理（NLP）技术都取得了不小的进步。更可喜的是，这些新技术的落地和应用也带动了相关领域如传统机器学习、推荐、排序等的快速发展。

这些新技术的背后都离不开 Embedding（嵌入）技术，Embedding 已成为这些技术的基本元素和核心操作。Embedding 起源于 Word Embedding，经过多年的发展，已取得长足进步。从横向发展来看，由原来单纯的 Word Embedding，发展成现在的 Item Embedding、Entity Embedding、Graph Embedding、Position Embedding、Segment Embedding 等；从纵向发展来看，由原来静态的 Word Embedding 发展成动态的预训练模型，如 ELMo、BERT、GPT、GPT-2、GPT-3、ALBERT、XLNet 等，这些预训练模型可以通过微调服务下游任务。Embedding 不再固定不变，从而使这些预训练模型可以学习到新的语义环境下的语义，高效完成下游的各种任务，如分类、问答、摘要生成、阅读理解等，其中有很多任务的完成效率已超过人工完成的平均水平。

这些技术不但强大，而且非常实用。掌握这些技术因而成为当下很多 AI 技术爱好者的迫切愿望。本书就是为实现广大 AI 技术爱好者这个愿望而写的！

虽然本书不乏新概念、新内容，但仍采用循序渐进的方法。为了让尽可能多的人掌握这些技术，书中先介绍相关基础知识，如语言模型、迁移学习、注意力机制等，所以无须担心没有基础看不懂本书。然后，本书通过多个典型实例，使用最新版本的 PyTorch 或 TensorFlow 实现一些核心代码，并从零开始介绍如何实现这些实例，如利用 Transformer 进行英译中、使用 BERT 实现对中文语句的分类、利用 GPT-2 实现文本生成等。为了帮助大家更好地理解各种原理和逻辑，书中尽量采用可视化的讲解方法，并辅以相关关键公式、代码实例进一步说明。总而言之，无须担心没有高等数学背景无法看懂、看透本书。

本书特色

本书把基本原理与代码实现相结合，并精准定位切入点，将复杂问题简单化。书中使用大量可视化方法说明有关原理和逻辑，并用实例说明使抽象问题具体化。

读者对象

❑ 对机器学习、深度学习，尤其是 NLP 最新进展感兴趣的在校学生、在职人员。

❑ 有一定 PyTorch、TensorFlow 基础，并希望通过解决一些实际问题来进一步提升这方面水平的 AI 技术爱好者。

❑ 对机器学习、推荐排序、深度学习等前沿技术感兴趣的读者。

如何阅读本书

本书分为两部分，共 16 章。

第一部分为 Embedding 基础知识（第 1 ~ 9 章），重点介绍了 Embedding 技术的发展历史及最新应用，并对各种预训练模型涉及的基础知识做了详细说明，如语言模型、迁移学习、注意力机制等。第 1 章说明万物皆可嵌入；第 2 章讲解如何获取 Embedding；第 3、4 章分别介绍视觉处理、文本处理方面的基础知识；第 5 章为本书重点，介绍了多种注意力机制；第 6 ~ 8 章介绍了 ELMo、BERT、GPT、XLNet 等多种预训练模型；第 9 章介绍了推荐排序系统。

第二部分为 Embedding 应用实例（第 10 ~ 16 章），以实例为主介绍了 Embedding 技术的多种应用，以及使用新技术解决 NLP 方面的一些问题。第 10 章介绍如何使用 Embedding 处理机器学习中的分类特征；第 11 章介绍如何使用 Embedding 提升机器学习性能；第 12 章介绍如何使用 Transformer 实现将英文翻译成中文；第 13 章介绍 Embedding 在推荐系统中的前沿应用；第 14 章介绍如何使用 BERT 实现中文语句分类问题；第 15 章介绍如何使用 GPT-2 实现文本生成；第 16 章是对 Embedding 技术的总结。

勘误和支持

由于笔者水平有限，加之编写时间仓促，书中难免出现错误或不准确的地方，恳请读者批评指正。你可以通过访问 http://www.feiguyunai.com 下载代码和数据，也可以通过邮箱（wumg3000@163.com）进行反馈。非常感谢你的支持和帮助，也非常欢迎大家加入图书群（QQ：799038260）进行在线交流。

致谢

在本书编写过程中，我得到了很多同事、朋友、老师和同学的支持！感谢刘未昕、张粤磊、张魁等同事的支持（他们负责整个环境的搭建和维护），感谢博世王冬的鼓励和支持！感谢上海交大慧谷的程国旗老师，上海大学的白延琴老师、李常品老师，上海师范大学的田红炯老师、李昭祥老师，赣南师大的许景飞老师等的支持和帮助！

感谢机械工业出版社杨福川老师、李艺老师给予本书的大力支持和帮助。

最后，感谢我的爱人赵成娟在繁忙的教学之余帮助审稿，并提出了不少改进意见和建议。

吴茂贵

2021 年 3 月 31 日于上海

目 录 *Contents*

Embedding 基础知识

Chapter 1　第 1 章

万物皆可嵌入

近些年在机器学习、深度学习等领域，嵌入（Embedding）技术可谓发展迅猛、遍地开花。那么，嵌入是什么？嵌入为何能引起大家的极大关注？嵌入有哪些新进展？接下来会对这些问题进行说明。

简单来说，嵌入是用向量表示一个物体，这个物体可以是一个单词、一条语句、一个序列、一件商品、一个动作、一本书、一部电影等，可以说嵌入涉及机器学习、深度学习的绝大部分对象。这些对象是机器学习和深度学习中最基本、最常用、最重要的对象，正因如此，如何有效表示、学习这些对象就显得非常重要。尤其 word2vec 这样的 Word Embedding 的广泛应用，更是带来了更大范围的延伸和拓展，嵌入技术由最初的自然语言处理领域向传统机器学习、搜索排序、推荐、知识图谱等领域延伸，具体表现为由 Word Embedding 向 Item Embedding、Graph Embedding、Categorical variables Embedding 等方向延伸。

Embedding 本身也在不断更新，由最初表现单一的静态向表现更丰富的动态延伸和拓展。具体表现为由静态的 Word Embedding 向 ELMo、Transformer、GPT、BERT、XLNet、ALBERT 等动态的预训练模型延伸。

上面介绍了近几年出现的一些英文热词，那么，这些词语具体表示什么含义？功能是什么？如何使用？这就是本书接下来要介绍的主要内容。本章主要涉及如下内容：

❑ 处理序列问题的一般步骤
❑ Word Embedding
❑ Item Embedding
❑ 用 Embedding 处理分类特征
❑ Graph Embedding

❑ Contextual Word Embedding
❑ 使用 Word Embedding 实现中文自动摘要

1.1　处理序列问题的一般步骤

序列问题是非常常见的，如自然语言处理、网页浏览、时间序列等都与序列密不可分。因此，如何处理序列问题、如何挖掘序列中隐含的规则和逻辑非常重要。

以自然语言处理为例。假设你拿到一篇较长文章或新闻报道之类的语言材料，要求用自然语言处理（NLP）方法提炼出该材料的摘要信息，你该如何处理？需要考虑哪些内容？涉及哪些步骤？先从哪一步开始？

拿到一份语言材料后，不管是中文还是英文，首先需要做一些必要的清理工作，如清理特殊符号、格式转换、过滤停用词等，然后进行分词、索引化，再利用相关模型或算法把单词、词等标识符向量化，最后输出给下游任务，具体处理步骤如图 1-1 所示。

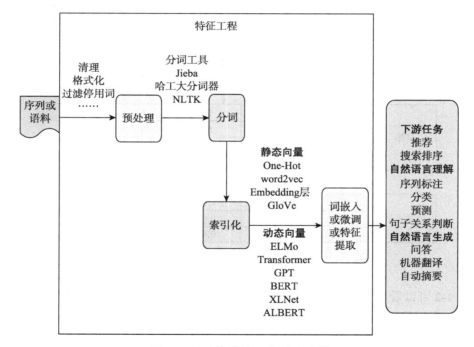

图 1-1　序列问题的一般处理步骤

在图 1-1 中，词嵌入或预训练模型是关键，它们的质量好坏直接影响下游任务的效果。词嵌入与训练模型阶段涉及的算法、模型较多，近几年也取得了长足发展，如 word2vec、Transformer、BERT、ALBERT 等方法，刷新了自然语言处理、语言识别、推荐任务、搜索排序等任务在性能方面的纪录。下面将从最基本的 word2vec——Word Embedding 开始介绍。

1.2 Word Embedding

因机器无法直接接收单词、词语、字符等标识符（token），所以把标识符数值化一直是人们研究的内容。开始时人们用整数表示各标识符，这种方法简单但不够灵活，后来人们开始用独热编码（One-Hot Encoding）来表示。这种编码方法虽然方便，但非常稀疏，属于硬编码，且无法重载更多信息。此后，人们想到用数值向量或标识符嵌入（Token Embedding）来表示，即通常说的词嵌入（Word Embedding），又称为分布式表示。

不过 Word Embedding 方法真正流行起来，还要归功于 Google 的 word2vec。接下来我们简单了解下 word2vec 的原理及实现方法。

1.2.1 word2vec 之前

从文本、标识符、独热编码到向量表示的整个过程，可以用图 1-2 表示。

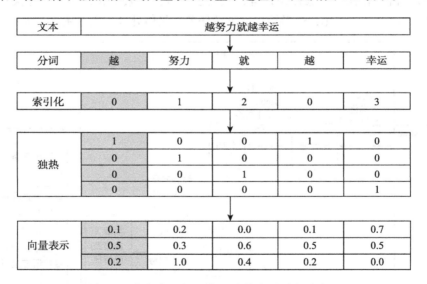

图 1-2 从文本、标识符、独热编码到向量表示

从图 1-2 可以看出，独热编码是稀疏、高维的硬编码，如果一个语料有一万个不同的词，那么每个词就需要用一万维的独热编码表示。如果用向量或词嵌入表示，那么这些向量就是低维、密集的，且这些向量值都是通过学习得来的，而不是硬性给定的。至于词嵌入的学习方法，大致可以分为两种。

1. 利用平台的 Embedding 层学习词嵌入

在完成任务的同时学习词嵌入，例如，把 Embedding 作为第一层，先随机初始化这些词向量，然后利用平台（如 PyTorch、TensorFlow 等平台）不断学习（包括正向学习和反向学习），最后得到需要的词向量。代码清单 1-1 为通过 PyTorch 的 nn.Embedding 层生成词嵌入的简单示例。

代码清单1-1　使用Embedding的简单示例

```
from torch import nn
import torch
import jieba
import numpy as np

raw_text = """越努力就越幸运"""
#利用jieba进行分词
words = list(jieba.cut(raw_text))
print(words)
#对标识符去重，生成由索引:标识符构成的字典
word_to_ix = { i: word for i, word in enumerate(set(words))}
#定义嵌入维度，并用正态分布，初始化词嵌入
#nn.Embedding模块的输入是一个标注的下标列表，输出是对应的词嵌入
embeds = nn.Embedding(4, 3)
print(embeds.weight[0])
#获取字典的关键字
keys=word_to_ix.keys()
keys_list=list(keys)
#把所有关键字构成的列表转换为张量
tensor_value=torch.LongTensor(keys_list)
#把张量输入Embedding层，通过运算得到各标识符的词嵌入
embeds(tensor_value)
```

运行结果：

```
['越','努力','就','越','幸运']
tensor([-0.5117,  -0.5395,  0.7305], grad_fn=<SelectBackward>)
tensor([[-0.5117, -0.5395,  0.7305],
        [-0.7689,  0.0985, -0.7398],
        [-0.3772,  0.7987,  2.1869],
        [-0.4592,  1.0422, -1.4532]], grad_fn=<EmbeddingBackward>)
```

2. 使用预训练的词嵌入

利用在较大语料上预训练好的词嵌入或预训练模型，把这些词嵌入加载到当前任务或模型中。预训练模型很多，如 word2vec、ELMo、BERT、XLNet、ALBERT 等，这里我们先介绍 word2vec，后续将介绍其他预训练模型，具体可参考 1.6 节。

1.2.2　CBOW 模型

在介绍 word2vec 原理之前，我们先看一个简单示例。示例展示了对一句话的两种预测方式：

假设：今天 下午 2点钟 搜索 引擎 组 开 组会。

方法 1 (根据上下文预测目标值)

对于每一个单词或词 (统称为标识符)，使用该标识符周围的标识符来预测当前标识符

生成的概率。假设目标值为"2 点钟"，我们可以使用"2 点钟"的上文"今天、下午"和"2 点钟"的下文"搜索、引擎、组"来生成或预测目标值。

方法 2（由目标值预测上下文）

对于每一个标识符，使用该标识符本身来预测生成其他词汇的概率。如使用"2 点钟"来预测其上下文"今天、下午、搜索、引擎、组"中的每个词。

两种预测方法的共同限制条件是，对于相同的输入，输出每个标识符的概率之和为 1。

它们分别对应 word2vec 的两种模型，即 CBOW 模型（Continuous Bag-Of-Words Model）和 Skip-Gram 模型。根据上下文生成目标值（即方法 1）时，使用 CBOW 模型；根据目标值生成上下文（即方法 2）时，采用 Skip-Gram 模型。

CBOW 模型包含三层：输入层、映射层和输出层。具体架构如图 1-3 所示。CBOW 模型中的 $w(t)$ 为目标词，在已知它的上下文 $w(t-2)$、$w(t-1)$、$w(t+1)$、$w(t+2)$ 的前提下预测词 $w(t)$ 出现的概率，即 $p(w/\text{context}(w))$。目标函数为：

$$\mathcal{L} = \sum_{w \in c} \log p(w \,|\, \text{context}(w)) \tag{1.1}$$

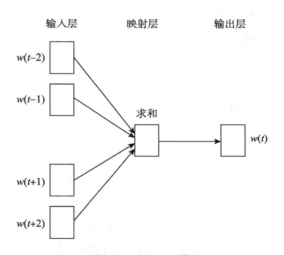

图 1-3　CBOW 模型

CBOW 模型其实就是根据某个词前后的若干词来预测该词，也可以看成是多分类。最朴素的想法就是直接使用 Softmax 来分别计算每个词对应的归一化的概率。但对于动辄十几万词汇量的场景，使用 Softmax 计算量太大，此时可以使用一种称为二分类组合形式的 Hierarchical Softmax（输出层为一棵二叉树）来优化。

1.2.3　Skip-Gram 模型

Skip-Gram 模型同样包含三层：输入层、映射层和输出层。具体架构如图 1-4 所示。

Skip-Gram 模型中的 $w(t)$ 为输入词，在已知词 $w(t)$ 的前提下预测词 $w(t)$ 的上下文 $w(t-2)$、$w(t-1)$、$w(t+1)$、$w(t+2)$，条件概率写为 $p(\text{context}(w)/w)$。目标函数为：

$$\mathcal{L} = \sum_{w \in c} \log p(\text{context}(w) \mid w) \qquad (1.2)$$

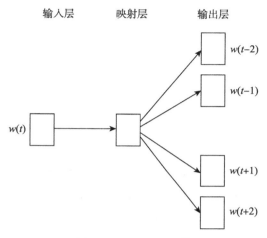

图 1-4　Skip-Gram 模型

我们通过一个简单的例子来说明 Skip-Gram 的基本思想。假设有一句话：

`the quick brown fox jumped over the lazy dog`

接下来，我们根据 Skip-Gram 模型的基本思想，按这条语句生成一个由序列（输入，输出）构成的数据集。那么，如何构成这样一个数据集呢？我们首先对一些单词以及它们的上下文环境建立一个数据集。可以以任何合理的方式定义"上下文"，这里是把目标单词的左右单词视作一个上下文，使用大小为 1 的窗口（即 window_size=1）定义，也就是说，仅选输入词前后各 1 个词和输入词进行组合，就得到一个由（上下文，目标单词）组成的数据集，具体如表 1-1 所示。

表 1-1　由 Skip-Gram 算法构成的训练数据集

输入单词	左边单词（上文）	右边单词（下文）	（上下文，目标单词）	（输入，输出）Skip-Gram 根据目标单词预测上下文
quick	the	brown	([the, brown], quick)	(quick, the) (quick, brown)
brown	quick	fox	([quick, fox], brown)	(brown, quick) (brown, fox)
fox	brown	jumped	([brown, jumped], fox)	(fox, brown) (fox, jumped)
…	…	…	…	…
lazy	the	dog	([the, dog], lazy)	(lazy, the) (lazy, dog)

1.2.4　可视化 Skip-Gram 模型实现过程

前面我们简单介绍了 Skip-Gram 的原理及架构，至于 Skip-Gram 如何把输入转换为词嵌入、其间有哪些关键点、面对大语料库可能出现哪些瓶颈等，并没有展开说明。而了解 Skip-Gram 的具体实现过程，有助于更好地了解 word2vec 以及其他预训练模型，如 BLMo、BERT、ALBERT 等。所以，本节将详细介绍 Skip-Gram 的实现过程，加深读者对其原理与实现的理解。对于 CBOW 模型，其实现机制与 Skip-Gram 模型类似，本书不再赘述，感兴趣的读者可以自行实践。

1. 预处理语料库

先来看下面的语料库：

```
text = "natural language processing and machine learning is fun and exciting"
corpus = [[word.lower() for word in text.split()]]
```

这个语料库就是一句话，共 10 个单词，其中 and 出现两次，共有 9 个不同单词。因单词较少，这里暂不设置停用词，而是根据空格对语料库进行分词，分词结果如下：

```
["natural", "language", "processing", "and", "machine", "learning", "is", "fun",
    "and", "exciting"]
```

2. Skip-Gram 模型架构图

使用 Skip-Gram 模型，设置 window-size=2，以目标词确定其上下文，即根据目标词预测其左边 2 个和右边 2 个单词。具体模型如图 1-5 所示。

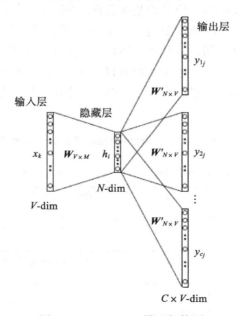

图 1-5　Skip-Gram 模型架构图

在图 1-5 中，这里语料库只有 9 个单词，V-dim=9，N-dim=10（词嵌入维度），C=4（该值为 2*window-size）。

如果用矩阵来表示图 1-5，可写成如图 1-6 所示的形式。

> **注意** 生产环境语料库一般比较大，涉及的单词成千上万。这里为便于说明，仅使用一句话作为语料。

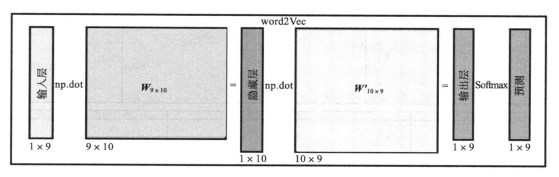

图 1-6　Skip-Gram 模型的矩阵表示

在一些文献中，又将矩阵 $W_{V\times N}$ 称为查找表（look up table）。2.1.1 节介绍 PyTorch 的 Embedding Layer 时，会介绍查找表的相关内容。

3. 生成中心词及其上下文的数据集

根据语料库及 window-size，生成中心词与预测上下文的数据集，如图 1-7 所示。

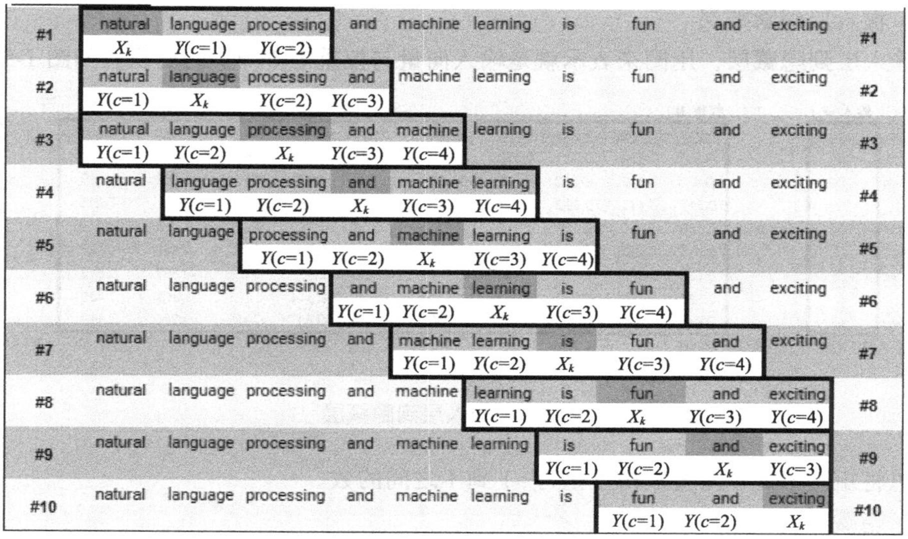

图 1-7　Skip-Gram 数据集

图 1-7 中共有 10 对数据，X_k 对应的词为中心词，其左边或右边的词为上下文。

4. 生成训练数据

为便于训练 word2vec 模型，首先需要把各单词数值化。这里把每个单词转换为独热编码。在前面提到的语料库中，图 1-7 中显示了 10 对数据（#1 到 #10）。每个窗口都由中心词及其上下文单词组成。把图 1-7 中每个词转换为独热编码后，可以得到如图 1-8 所示的训练数据集。

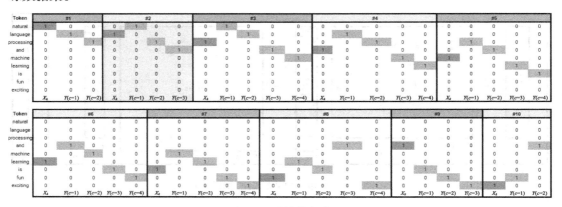

图 1-8　训练数据集

5. Skip-Gram 模型的正向传播

上述 1 ~ 4 步完成了对数据的预处理，接下来开始数据的正向传播，包括输入层到隐藏层、隐藏层到输出层。

（1）输入层到隐藏层

从输入层到隐藏层，用图来表示就是输入向量与权重矩阵 $W1$ 的内积，如图 1-9 所示。

#	Token	输入 w_t	权重 $W1$											隐藏层 h
0	natural	1	0.236	-0.962	0.686	0.785	-0.454	-0.833	-0.744	0.677	-0.427	-0.066		0.236
1	language	0	-0.907	0.894	0.225	0.673	-0.579	-0.428	0.685	0.973	-0.070	-0.811		-0.962
2	processing	0	-0.576	0.658	-0.582	-0.112	0.662	0.051	-0.401	-0.921	-0.158	0.529		0.686
3	and	0	0.517	0.436	0.092	-0.835	-0.444	-0.905	0.879	0.303	0.332	-0.275		0.785
4	machine	0	np.dot	0.859	-0.890	0.651	0.185	-0.511	-0.456	0.377	-0.274	0.182	-0.237	=	-0.454
5	learning	0	0.368	-0.867	-0.301	-0.222	0.630	0.808	0.088	-0.902	-0.450	-0.408		-0.833
6	is	0	0.728	0.277	0.439	0.138	-0.943	-0.409	0.687	-0.215	-0.807	0.612		-0.744
7	fun	0	0.593	-0.699	0.020	0.142	-0.638	-0.633	0.344	0.868	0.913	0.429		0.677
8	exciting	0	0.447	-0.810	-0.061	-0.495	0.794	-0.064	-0.817	-0.408	-0.286	0.149		-0.427
														-0.066
		1 × 9	9 × 10											1 × 10

图 1-9　输入层到隐藏层

这里将矩阵 $W_{9\times10}$ 先随机初始化为 −1 到 1 之间的数。

（2）隐藏层到输出层

从隐藏层到输出层，其实就是求隐含向量与权重矩阵 $W2$ 的内积，然后使用 Softmax

激活函数、得到预测值，具体过程如图 1-10 所示。

隐藏层 *h*（1 x 10） np.dot 权重 *W2*（10 x 9） = 输出层（1 x 9） Softmax - y_pred（1 x 9）

隐藏层 *h*
0.236
-0.962
0.686
0.785
-0.454
-0.833
-0.744
0.677
-0.427
-0.066

权重 *W2*								
-0.868	-0.406	-0.288	-0.016	-0.560	0.179	0.099	0.438	-0.551
-0.395	0.890	0.685	-0.329	0.218	-0.852	-0.919	0.665	0.968
-0.128	0.685	-0.828	0.709	-0.420	0.057	-0.212	0.728	-0.690
0.881	0.238	0.018	0.622	0.936	-0.442	0.936	0.586	-0.020
-0.478	0.240	0.820	-0.731	0.260	-0.989	-0.626	0.796	-0.599
0.679	0.721	-0.111	0.083	-0.738	0.227	0.560	0.929	0.017
-0.690	0.907	0.464	-0.022	-0.005	-0.004	-0.425	0.299	0.757
-0.054	0.397	-0.017	-0.563	-0.551	0.465	-0.596	-0.413	-0.395
-0.838	0.053	-0.160	-0.164	-0.671	0.140	-0.149	0.708	0.425
0.096	-0.995	-0.313	0.881	-0.402	-0.631	-0.660	0.184	0.487

输出层	Softmax - y_pred
1.258	0.218
-1.369	0.016
-1.828	0.010
1.196	0.205
0.545	0.107
1.113	0.189
1.333	0.235
-1.528	0.013
-2.335	0.006

图 1-10　隐藏层到输出层

（3）计算损失值

损失值即预测值与实际值的差，这里以选择数据集 #1 为例，即中心词为 natural，然后计算对应该中心词的输出，即预测值，再计算预测值与实际值的差，得到损失值 *EI*。中心词 natural 的上下文（这里只有下文）为 language 和 processing，它们对应的独热编码为 w_c=1，w_c=2，具体计算过程如图 1-11 所示。

#1 损失值

EI =差值1+差值2

y_pred Softmax	w_c = 1	Token	差值1	y_pred Softmax	w_c = 2	Token	差值2	损失值
0.218	0	natural	0.218	0.218	0	natural	0.218	0.436
0.016	1	language	-0.984	0.016	0	language	0.016	-0.968
0.010	0	processing	0.010	0.010	1	processing	-0.990	-0.980
0.205	0	and	0.205	0.205	0	and	0.205	0.411
0.107	0	machine	0.107	0.107	0	machine	0.107	0.214
0.189	0	learning	0.189	0.189	0	learning	0.189	0.378
0.235	0	is	0.235	0.235	0	is	0.235	0.471
0.013	0	fun	0.013	0.013	0	fun	0.013	0.027
0.006	0	exciting	0.006	0.006	0	exciting	0.006	0.012

图 1-11　计算损失值

6. Skip-Gram 模型的反向传播

我们使用反向传播函数 backprop，根据目标词计算的损失值 *EI*，反向更新 ***W*1** 和 ***W*2**。

为帮助大家更好地理解，这里简单说明一下反向传播的几个关键公式的推导过程。

假设输出值为 u，即 $W'^{T} \cdot h = u$，则预测值为：

$$y_j = \text{Softmax}(u_j) = \frac{\exp(u_j)}{\sum_{k=1}^{V}\exp(u_k)} \quad (1.3)$$

（1）定义目标函数

$$E = -\text{maxlog}P(\omega_{O,1}, \omega_{O,2}, \dots, \omega_{O,C} \mid \omega_1) \qquad (1.4)$$

$$= -\log\prod_{c=1}^{C}\frac{\exp(u_{c,j_c^*})}{\sum_{k=1}^{V}\exp(u_k)} = -\sum_{c=1}^{C}u_{j_c^*} + C\cdot\log\sum_{k=1}^{V}\exp(u_k) \qquad (1.5)$$

（2）求目标函数关于 W'_{ij} 的偏导数

$$\frac{\partial E}{\partial w'_{ij}} = \sum_{c=1}^{C}\frac{\partial E}{\partial u_{c,j}}\frac{\partial u_{c,j}}{\partial w'_{ij}}$$

$$= \sum_{c=1}^{C}\frac{\partial}{\partial u_{c,j}}\left(-u_{j_c^*} + C\cdot\log\sum_{k=1}^{V}\exp(u_k)\right)\frac{\partial u_j}{\partial w'_{ij}}$$

$$= \sum_{c=1}^{C}(y_{c,j} - t_{c,j})h_i = EI_j h_i \qquad (1.6)$$

其中 j_c^* 是第 c 个上下文在字典中对应的索引。

$$\frac{\partial(\log\sum_{k=1}^{V}\exp(u_k))}{\partial u_{c,j}} = \frac{\exp(u_j)}{\sum_{k=1}^{V}\exp(u_k)} = y_j \qquad (1.7)$$

$\dfrac{\partial(-u_{j_c^*})}{\partial u_{c,j}} = -t_{c,j}$，当 $j_c^* = j$ 时，$t_{c,j} = 1$，否则，$t_{c,j} = 0$。

$EI_j = \sum_{c=1}^{C}(y_{c,j} - t_{c,j})$，表示预测值与真实值的误差。

$\dfrac{\partial E}{\partial w'_{ij}}$ 的计算过程可用图 1-12 表示。

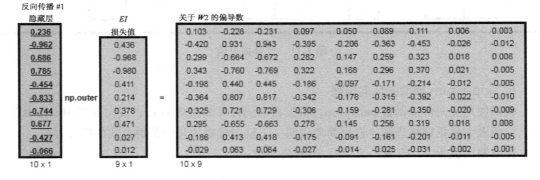

图 1-12　目标函数关于 w'_{ij} 的偏导计算过程示意图

（3）更新矩阵 w'（即 $W2$）

利用梯度下降法更新梯度：

$$w_{ij}^{'} = w_{ij}^{'(\text{old})} - \eta EI_j h_i \tag{1.8}$$

式（1.8）的计算过程可用图 1-13 及图 1-14 表示。

权重 $W2$

-0.86836	-0.40570	-0.28847	-0.01552	-0.56012	0.17876	0.09844	0.43818	-0.55050
-0.39517	0.88950	0.68481	-0.32865	0.21801	-0.85194	-0.91851	0.66522	0.96813
-0.12834	0.68467	-0.82843	0.70860	-0.42024	0.05711	-0.21171	0.72769	-0.68958
0.88141	0.23787	0.01788	0.62214	0.93608	-0.44215	0.93589	0.58585	-0.02000
-0.47817	0.23975	0.81963	-0.73063	0.26039	-0.98893	-0.62572	0.79596	-0.59899
0.67935	0.72147	-0.11143	0.08312	-0.73809	0.22704	0.55970	0.92906	0.01680
-0.68984	0.90715	0.46368	-0.02233	-0.00475	-0.00444	-0.42466	0.29852	0.75657
-0.05432	0.39730	-0.01734	-0.56335	-0.55088	0.46473	-0.59555	-0.41257	-0.39543
-0.83774	0.05329	-0.15983	-0.16387	-0.67081	0.13953	-0.14870	0.70762	0.42471
0.09638	-0.99509	-0.31341	0.88094	-0.40153	-0.63114	-0.66011	0.18356	0.48690

10 x 9

学习率

- 0.01 x

关于 $W2$ 的偏导数

0.10293	-0.22838	-0.23113	0.09683	0.05046	0.08907	0.11104	0.00635	0.00283
-0.41977	0.93138	0.94256	-0.20580	-0.36322	-0.45285	-0.02589	-0.01155
0.29930	-0.66410	-0.67207	0.28155	0.14674	0.25898	0.32289	0.01846	0.00824
0.34257	-0.76009	-0.76921	0.32225	0.16795	0.29642	0.36956	0.02112	-0.00545
-0.19811	0.43956	0.44483	-0.18635	-0.09713	-0.17142	-0.21372	-0.01222	-0.00545
-0.36374	0.80707	0.81675	-0.34216	-0.17833	-0.31474	-0.39241	-0.02243	-0.01001
-0.32467	0.72061	0.72947	-0.30560	-0.15928	-0.28110	-0.35047	-0.02003	-0.00894
0.29537	-0.65538	-0.66324	0.27785	0.14482	0.25558	0.31865	0.01821	0.00813
-0.18617	0.41307	0.41803	-0.17513	-0.09128	-0.16109	-0.20084	-0.01148	-0.00512
-0.02861	0.06347	0.06423	-0.02691	-0.01402	-0.02475	-0.03086	-0.00176	-0.00079

10 x 9

图 1-13　参数更新示意图（一）

更新权重（$W2$）

-0.86939	-0.40342	-0.28616	-0.01649	-0.56062	0.17787	0.09833	0.43812	-0.55053
-0.39097	0.88019	0.67539	-0.32470	0.22007	-0.84830	-0.91398	0.66548	0.96824
-0.13133	0.69132	-0.82171	0.70578	-0.42170	0.05452	-0.21494	0.72750	-0.68966
0.87799	0.24547	0.02557	0.61891	0.93440	-0.44512	0.93219	0.58564	-0.01995
-0.47619	0.23536	0.81516	-0.72877	0.26136	-0.98722	-0.62359	0.79608	-0.59894
0.68299	0.71340	-0.11960	0.08654	-0.73631	0.23019	0.56362	0.92928	0.01690
-0.68659	0.89994	0.45639	-0.01927	-0.00316	-0.00163	-0.42119	0.29872	0.75666
-0.05728	0.40385	-0.01071	-0.56617	-0.55233	0.46217	-0.59877	-0.41276	-0.39551
-0.83588	0.04916	-0.16402	-0.16212	-0.66990	0.14114	-0.14669	0.70773	0.42476
0.09667	-0.99572	-0.31405	0.88121	-0.40139	-0.63089	-0.65982	0.18358	0.48691

10 x 9

图 1-14　参数更新示意图（二）

（4）求关于 W（即 $W1$）的偏导数

$$\frac{\partial E}{\partial w_{ki}} = \frac{\partial E}{\partial h_i} \frac{\partial h_i}{\partial w_{ki}} \tag{1.9}$$

其中 $\dfrac{\partial E}{\partial h_i} = \sum_{j=1}^{V} \dfrac{\partial E}{\partial u_j} \dfrac{\partial u_j}{\partial h_i} = \sum_{j=1}^{V} EI_j \cdot w_{ij}^{'}$。

所以

$$\frac{\partial E}{\partial w_{ki}} = \sum_{j=1}^{V} EI_j \cdot w_{ij}^{'} \cdot x_k \tag{1.10}$$

式（1.10）的计算过程可用图 1-15 和图 1-16 表示。

权重（$W2$）

-0.868	-0.406	-0.288	-0.016	-0.560	0.179	0.099	0.438	-0.551
-0.395	0.890	0.685	-0.329	0.218	-0.852	-0.919	0.665	0.968
-0.128	0.685	-0.828	0.709	-0.420	0.057	-0.212	0.728	-0.690
0.881	0.238	0.018	0.622	0.936	-0.442	0.936	0.586	-0.020
-0.478	0.240	0.820	-0.731	0.260	-0.989	-0.626	0.796	-0.599
0.679	0.721	-0.111	0.083	-0.738	0.227	0.560	0.929	0.017
-0.690	0.907	0.464	-0.022	-0.005	-0.004	-0.425	0.299	0.757
-0.054	0.397	-0.017	-0.563	-0.551	0.465	-0.596	-0.413	-0.395
-0.838	0.053	-0.160	-0.164	-0.671	0.140	-0.149	0.708	0.425
0.096	-0.995	-0.313	0.881	-0.402	-0.631	-0.660	0.184	0.487

10 x 9

np.dot

EI 损失值

0.436
-0.968
-0.980
0.411
0.214
0.378
0.471
0.027
0.012

9 x 1

= np.dot($W2$, EI)

0.290
-2.518
0.227
0.882
-2.142
-0.042
-1.829
-0.861
-0.465
1.050

10 x 1

图 1-15　偏导计算结果（一）

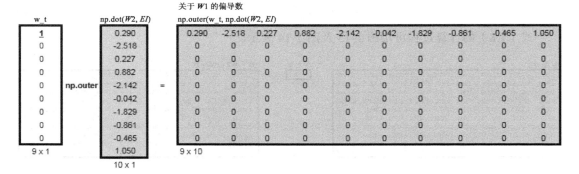

图 1-16　偏导计算结果（二）

更新参数：

$$w_{ij}^{(\text{new})} = w_{ij}^{(\text{old})} - \eta \sum_{j=1}^{V} EI_j \cdot w_{ij}^{'} \cdot x_i \qquad (1.11)$$

更新权重参数的计算过程可用图 1-17 和图 1-18 表示。

权重（**W**1）									
-0.23583	-0.96174	0.68575	0.78467	-0.45389	-0.83336	-0.74431	0.67674	-0.42654	-0.06554
-0.90686	0.89372	0.22517	0.67294	-0.57859	-0.42823	0.68545	0.97326	-0.06998	-0.81135
-0.57642	0.65794	-0.58247	-0.11187	0.66228	0.05126	-0.40076	-0.92055	-0.15796	0.52942
0.51692	0.43591	0.09182	-0.83478	-0.44396	-0.90529	0.87882	0.30314	0.33212	-0.27488
0.85921	-0.88984	0.65071	0.18497	-0.51058	-0.45623	0.37692	-0.27448	0.18150	-0.23724
0.36818	-0.86733	-0.30110	-0.22212	0.63036	0.80755	0.08793	-0.90154	-0.44968	-0.40764
0.72789	0.27735	0.43892	0.13763	-0.94310	-0.40912	0.68705	-0.21547	-0.80684	0.61176
0.59291	-0.69851	0.02039	0.14180	-0.63794	-0.63330	0.34375	0.86814	0.91304	0.42875
0.44697	-0.80979	-0.06090	-0.49508	0.79350	-0.06352	-0.81698	-0.40769	-0.28581	0.14893

9 x 10

学习率　0.01 x

关于 **W**1 的偏导数									
0.28969	-2.51804	0.22702	0.88176	-2.14232	-0.04230	-1.82674	-0.86144	-0.46401	1.05028
0.00000	0.00000	0.00000	0.00000	0.00000	0.00000	0.00000	0.00000	0.00000	0.00000
0.00000	0.00000	0.00000	0.00000	0.00000	0.00000	0.00000	0.00000	0.00000	0.00000
0.00000	0.00000	0.00000	0.00000	0.00000	0.00000	0.00000	0.00000	0.00000	0.00000
0.00000	0.00000	0.00000	0.00000	0.00000	0.00000	0.00000	0.00000	0.00000	0.00000
0.00000	0.00000	0.00000	0.00000	0.00000	0.00000	0.00000	0.00000	0.00000	0.00000
0.00000	0.00000	0.00000	0.00000	0.00000	0.00000	0.00000	0.00000	0.00000	0.00000
0.00000	0.00000	0.00000	0.00000	0.00000	0.00000	0.00000	0.00000	0.00000	0.00000

9 x 10

图 1-17　权重参数更新结果（一）

更新权重（**W**1）									
0.23293	-0.93656	0.68348	0.77605	-0.43246	-0.83295	-0.72603	0.68536	-0.42189	-0.07604
-0.90686	0.89372	0.22517	0.67294	-0.57859	-0.42823	0.68545	0.97326	-0.06998	-0.81135
-0.57642	0.65794	-0.58247	-0.11187	0.66228	0.05126	-0.40076	-0.92055	-0.15796	0.52942
0.51692	0.43591	0.09182	-0.83478	-0.44396	-0.90529	0.87882	0.30314	0.33212	-0.27488
0.85921	-0.88984	0.65071	0.18497	-0.51058	-0.45623	0.37692	-0.27448	0.18150	-0.23724
0.36818	-0.86733	-0.30110	-0.22212	0.63036	0.80755	0.08793	-0.90154	-0.44968	-0.40764
0.72789	0.27735	0.43892	0.13763	-0.94310	-0.40912	0.68705	-0.21547	-0.80684	0.61176
0.59291	-0.69851	0.02039	0.14180	-0.63794	-0.63330	0.34375	0.86814	0.91304	0.42875
0.44697	-0.80979	-0.06090	-0.49508	0.79350	-0.06352	-0.81698	-0.40769	-0.28581	0.14893

9 x 10

图 1-18　权重参数更新结果（二）

1.2.5　Hierarchical Softmax 优化

结合上面内容，我们需要更新两个矩阵 W 和 W'，但这两个矩阵涉及的词汇量较大（即 V 较大），所以更新时需要消耗大量资源，尤其是更新矩阵 W'。正如前面一直提到的，无论是 CBOW 模型还是 Skip-Gram 模型，每个训练样本（或者 Mini Batch）从梯度更新时都需要对 W' 的所有 $V \times N$ 个元素进行更新，这个计算成本是巨大的。此外，在计算 Softmax 函数时，计算量也很大。为此，人们开始思考如何优化这些计算。

　　考虑到计算量大的部分都是在隐藏层到输出层阶段，尤其是 W' 的更新。因此 word2vec 使用了两种优化策略：Hierarchical Softmax 和 Negative Sampling。二者的出发点一致，即在每个训练样本中，不再完全计算或者更新 W' 矩阵，换句话说，两种策略中均不再显式使用 W' 这个矩阵。同时，考虑到上述训练和推理的复杂度高是因 Softmax 分母上的 $\sum$（求和）过程导致，因此上述的两种优化策略是对 Softmax 的优化，而不仅仅是对 word2vec 的优化。

　　通过优化，word2vec 的训练速度大大提升，词向量的质量也几乎没有下降，这也是 word2vec 在 NLP 领域如此流行的原因。

　　Hierarchical SoftMax（以下简称 HS）并不是由 word2vec 首先提出的，而是由 Yoshua Bengio 在 2005 年最早提出来的专门用于加速计算神经语言模型中的 Softmax 的一种方式。这里主要介绍如何在 word2vec 中使用 HS 优化。HS 的实质是基于哈夫曼树（一种二叉树）将计算量大的部分变为一种二分类问题。如图 1-19 所示，原来的模型在隐藏层之后通过 W' 连接输出层，经过 HS 优化后则去掉了 W'，由隐藏层 h 直接与下面的二叉树的根节点相连。

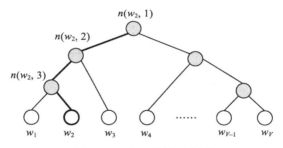

图 1-19　哈夫曼树示意图

　　其中，白色的叶子节点表示词汇表中的所有词（这里有 V 个），黑色节点表示非叶子节点，每一个叶子节点其实就是一个单词，且都对应唯一的一条从根节点出发的路径。我们用 $n(w, j)$ 表示从根节点到叶子节点 w 的路径上的第 j 个非叶子节点，并且每个非叶子节点都对应一个向量 $v'_{n(w,j)}$，其维度与 h 相同。

1.2.6　Negative Sampling 优化

　　训练一个神经网络意味着要输入训练样本并不断调整神经元的权重，从而不断提高对目标预测的准确性。神经网络每训练一个样本，该样本的权重就会调整一次。正如上面所讨论的，vocabulary 的大小决定了 Skip-Gram 神经网络的权重矩阵的具体规模，所有这些权重需要通过数以亿计的训练样本来进行调整，这是非常消耗计算资源的，并且在实际训练过程中，速度会非常慢。

　　Negative Sampling（负采样）解决了这个问题，它可以提高训练速度并改善所得到词向量的质量。不同于原本需要更新每个训练样本的所有权重的方法，负采样只需要每次更新一个训练样本的一小部分权重，从而在很大程度上降低了梯度下降过程中的计算量。

1.3　Item Embedding

随着 Word Embedding 在 NLP 很多领域取得不错的成果，人们开始考虑把这一思想推广到其他领域。从 word2vec 模型的实现原理可以看出，它主要依赖一条条语句，而每条语句就是一个序列。由此，只要有序列特征的场景应该都适合使用这种 Embedding 思想。

图 1-20 表示了不同用户在一定时间内查询物品（Item）形成的序列图形，可以看出，物品形成的序列与词形成的序列（语句）有很多相似的地方，因此，人们把 Word Embedding 这种思想引入物品序列中，推广到推荐、搜索、广告等领域，并学习得到 Item Embedding。

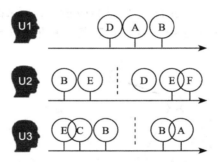

图 1-20　用户在一定时间内查询物品形成的物品序列示意图

微软写了一篇实用性很强的关于将 word2vec 应用于推荐领域的论文（详见 1.3.1 节）。该论文中的方法简单易用，可以说极大拓展了 word2vec 的应用范围，使其从 NLP 领域直接扩展到推荐、广告、搜索排序等任何可以生成序列的领域。

1.3.1　微软推荐系统使用 Item Embedding

Embedding 是一种很好的思想，它不局限于自然语言处理领域，还可以应用到其他很多领域。微软研究人员把这种思想应用到推荐系统中，并将其研究成果发表在论文 *Item2Vec: Neural Item Embedding for Collaborative Filtering* 中。

论文中，他们主要参照了把 Word Embedding 应用到推荐场景的相似度计算中的方法，把 item 视为 word，把用户的行为序列视为一个集合。通过把 word2vec 的 Skip-Gram 和 Negative Sampling（SGNS）的算法思路迁移到基于物品的协同过滤（Item-Based CF）上，以物品的共现性作为自然语言中的上下文关系，构建神经网络并学习出物品在隐空间的向量表示，让使用效果得到较大提升。

1.3.2　Airbnb 推荐系统使用 Item Embedding

作为全世界最大的短租网站，Airbnb 的主要业务是在房主挂出的短租房（listing）和以旅游为主要目的的租客之间构建一个中介平台，以更好地为房主和租客服务。这个中介平台的交互方式比较简单，即客户输入地点、价位、关键词等，Airbnb 给出租房的搜索推荐列表。所以，借助这个推荐列表提升客户订购率显得非常关键。

那么，Airbnb 是如何提升这个推荐列表质量的呢？Airbnb 发表的论文 *Real-time Personalization using Embeddings for Search Ranking at Airbnb* 提到了具体解决思路。论文中提出了两种通过 Embedding 分别捕获用户的短期兴趣和长期兴趣的方法，即利用用户点击会话（click session）和预定会话（booking session）序列，如图 1-21 所示。

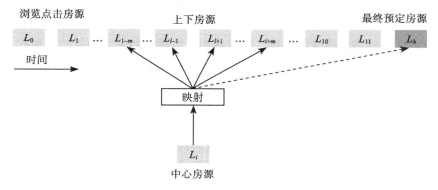

图 1-21　利用 Skip-Gram 模型生成房源 Embedding 示意图

如图 1-21 所示，这里浏览点击的房源之间存在强时序关系，即前面房源会对后面房源产生很大的影响，可以把一段时间内连续发生的房源序列看作句子，把序列中的房源看作句子中的词，这样的结构看上去与 word2vec 的训练数据的构造并没什么区别，因此可以直接按照 word2vec 的方法（这里采用 Skip-Gram 模型）进行 Embedding 训练。

训练生成 Listing Embedding 和 User-type& Listing-type Embedding，并将 Embedding 特征输入搜索场景下的 rank 模型，以提升模型效果。

Airbnb 将业务模式与 Embedding 相结合的实践案例可以说是应用 word2vec 思想于公司业务的典范。具体来说，它通过客户点击或预定方式生成租客类型、房租类型等的 Embedding，来获取用户对短期租赁和长期租赁的兴趣。更详细的内容将在后续章节进一步说明。

1.4　用 Embedding 处理分类特征

传统机器学习的输入数据中一般含有分类特征，对这些特征或字段的处理是特征工程的重要内容之一。

分类（Categorical）特征也被称为离散特征，其数据类型通常是 object，而机器学习模型通常只能处理数值数据，所以需要将 Categorical 数据转换成 Numeric 数据。

Categorical 特征包含两类，我们需要理解它们的具体含义并进行相应转换。

（1）有序（Ordinal）类型

有序类型的 Categorical 存在自然的顺序结构，所以可以对该类型数据进行升序或者降序排列，比如关于衣服型号特征的值可能有 S（Small）、M（Middle）、L（Large）、XL（eXtra Large）等不同尺码，它们之间存在 XL>L>M>S 的大小关系。

（2）常规（Nominal）类型或无序类型

常规类型或无序类型是常规的 Categorical 类型，这类特征数据没有大小之分，比如颜色特征的可能值有 red、yellow、blue、black 等，我们不能对 Nominal 类型数据进行排序。

可以使用不同的方法将 Ordinal 类型和 Nominal 类型数据转换成数字。对于 Nominal 类型数据，可以使用独热编码进行转换，但当遇到大数据，如一个特征的类别有几百、几千或更多个时，若将这些特征全部转换成独热编码，特征数将巨大！此外，独热编码只是简单把类别数据转换成 0 或 1，无法准确反映这些特征内容隐含的规则或这些类别的分布信息，如一个表示地址的特征，可能包括北京、上海、杭州、纽约、华盛顿、洛杉矶、东京、大阪等，这些属性具有一定分布特性，北京、上海、杭州之间的距离较近，上海与纽约之间的距离应该比较远，而独热编码是无法表示这些内容的。

是否有更好、更有效的处理方法呢？有，就是接下来将介绍的 Embedding 方法。

近几年，从计算机视觉到自然语言处理再到时间序列预测，神经网络、深度学习的应用越来越广泛。在深度学习的应用过程中，Embedding 这样一种将离散变量转变为连续向量的方式在各方面为传统机器学习、神经网络的应用带来极大便利。该技术目前主要有两种应用，自然语言处理中常用的 Word Embedding 以及用于类别数据的 Entity Embedding。

简单来说，Embedding 就是用一个低维的向量表示一个事物，可以是一个词、一个类别特征（如商品、电影、物品等）或时间序列特征等。通过学习，Embedding 向量可以更准确地表示对应特征的内在含义，使几何距离相近的向量对应的物体有相近的含义，如图 1-22 所示。

由图 1-22 可知，德国的萨克森州、萨克森安哈尔特州、图林根州彼此比较接近，其他各州也有类似属性，这就是 Embedding 通过多次迭代，从数据中学习到的一些规则。具体代码实现方法请参考本书第 11 章。

Embedding 层往往是神经网络的第一层，它可以训练，可以学习到对应特征的内在关系。含 Embedding 的网络结构可参考图 1-23，所以 Embedding 有时又称为 Learned Embedding。一个模型学习到的 Embedding，也可以被其他模型重用。

如图 1-23 所示，两个分类特征（input_3，input_4）转换为 Embedding 后，与连续性输入特征（input_5）合并在一起，然后，连接全连接层。在训练过程中，Embedding 向量不断更新。

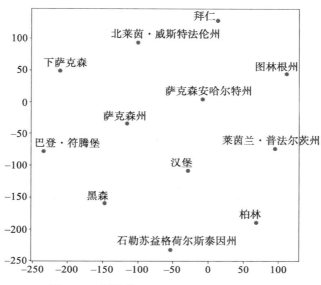

图 1-22　可视化 german_states_embedding

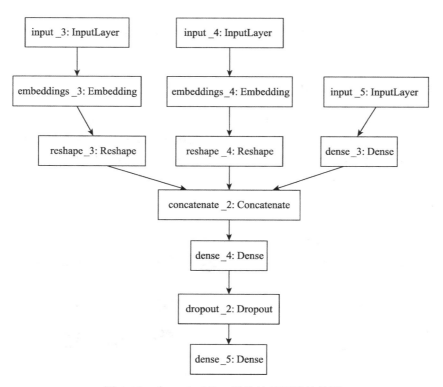

图 1-23　含 Embedding 层的神经网络结构图

在结构化数据上运用神经网络时，Entity Embedding 表现得很好。例如，在 Kaggle 竞赛"预测出租车的距离问题"上获得第 1 名的解决方案，就是使用 Entity Embedding 来处理每次乘坐的分类元数据的（Alexandre de Brébisson, 2015）。同样，预测 Rossmann 药店销售任务获得第 3 名的解决方案使用了比前两个方案更简单的方法：使用简单的前馈神经网络，再加上类别变量的 Entity Embedding。这个 Rossmann 系统包括超过 1000 个类别的变量，如商店 ID（Guo & Berkahn, 2016）。作者把比赛结果汇总在论文 *Entity Embeddings of Categorical Variables* 中，并使用 Entity Embedding 对传统机器学习与神经网络进行比较，结果如表 1-2 所示。

表 1-2　传统机器学习与神经网络的对比

方法	MAPE	MAPE（使用 Entity Embedding）
KNN	0.315	0.099
随机森林	0.167	0.089
梯度提升树	0.122	0.071
神经网络	0.070	0.070

注：MAPE 是指平均绝对百分比误差。

从表 1-2 可以看出，如果使用 Entity Embedding，神经网络的优势就更加明显了。

1.5　Graph Embedding

前面几节我们介绍了由 Word Embedding 延伸出的 Item Embedding 等，这些延伸都建立在它们有序列特性的基础上。其实，可延伸的领域还有很多，有些初看起来与序列无关的领域，通过适当变化后，也同样适用。如图 1-24 所示，左边是人们在电商网站浏览物品的轨迹，这些轨迹呈图结构，通过一些算法（具体有哪些算法，后文会详细介绍）计算后，可以把左图转换为右图这样具有序列样本特征的格式。

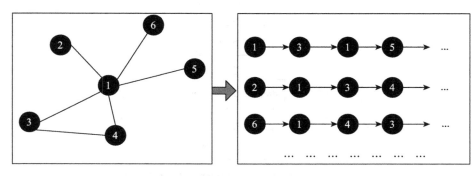

图 1-24　把图转换为序列样本示意图

Graph Embedding 与 Word Embedding 一样，目的是用低维、稠密、实值的向量表示网络中的节点。目前 Graph Embedding 在推荐系统、搜索排序、广告等领域非常流行，并且也取得了非常不错的实践效果。那么，应该如何实现 Graph Embedding 呢？

图（Graph）表示一种"二维"的关系，而序列（Sequence）表示一种"一维"的关系。因此，要将 Graph 转换为 Graph Embedding，一般需要先通过一些算法把 Graph 变为 Sequence；然后通过一些模型或算法把这些 Sequence 转换为 Embedding。

1.5.1　DeepWalk 方法

DeepWalk 方法首先以随机游走（RandomWalk）的方式在网络中进行节点采样，生成序列，然后使用 Skip-Gram 模型将序列转换为 Embedding。那么，如何从网络中生成序列呢？首先使用 RandomWalk 的方式进行节点采样。RandomWalk 是一种可重复访问已访问节点的深度优先遍历算法。然后给定当前访问起始节点，从其邻居中随机选择一个节点作为下一个访问节点，重复此过程，直到访问序列长度满足预设条件。

获取足够数量的节点访问序列后，使用 Skip-Gram 模型进行向量学习，最终获得每个节点的 Embedding，如图 1-25 所示。

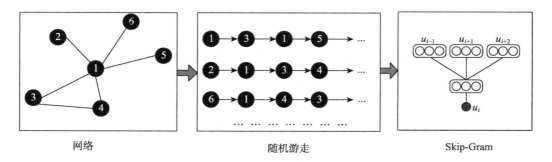

图 1-25　DeepWalk 原理示意图

DeepWalk 方法的优点首先是它可以按需生成，随机游走。由于 Skip-Gram 模型也针对每个样本进行了优化，因此随机游走和 Skip-Gram 的组合使 DeepWalk 成为在线算法。其次，DeepWalk 是可扩展的，生成随机游走和优化 Skip-Gram 模型的过程都是高效且平凡的并行化。最重要的是，DeepWalk 引入了深度学习图形的范例。

用 Skip-Gram 方法对网络中节点进行训练。那么，根据 Skip-Gram 的实现原理，最重要的就是定义 Context，也就是 Neighborhood。在自然语言处理中，Neighborhood 是当前 Word 周围的字，本文用随机游走得到 Graph 或者 Network 中节点的 Neighborhood。

1.5.2　LINE 方法

DeepWalk 只适用无向、无权重的图。在 2015 年，微软亚洲研究院发布了 LINE（Large-scale Information Network Embedding，大型信息网络嵌入）。LINE 使用边采样方法克服了传统的随机梯度法容易出现的 Node Embedding 聚集问题，同时提高了最后结果的效率和效果，如图 1-26 所示。

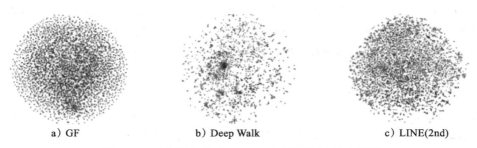

a) GF　　　　　　　　　b) Deep Walk　　　　　　　c) LINE(2nd)

图 1-26　对共同作者（co-author）网络的可视化展示

用学习到的 Embedding 作为输入，使用 t-SNE 包，将作者映射到二维空间。节点的颜色表示作者所属的技术领域：红色为"数据挖掘"，蓝色为"机器学习"，绿色为"计算机视觉"。

从图 1-26 可以看出：

1）使用图分解（Graph F，GF）得到的可视化意义并不大，属于同一领域的作者并不聚集在一起。

2）DeepWalk 的效果较好，但是许多属于不同领域的作者紧紧聚集在中心区域，其中大部分是高度顶点。这是因为 DeepWalk 使用随机游走的方法来扩展顶点的邻居，由于其具有随机性，会给度数比较高的顶点带来很多噪音。

3）LINE（2nd）执行得相当好，并生成了有意义的网络布局（内容相似的节点分布得更近）。

LINE 方法可以应用于有向图、无向图以及边有权重的网络，并能够通过将一阶、二阶的邻近关系引入目标函数，使最终学习得到的 Node Embedding 的分布更为均衡、平滑。

1 阶相似度（first-order proximity）：用于描述图中成对顶点之间的局部相似度，可形象化描述为，若节点之间存在直连边，则边的权重即为两个顶点的相似度；若不存在直连边，则 1 阶相似度为 0。如图 1-27 所示，节点 6 和 7 之间存在直连边，且边权较大，则认为两者相似且 1 阶相似度较高，而 5 和 6 之间不存在直连边，则两者间 1 阶相似度为 0。

2 阶相似度（second-order proximity）：如图 1-27 所示，虽然节点 5 和 6 之间不存在直连边，但是它们有很多相同的相邻节点（1，2，3，4），表明节点 5 和 6 也是相似的，而 1 阶相似度显然并不能描述这种关系，所以会用到 2 阶相似度来描述。

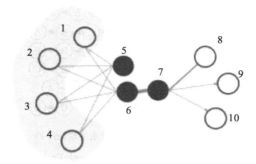

图 1-27 信息网络的一个典型例子

1.5.3 node2vec 方法

在 DeepWalk 和 LINE 的基础之上，斯坦福大学在 2016 年发布了 node2vec。该算法不但关注了同质性和结构性，更可以在两者之间进行权衡。

图 1-28 展示了 node2vec 方法的两种搜索策略，其中，BFS 表示广度优先，DFS 表示深度优先。node2vec 所体现的网络的同质性和结构性在推荐系统中也是可以被直观地解释的。同质性相同的物品很可能是同品类、同属性或者经常被一同购买的物品，而结构性相同的物品则是各品类的爆款、最佳凑单商品等拥有类似趋势或者结构性属性的物品。毫无疑问，同质性和结构性在推荐系统中都是非常重要的特征表达。由于 node2vec 的这种灵活性，以及发掘不同特征的能力，甚至可以把不同 node2vec 生成的 Embedding 融合输入后续深度学习网络，以保留物品的不同特征信息。

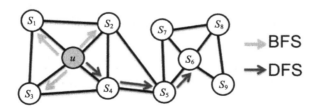

图 1-28 节点 U 的 BFS 和 DFS 搜索策略

1.5.4 Graph Embedding 在阿里的应用

以淘宝为例，每天用户浏览商品时都会留下轨迹，如图 1-29 所示。

这些轨迹或图形中隐含着丰富的信息，如用户对物品（Item）的偏好、用户相似关系、各物品的优劣、物品广告的宣传效果、物品之间的依赖关系、物品与用户的关系等，如何通过这些信息对用户进行个性化推荐或优先排序就显得非常重要。

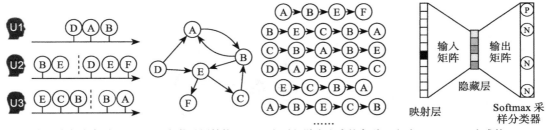

a）用户行为序列　　　b）物品图结构　　c）随机游走生成的序列　d）由 Skip-Gram 生成的 Embedding

图 1-29　对用户在淘宝浏览商品的 Graph Embedding 示意

阿里工程师把他们的经验汇集成论文 ——*Billion-scale Commodity Embedding for E-commerce Recommendation in Alibaba*，在业界引起了很大反响。

阿里为此把整个过程分成如图 1-29 所示的四个步骤。

1）根据用户的行为数据，构建每个用户在每次会话中的浏览序列。例如，用户 U2 两次访问淘宝，第一次查看了两个物品 B 和 E，第二次查看了三个物品 D、E 和 F。

2）通过用户的行为数据，建立一个商品图（Item Graph），可以看出，因为用户 U1 先后购买了物品 A 和物品 B，所以物品 A 与 B 之间会产生一条由 A 到 B 的有向边。如果后续产生了多条相同的有向边，则有向边的权重被加强。在将所有用户行为序列都转换成物品相关图中的边之后，全局的物品相关图就建立起来了。

3）通过随机游走方式对图进行采样，重新获得物品序列。

4）使用 Skip-Gram 模型进行嵌入。

在具体实施过程中，主要可能遇到如下几个技术问题。

❑ 可扩展性（Scalability）问题。尽管已经存在很多可以在小规模数据集上很好地工作的推荐方法（例如数百万的用户和物品），但它们通常会在淘宝的海量数据集上试验失败。

❑ 数据稀疏性（Sparsity）问题。由于用户趋向于只与小部分的物品交互，特别是当用户或物品只有少量交互时，很难训练一个精准的推荐模型，这通常被称为"稀疏性"问题。

❑ 冷启动（Cold Start）问题。在淘宝，每小时均会有数百万的新物品持续上传。这些物品没有用户行为，所以，处理这些物品或者预测用户对这些物品的偏好是个很大的挑战，这被称为"冷启动"问题。

针对这些问题，阿里淘宝团队提出了基于 Graph Embedding 的算法来解决。具体方法如下。

1. Base Graph Embedding（BGE）

使用 DeepWalk 算法来学习在图 1-29b 中每个节点的 Embedding。假设 M 表示图 1-29b 的邻近矩阵，M_{ij} 表示从节点 i 指向节点 j 的加权边。先通过随机游走的方式生成节点序列，然后在这些序列上运行 Skip-Gram 算法。

2. Graph Embedding with Side Information (GES)

该方案增加物品的额外信息（例如 category、brand、price 等）以丰富物品表征力度。针对每件物品（Item），将得到 item_embedding、category_embedding、brand_embedding、price_embedding 等 Embedding 信息，然后对这些信息求均值，用于表示该物品。

3. Enhanced Graph Embedding with Side Information (EGES)

该组合模型在表示各 item_embedding 时，会对物品和额外信息的 Embedding 施加不同的权重。权重值通过模型训练得到。EGES 的流程图见图 1-30。

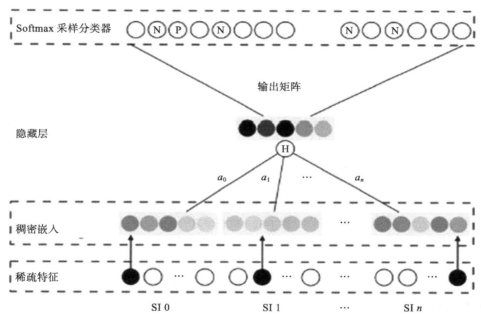

图 1-30　GES 和 EGES 的总框架

关于图 1-30，有几点需要说明。

1）SI 表示额外信息（Side Information），其中"SI 0"表示 item 自身。

2）稀疏特征（Sparse Feature）代表物品和额外信息的 ID 信息，类似于独热向量。

3）稠密嵌入（Dense Embedding）是物品和相应的额外信息的 Embedding 信息。

4）$\alpha_1, \alpha_2, \cdots, \alpha_n$ 分别代表物品和额外信息的 Embedding 权重。

5）隐藏层是物品和它相应的额外信息的聚合 Embedding。

6）Softmax 采样分类器中的 N 代表采样的负样本，P 代表正样本。

目前能进行嵌入的"工具"只有 Skip-Gram，只能处理类似序列这样一维的关系输入。因此，当我们需要在二维关系上进行"采样"时，可以使用随机游走算法实现。

1.5.5 知识图谱助力推荐系统实例

将知识图谱作为辅助信息引入推荐系统中，可以有效解决传统推荐系统存在的稀疏性和冷启动问题，近几年有很多研究人员在做相关的工作。目前，将知识图谱特征学习应用到推荐系统中的方式主要有三种：依次学习（One-by-One Learning）、联合学习（Joint Learning）以及交替学习（Alternate Learning）。

1. 依次学习

依次学习的具体学习方法是首先使用知识图谱特征学习得到实体向量和关系向量，然后将这些低维向量引入推荐系统，学习得到用户向量和物品向量，如图 1-31 所示。

图 1-31　依次学习

2. 联合学习

联合学习是指将知识图谱特征学习与推荐算法的目标函数结合，使用端到端（end-to-end）的方法进行联合学习，如图 1-32 所示。

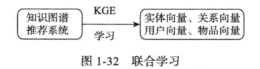

图 1-32　联合学习

3. 交替学习

交替学习是指将知识图谱特征学习和推荐算法视为两个分离但又相关的任务，使用多任务学习（Multi-Task Learning）的框架进行交替学习，如图 1-33 所示。

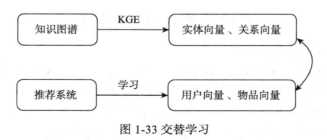

图 1-33 交替学习

1.6　Contextual Word Embedding

前面介绍了因 word2vec 而流行的 Word Embedding，这种表示方法比离散的独热编码要好很多，因为它不仅降低了维度，还可以反映出语义空间中的线性关系，如"国王 – 王后≈男 – 女"这种相似关系。因此 word2vec 及其他类似方法几乎是所有深度模型必备的方法。但是，这类表示方法是根据语料库生成的字典，一个单词对应一个固定长度的向量，如果遇到一词多义的情况，它就无能为力了。

例如，在由"苹果股票正在上涨（Apple stock is rising），我不要这个苹果（I don't want this apple）"构成的语料中，如果用 word2vec 模型实现词嵌入，就无法区分这两个苹果的含义。一词多义的情况是非常普遍的，如何有效解决一词多义的问题，一直是人们孜孜以求的目标。

本节将围绕 Contextual Word Embedding（语境词嵌入）这个话题展开，讨论如何解决一词多义的问题。

根据 word2vec 生成词嵌入的特点，人们又称其为静态词嵌入。无论上下文及其含义是什么，静态词嵌入都会给出相同的表示。所以，如果要考虑上下文，我们不能使用静态词嵌入的方法，而应该使用动态词嵌入（或预训练模型 + 微调）的方法来处理。ELMo、GPT、GPT-2、BERT、ENRIE、XLNet、ALBERT 等都属于此类动态词嵌入方法，它们极大提升了相关领域的性能，且目前还处于飞速发展之中。

1.6.1　多种预训练模型概述

词嵌入是预训练模型（Pre-Trained Model，PTM）的学习载体，根据词嵌入的学习方式，可分为上下文无关和上下文有关两类，两者的区别在于一个词语的嵌入是否随着上下文动态地变化。

❑　上下文无关的词嵌入（Non-contextual Word Embedding）

只关注学习词嵌入的单一表示的预训练模型（如 word2vec），训练完成后，其词嵌入就固定了（或处于静态），而且一个词对应一个固定词向量，其预训练的词嵌入虽可以捕获单词的语义，但无法解决一词多义问题，而一词多义在 NLP 中是非常普遍的。为解决这个问题，人们提出了上下文有关的词嵌入。

❑　上下文有关的词嵌入（Contextual Word Embedding）

以学习上下文相关的词嵌入的预训练模型（如 ELMo、BERT、GPT、XLNet 等）是目前的研究重点，而且在很多领域取得了业内最好水平（SOTA），原因主要在于这些采用上下文有关学习方式的预训练模型是动态的。它们之所以能动态，是因为这些预训练模型除带有学习到的结果（即词嵌入）外，还带有学习这些词嵌入的模型架构和学到的权重参数等。因此，把这些预训练模型迁移到下游任务时，便可根据上下文动态调整。有些预训练模型甚至无须迁移，根据少量的提示语，就可直接生成新的语句，如 GPT-2、GPT-3。

这些动态的预训练模型，依据的语言模型不尽相同，可谓"八仙过海各显神通"。ELMo、GPT 采用自回归语言模型（Autoregressive Language Model，通常简写为 AR LM）⊖、BERT

　⊖　为了与后文的 MLM、PLM 区分，后文将简写为 LM。

使用掩码语言模型（Mask Language Model，MLM）、XLNet 采用排列语言模型（Permuted Language Model，PLM）。

接下来对这三种语言模型做个简单介绍，详细说明请参考本书附录 B。

1. 自回归语言模型

自回归语言模型是指通过给定文本的上文或下文，对当前字进行预测。例如，根据上文内容预测下一个可能跟随的单词，即我们常说的自左向右的语言模型任务，或者反过来，根据下文预测前面的单词，这种类型的 LM 被称为自回归语言模型，其损失函数（从左到右）如下所示：

$$\mathcal{L}_{\text{LM}} = -\sum_{t=1}^{T} \log P(x_t \mid x_{<t}) \tag{1.12}$$

其中：$x_{<t} = \{x_1, x_2, \cdots, x_{t-1}\}$，$T$ 为输入序列的长度。

损失函数（从右到左）如下所示：

$$\mathcal{L}_{\text{LM}} = -\sum_{t=1}^{T} \log P(x_t \mid x_{>t}) \tag{1.13}$$

其中：$x_{>t} = \{x_{t+1}, x_{t+2}, \cdots, x_T\}$，$T$ 为输入序列的长度。

自回归语言模型表示序列文本的联合概率分布，为降低对长文本的概率估算难度，通常使用一个简化的 n-gram 模型。代表模型有 ELMo、GPT、GPT-2 等。

2. Mask 语言模型

Mask 语言模型通过在输入序列中随机掩藏掉一部分单词，然后通过训练来预测这些被掩藏掉的单词。这点与噪音自编码（Denoising Autoencoder）很相似，那些被掩藏掉的单词就相当于在输入侧加入的所谓噪音。

其损失函数如下所示：

$$\mathcal{L}_{\text{MLM}} = -\sum_{\hat{x} \in m(x)} \log P(\hat{x} \mid x_{\bar{m}(x)}) \tag{1.14}$$

其中 $m(x)$、$\bar{m}(x)$ 分别表示从输入序列 X 中被掩藏的标识符集以及剩余的标识符集。代表模型有 BERT、ERNIE、ALBERT。

3. 排列语言模型

排列语言模型综合了自回归语言模型和 Mask 语言模型的优点。其损失函数如下所示：

$$\mathcal{L}_{\text{PLM}} = -\sum_{t=1}^{T} \log P(z_t \mid Z_{<t}) \tag{1.15}$$

其中，$Z_{<t} = \text{perm}(X)$，即序列 X 的随机排列。代表模型为 XLNet。

1.6.2　多种预训练模型的发展脉络

近些年基于深度学习的 NLP 技术的重大进展主要包括 NNLM（2003）、Word Embedding（2013）、Seq2Seq（2014）、Attention（2015）、Transformer（2017）、GPT（2018）、BERT（2018）、XLNet（2019）、GPT-2（2019）、GPT-3（2020）等，主要预训练模型的大致发展脉络可用图 1-34 所示。

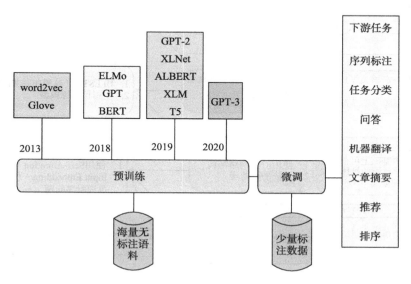

图 1-34　预训练模型发展脉络

各种主要预训练模型的特征、抽取特征方法、使用语言模型类别等内容如表 1-3 所示。

表 1-3　各种预训练模型的特点

模型	语言模型	特征提取	上下文	创新点
ELMo	LM	Bi-LSTM	单向	拼接两个单向语言模型的结果
GPT*	LM	Transformer(Decoder)	单向	首次使用 Transformer 进行特征提取
BERT	MLM	Transformer(Encoder)	双向	使用 MLM 同时获取上下文特征表示
ENRIE*	MLM	Transformer(Encoder)	双向	引入知识
XLNet	PLM	Transformer-XL	双向	使用 PLM+ 双注意力流 + 使用 Transformer-XL
ALBERT	MLM	Transformer(Encoder)	双向	词嵌入参数因式分解 + 共享隐藏层数 + 句子间顺序预测

1.6.3　各种预训练模型的优缺点

上节介绍了各种预训练模型，这些模型各有优点和缺点，新模型往往是在解决旧模型缺点的基础上提出的，如图 1-35 所示。

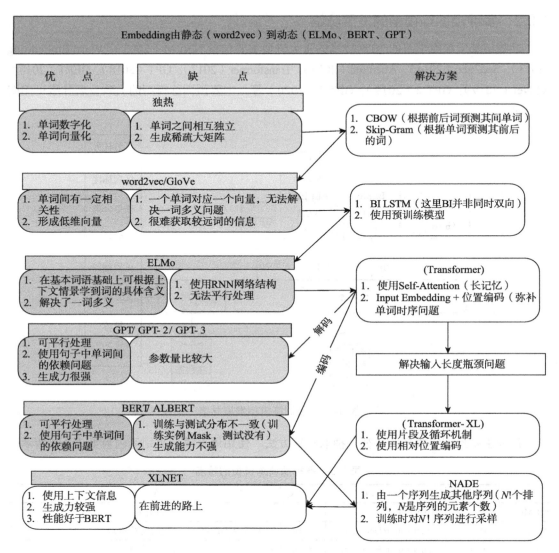

图 1-35　近些年预训练模型遇到的问题及解决方法

1.6.4　常用预训练模型

预训练模型很多，发展也很迅速，这节我们介绍几种常用的预训练模型。

1. ELMo 预训练模型

2018 年的早些时候，AllenNLP 的 Matthew E. Peters 等人在论文 *Deep Contextualized Word Representations*（该论文获得了 NAACL 最佳论文奖）中首次提出了 ELMo（Embedding from Language Model）预训练模型。从名称上可以看出，ELMo 为了利用无标记数据，使

用了语言模型。ELMo 是最早进行语境化词嵌入的方法之一，是典型的自回归预训练模型，包括两个独立的单向 LSTM 实现的单向语言模型。ELMo 的基本框架是一个双层的 Bi-LSTM，每层对正向和反向的结果进行拼接，同时为增强模型的泛化能力，在第一层和第二层之间加入了一个残差结构。因此，ELMo 在本质上还是一个单向的语言模型，其结构如图 1-36 所示。

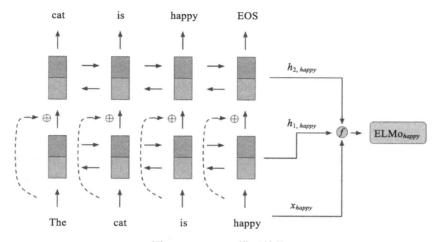

图 1-36　ELMo 模型结构

2. Transformer 简介

从表 1-3 可知，现在很多预训练模型均采用一种称为 Transformer 的特征提取器，之前我们一般采用 RNN、LSTM 等方法处理序列问题，这些方法在处理自然语言处理、语音识别等序列问题方面有一定优势，但也存在一些不足，如需要按次序处理问题时，这种按部就班的方法在大量的语料库面前就显得力不从心。其间虽然有人尝试用 CNN 方法避免这种串联式的运行方法，但效果不佳。而现在很多自然语言处理、语言识别、推荐算法、搜索排序等问题都需要依赖大量的语料库或成千上万的用户数据等，所以，如何解决这个问题成为新的瓶颈。

Transformer 就是为解决类似问题而提出的，目前在很多领域的性能已远超 RNN、LSTM。

Google 于 2017 年 6 月在 arxiv 上发布了一篇非常经典的文章——*Attention is all you need*。该论文使用 Self-Attention 的结构代替 LSTM，抛弃了之前传统的 Encoder-Decoder 模型必须结合 CNN 或者 RNN 的固有模式，在减少计算量和提高并行效率的同时还取得了更好的结果。该论文也被评为 2017 年 NLP 领域的年度最佳论文。

Transformer 有两大亮点：平行处理序列问题，利用 Self-Attention 机制有效解决长期依赖问题。详细内容将在本书第 5 章介绍。

3. GPT、GPT-2 和 GPT-3 预训练模型

GPT 是在 OpenAI 团队于 2018 年 6 月发表的一篇论文 *Generative Pre-Training* 中提出的。从名字上就可以看出 GPT 是一个生成式的预训练模型，与 ELMo 类似，也是一个自回归语言模型。与 ELMo 不同的是，其采用多层单向的 Transformer Decoder 作为特征抽取器，多项研究也表明，Transformer 的特征抽取能力是强于 LSTM 的。

GPT-2、GPT-3 与 GPT 模型框架没有大的区别，GPT-2 和 GPT-3 使用了更大的模型、更多的且质量更高的数据、涵盖范围更广的预训练数据，并采用了无监督多任务联合训练等。

4. BERT 模型

BERT 模型是由 Google AI 的 Jacob Devlin 和他的合作者们于 2018 年 10 月在 arXiv 上发表的一篇名为 *BERT: Pre-training of Deep Bidirectional Transformers for Language Understanding* 的论文中提出的。

BERT 属于 MLM 模型，通过超大数据、巨大模型和极大的计算开销训练而成，在 11 个自然语言处理的任务中取得了最优（SOTA）结果，并在某些任务性能方面得到极大提升。

1.6.5　Transformer 的应用

目前主流的预训练模型，大都以 2017 年谷歌提出的 Transformer 模型作为基础，并以此作为自己的特征抽取器。可以说，Transformer 自从出现以来就彻底改变了深度学习领域，最早波及 NLP 领域，近些年又向传统的搜索、推荐等领域拓展。

更可喜的是，目前 Transformer 也开始在视觉处理领域开疆拓土、攻城略地了。本节就将介绍 Transformer 在推荐系统及视觉处理方面的典型应用。

1. Transformer 在推荐系统中的应用

2019 年阿里搜索推荐团队在 arXiv 上发布了论文 *Behavior Sequence Transformer for E-commerce Recommendation in Alibaba*。文中提出 BST 模型，利用 Transformer 中的多头自注意力（Multi-Head Self-Attention）机制替换 LSTM，捕捉用户行为序列的序列信息，取得了非常好的效果，目前 BST 已经部署在淘宝推荐的精排阶段，每天为数亿消费者提供推荐服务。BST 网络架构见图 1-37。

图 1-38 是使用 BST 与传统方法的比较结果。

目前，比较常用的 Transformer 应用实例有谷歌的推荐系统 WDL（Wide and Deep Learning）和阿里的推荐系统 DIN（Deep Interest Network for Click-Through Rate Prediction）。

2. Transformer 在视觉处理领域的应用

2020 年 12 月，北京大学联合华为诺亚方舟实验室、悉尼大学、鹏城实验室提出了一个图像处理 Transformer（Image Processing Transformer，IPT），他们把 Transformer 技术应用到视觉处理上，用于完成超分辨率、去噪、去雨等底层视觉任务，结果在视觉处理领域超

过了卷积神经网络（CNN），并且多项底层视觉任务达到业内最好水平（SOTA）。IPT 的网络架构如 1-39 所示。

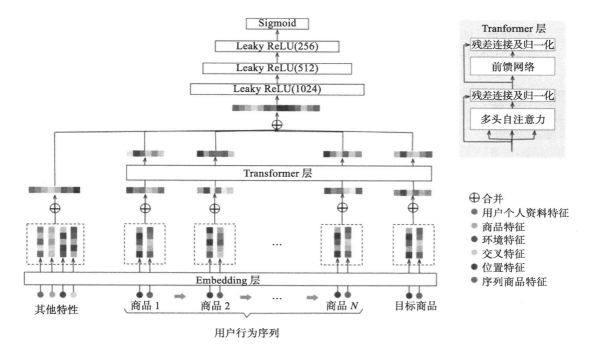

图 1-37　BST 网络架构图

方法	离线 AUC	在线 CTR 增益	平均 RT(ms)
WDL	0.7734	-	13
WDL(+Seq)	0.7846	+3.03%	14
DIN	0.7866	+4.55%	16
BST($b=1$)	0.7894	+7.57%	20
BST($b=2$)	0.7885	-	-
BST($b=3$)	0.7823	-	-

图 1-38　BST 与传统方法的对比

IPT 整体架构由四个部分组成。

（1）头部（head）

采用多头架构，每个头由三个卷积层组成来分别处理每个任务。这部分主要负责从输入的损坏图像中提取特征，比如分辨率低、需降噪的图像。

（2）Transformer 编码器

在将特征输入 Transformer 模块前，将给定的特征分割成特征块，每个特征块被视作一个 "word"。

（3）Transformer 解码器

与编码器采用了同样的架构。将解码器的输出作为 Transformer 的输入。
编码器与解码器用于恢复输入数据中的缺失信息。

（4）尾部（tail）

与头部的结构相同，用于将特征映射到重建图像中。

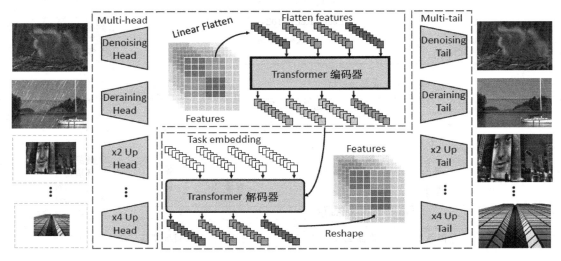

图 1-39　IPT 模型架构图

最后，研究人员使用 ImageNet 数据集进行预训练。结果表明，该模型只要在特定任务数据集上微调，即可在此任务上达到最好水平。他们对 IPT 与深度超分辨率网络（Enhanced Deep Super-Resolution，EDSR）在不同数量训练集上的性能进行了对比，如图 1-40 所示，当训练集数量较少时，EDSR 具有更好的指标；当数据集持续增大后，EDSR 很快达到饱和，而 IPT 仍可持续提升并大幅超过了 EDSR。

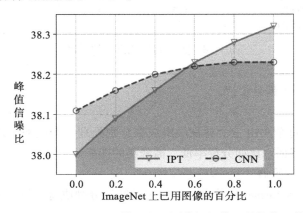

图 1-40　CNN 和 IPT 模型在不同数据规模上的性能比较

1.7　使用 Word Embedding 实现中文自动摘要

本节通过一个实例讲解如何使用 Word Embedding 实现中文自动摘要，这里使用 Gensim 中的 word2vev 模型来生成 Word Embedding。

1.7.1　背景说明

使用 Word Embedding 方法提取关键字，主要步骤如下：

1）导入一个中文语料库；

2）基于这个中文语料库，搭建 word2vec 模型，训练得到各单词的词向量；

3）导入一个文档，包括各主题及其概要描述信息，预处理该文档，并转换为词向量；

4）用聚类的方法，生成各主题的若干个关键词。

1.7.2　预处理中文语料库

利用 jieba 分词，过滤停用词等，实现代码如下。

```
import jieba
import numpy as np

filePath='corpus.txt'
fileSegWordDonePath ='corpusSegDone_1.txt'

# 打印中文列表
def PrintListChinese(list):
    for i in range(len(list)):
        print (list[i])

# 读取文件内容到列表
fileTrainRead = []
with open(filePath,'r') as fileTrainRaw:
    for line in fileTrainRaw:  # 按行读取文件
        fileTrainRead.append(line)

# jieba分词后保存在列表中
fileTrainSeg=[]
for i in range(len(fileTrainRead)):
    fileTrainSeg.append([' '.join(list(jieba.cut(fileTrainRead[i][9:-11],cut_all=False)))])
    if i % 10000 == 0:
        print(i)


# 保存分词结果到文件中
with open(fileSegWordDonePath,'w',encoding='utf-8') as fW:
    for i in range(len(fileTrainSeg)):
        fW.write(fileTrainSeg[i][0])
        fW.write('\n')
```

1.7.3 生成词向量

使用 Gensim word2vec 库生成词向量，实现代码如下。

```
"""
gensim word2vec获取词向量
"""

import warnings
import logging
import os.path
import sys
import multiprocessing

import gensim
from gensim.models import Word2Vec
from gensim.models.word2vec import LineSentence
# 忽略警告
warnings.filterwarnings(action='ignore', category=UserWarning, module='gensim')

if __name__ == '__main__':

    program = os.path.basename(sys.argv[0])  # 读取当前文件的文件名
    logger = logging.getLogger(program)
    logging.basicConfig(format='%(asctime)s: %(levelname)s: %(message)s',
        level=logging.INFO)
    logger.info("running %s" % ' '.join(sys.argv))

    # inp为输入语料, outp1为输出模型, outp2为vector格式的模型
    inp = 'corpusSegDone_1.txt'
    out_model = 'corpusSegDone_1.model'
    out_vector = 'corpusSegDone_1.vector'

    # 训练skip-gram模型
    model = Word2Vec(LineSentence(inp), size=50, window=5, min_count=5,
                     workers=multiprocessing.cpu_count())

    # 保存模型
    model.save(out_model)
    # 保存词向量
    model.wv.save_word2vec_format(out_vector, binary=False)
```

1.7.4 把文档的词转换为词向量

对数据进行预处理，并用 Skip-Gram 模型将其转换为词向量，实现代码如下。

```
# 采用word2vec词聚类方法抽取关键词1——获取文本词向量表示
import warnings
warnings.filterwarnings(action='ignore', category=UserWarning, module='gensim')
# 忽略警告
import sys, codecs
import pandas as pd
```

```python
import numpy as np
import jieba
import jieba.posseg
import gensim

# 返回特征词向量
def getWordVecs(wordList, model):
    name = []
    vecs = []
    for word in wordList:
        word = word.replace('\n', '')
        try:
            if word in model:  # 模型中存在该词的向量表示
                #name.append(word.encode('utf8'))
                name.append(word)
                vecs.append(model[word])
        except KeyError:
            continue
    a = pd.DataFrame(name, columns=['word'])
    b = pd.DataFrame(np.array(vecs, dtype='float'))
    return pd.concat([a, b], axis=1)

# 数据预处理操作：分词，去停用词，词性筛选
def dataPrepos(text, stopkey):
    l = []
    pos = ['n', 'nz', 'v', 'vd', 'vn', 'l', 'a', 'd']  # 定义选取的词性
    seg = jieba.posseg.cut(text)  # 分词
    for i in seg:
        if i.word not in l and i.word not in stopkey and i.flag in pos:  # 去重 +
            去停用词 + 词性筛选
            # print i.word
            l. append(i.word)
    return l

# 根据数据获取候选关键词词向量
def buildAllWordsVecs(data, stopkey, model):
idList, titleList, abstractList = data['id'], data['title'], data['abstract']
    for index in range(len(idList)):
        id = idList[index]
        title = titleList[index]
        abstract = abstractList[index]
        l_ti = dataPrepos(title, stopkey)  # 处理标题
        l_ab = dataPrepos(abstract, stopkey)  # 处理摘要
        # 获取候选关键词的词向量
        words = np.append(l_ti, l_ab)  # 拼接数组元素
        words = list(set(words))  # 数组元素去重,得到候选关键词列表
        wordvecs = getWordVecs(words, model)  # 获取候选关键词的词向量表示
        # 词向量写入csv文件，每个词400维
        data_vecs = pd.DataFrame(wordvecs)
        data_vecs.to_csv('wordvecs_' + str(id) + '.csv', index=False)
        print("document ", id, " well done.")

def main():
```

```python
    # 读取数据集
    dataFile = 'sample_data.csv'
    data = pd.read_csv(dataFile)
    # 停用词表
    stopkey = [w.strip() for w in codecs.open('stopWord.txt', 'r').readlines()]
    # 词向量模型
    inp = 'corpusSegDone_1.vector'
    model = gensim.models.KeyedVectors.load_word2vec_format(inp, binary=False)
    buildAllWordsVecs(data, stopkey, model)

if __name__ == '__main__':
    main()
```

1.7.5　生成各主题的关键词

采用聚类方法对候选关键词的词向量进行聚类分析，实现代码如下。

```python
# 采用word2Vec词聚类方法抽取关键词2——根据候选关键词的词向量进行聚类分析
import sys,os
from sklearn.cluster import KMeans
from sklearn.decomposition import PCA
import pandas as pd
import numpy as np
import matplotlib.pyplot as plt
import math

# 对词向量采用K-means聚类抽取topK关键词
topK=6
def getkeywords_kmeans(data,topK):
    words = data["word"] # 词汇
    vecs = data.iloc[:,1:] # 向量表示

    kmeans = KMeans(n_clusters=1,random_state=10).fit(vecs)
    labels = kmeans.labels_ #类别结果标签
    labels = pd.DataFrame(labels,columns=['label'])
    new_df = pd.concat([labels,vecs],axis=1)
    df_count_type = new_df.groupby('label').size() #各类别统计个数
    # print df_count_type
    vec_center = kmeans.cluster_centers_ #聚类中心

    # 计算距离（相似性）采用欧氏距离
    distances = []
    vec_words = np.array(vecs) # 候选关键词向量，dataFrame转array
    vec_center = vec_center[0] # 第一个类别聚类中心,本例只有一个类别
    length = len(vec_center) # 向量维度
    for index in range(len(vec_words)): # 候选关键词个数
        cur_wordvec = vec_words[index] # 当前词语的词向量
        dis = 0 # 向量距离
        for index2 in range(length):
            dis += (vec_center[index2]-cur_wordvec[index2])*(vec_center[index2]-
            cur_wordvec[index2])
        dis = math.sqrt(dis)
```

```
            distances.append(dis)
    distances = pd.DataFrame(distances,columns=['dis'])

    result = pd.concat([words, labels ,distances], axis=1)  # 拼接词语与其对应中心点的距离
    result = result.sort_values(by="dis",ascending = True) # 按照距离大小进行升序排列

    # 将用于聚类的数据的特征维度降到2维
    pca = PCA(n_components=2)
    new_pca = pd.DataFrame(pca.fit_transform(new_df))
    #print new_pca
    #可视化
    d = new_pca[new_df['label'] == 0]
    plt.plot(d[0],d[1],'r.')
    d = new_pca[new_df['label'] == 1]
    plt.plot(d[0], d[1], 'go')
    d = new_pca[new_df['label'] == 2]
    plt.plot(d[0], d[1], 'b*')
    plt.gcf().savefig('kmeans.png')
    plt.show()

    # 抽取排名前topK个词语作为文本关键词
    wordlist = np.array(result['word']) # 选择词汇列并转成数组格式
    word_split = [wordlist[x] for x in range(0,topK)] # 抽取前topK个词汇
    word_split = " ".join(word_split)
    return word_split

def main():
    # 读取数据集
    dataFile = 'sample_data.csv'
    articleData = pd.read_csv(dataFile)
    ids, titles, keys = [], [], []

    rootdir = "vecs" # 词向量文件根目录
    fileList = os.listdir(rootdir) #列出文件夹下所有的目录与文件
    # 遍历文件
    for i in range(len(fileList)):
        filename = fileList[i]
        path = os.path.join(rootdir,filename)
        if os.path.isfile(path):
            data = pd.read_csv(path) # 读取词向量文件数据
            #data = pd.read_csv(path)
            artile_keys = getkeywords_kmeans(data,topK) # 聚类算法得到当前文件的关键词
            #print(artile_keys)
            #break
            artile_keys=artile_keys
            # 根据文件名获得文章id以及标题
            (shortname, extension) = os.path.splitext(filename) # 得到文件名和文件扩展名
            t = shortname.split("_")
            article_id = int(t[len(t)-1]) # 获得文章id
            artile_tit = articleData[articleData.id==article_id]['title']
                                        # 获得文章标题
            artile_tit = list(artile_tit)[0] # series转成字符串
            ids.append(article_id)
```

```
            titles.append(artile_tit)
            keys.append(artile_keys)
            #keys.append(artile_keys)
    # 所有结果写入文件
    result = pd.DataFrame({"id": ids, "title": titles, "key": keys},
    columns=['id', 'title', 'key'])
    result = result.sort_values(by="id",ascending=True) # 排序
    result.to_csv("result/keys_word2vec.csv", index=False)


if __name__ == '__main__':
    main()
```

1.7.6 查看运行结果

1）查看原材料前 4 个主题及概要信息，结果如下：

查看原文件各主题及其概要说明

```
system head -5 sample_data.csv
['id,title,abstract',
```
 '1,永磁电机驱动的纯电动大巴车坡道起步防溜策略,本发明公开了一种永磁电机驱动的纯电动大巴车坡道起步防溜策略,即当制动踏板已踩下、永磁电机转速小于设定值并持续一定时间时,整车控制单元产生一个刹车触发信号,当油门踏板开度小于设定值,且档位装置为非空档时,电机控制单元产生一个防溜功能使能信号并自动进入防溜控制使永磁电机进入转速闭环控制于某个目标转速,若整车控制单元检测到制动踏板仍然踩下,则限制永磁电机输出力矩,否则,恢复永磁电机输出力矩;当整车控制单元检测到油门踏板开度大于设置值、档位装置为空档或手刹装置处于驻车位置时,则退出防溜控制,同时切换到力矩控制。本策略无须更改现有车辆结构或添加辅助传感器等硬件设备,即可实现车辆防溜目的。',
 '2,机动车辆车门的肘靠,一种溃缩结构是作为内部支撑件而被提供在机动车辆的车门衬板上的肘靠中,所述溃缩结构具有多个以交叉形方式设计的凹陷,其中被一个装饰层覆盖的一个泡沫元件安排在所述溃缩结构上方。该溃缩结构特别用于吸收侧面碰撞事件中的负荷,以便防止车辆乘车者免受增加的力峰值。',

2）生成的各主题关键词，结果如下：

```
! head -3 result/keys_word2vec.csv
id,title,key
1,永磁电机驱动的纯电动大巴车坡道起步防溜策略,力矩开度设定值坡道闭环控制使能
2,机动车辆车门的肘靠,溃缩衬板元件交叉凹陷机动车辆
```

从结果来看，效果非常不错！

1.8 小结

本章主要介绍了各种嵌入方式及其应用，包括最初的静态嵌入（如 Word Embedding）以及最近几年出现的动态嵌入（即多种预训练模型）等。那么，如何获取 Embedding 呢？下一章将展开介绍。

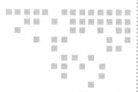

第 2 章　*Chapter 2*

获取 Embedding 的方法

第 1 章介绍了各种 Embedding，这些 Embedding 的应用非常广泛。那么，要如何获取这些 Embedding 呢？本章将介绍三种常用的获取 Embedding 的方法。

❑ 使用 PyTorch 的 Embedding Layer。
❑ 使用 Tensor Flow 2.0 的 Embedding Layer。
❑ 从预训练模型获取 Embedding。

2.1　使用 PyTorch 的 Embedding Layer

PyTorch 平台有 Embedding Layer，可以在完成任务（如文档分类、词性标注、情感分析等）的同时学习词嵌入。具体实现步骤大致如下：

1）准备语料库；
2）预处理语料库，得到由不同单词构成的字典，字典包括各单词及对应的索引；
3）构建网络，把 Embedding Layer 作为第一层，先初始化对应的权重矩阵（即查找表）；
4）训练模型，训练过程中将不断更新权重矩阵。

这些步骤可以表示成如图 2-1 所示的流程图。

2.1.1　语法格式

使用 Embedding Layer 的主要目标是把一个张量（Tensor）转换为词嵌入或 Embedding 格式，其语法格式如下：

```
torch.nn.Embedding(num_embeddings, embedding_dim, padding_idx=None, max_norm=None,
    norm_type=2.0, scale_grad_by_freq=False, sparse=False, _weight=None)
```

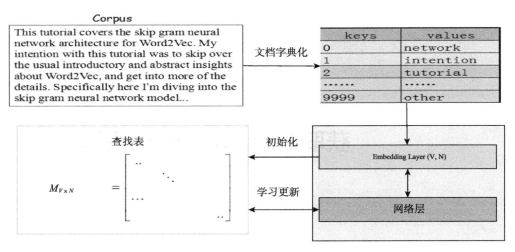

图 2-1 通过任务学习词嵌入的一般步骤

Embedding 对应图 2-1 中的查找表，其主要功能是存储固定字典和大小的词嵌入。nn.Embedding 模块通常用于存储词嵌入并使用索引检索它们。模块的输入是索引列表，而输出是相应的词嵌入。有了这个模块后就可方便地把一句话或一段文章用词嵌入来表示，下面将介绍具体实现方法。

1. 参数说明

首先，我们来了解几个主要的参数及其说明。

❑ num_embeddings(int)：语料库字典大小。

❑ embedding_dim(int)：每个嵌入向量的大小。

❑ padding_idx(int, optional)：输出遇到此下标时用零填充（如果提供的话）。

❑ max_norm(float, optional)：重新归一化词嵌入，使它们的范数小于提供的值（如果提供的话）。

❑ norm_type(float, optional)：对应 max_norm 选项计算 p 范数时的 p，默认值为 2。

> 注意 max_norm、norm_type 这两个参数基本不用了，现在通常用 kaiming 和 xavier 初始化参数。

❑ scale_grad_by_freq(boolean, optional)：将通过小批量（mini-batch）中单词频率的倒数来缩放梯度，默认为 False（如果提供的话）。注意这里的词频指的是自动获取当前小批量中的词频，而非整个词典。

❑ sparse(bool, optional)：如果为 True，则与权重矩阵相关的梯度转变为稀疏张量。

说
明　所谓稀疏张量是指反向传播时只更新当前使用词的权重矩阵，以加快更新速度。不
过，即使设置 sparse=True，权重矩阵也未必稀疏更新，原因如下：
　　1）与优化器相关，使用 momentumSGD、Adam 等优化器时包含 momentum 项，导
致不相关词的 Embedding 依然会叠加动量，无法稀疏更新；
　　2）使用 weight_decay，即正则项计入损失值。

2. 变量说明

Embedding.weight 为可学习参数，其形状为（num_embeddings, embedding_dim），初始
化为标准正态分布（N（0, 10））。

输入说明：input(*)，数据类型 LongTensor，一般为 [mini-batch,nums of index]。

输出说明：output(*,embedding_dim)，其中 * 是输入（input）的形状。

2.1.2　简单实例

前面简单介绍了 Embedding Layer 的使用方法，这里通过一个简单实例来加深理解。

假设共有 10 个单词，对应索引为 0 到 9，现从 10 个单词中选择 6 个不同的单词，分两
个批次，构成一个数组 [(1, 2, 4, 5), (4, 3, 2, 9)]。

1）定义查找表的形状为 10×3，具体代码如下。

```
import torch
import torch.nn as nn

embedding = nn.Embedding(10, 3)
```

2）查看 Embedding 初始化权重信息。

```
embedding.weight
Parameter containing:
tensor([[ 0.1207, -0.4225,  0.0385],
        [ 0.7915, -0.2322,  0.3281],
        [ 0.0260, -0.9882,  1.3983],
        [ 1.6199, -1.5027, -1.1276],
        [-1.3249,  2.4104,  0.7407],
        [-0.1491, -0.5451,  1.3914],
        [ 0.8756, -0.0814, -1.9017],
        [ 2.5383,  0.1003, -0.2520],
        [ 0.1962, -0.5397,  0.1111],
        [-1.7311, -1.5146,  0.3008]], requires_grad=True)
```

从结果可以看出，weight 这个权重矩阵是可学习的（因 requires_grad=True），且满足标
准正态分布。

3）定义输入，具体代码如下。

```
input = torch.LongTensor([[1,2,4,5],[4,3,2,9]])
```

4）最后，把输入中的每个词（这里对应每个索引）转换为词嵌入：

```
embedding(input)
tensor([[[ 0.7915, -0.2322,  0.3281],
         [ 0.0260, -0.9882,  1.3983],
         [-1.3249,  2.4104,  0.7407],
         [-0.1491, -0.5451,  1.3914]],

        [[-1.3249,  2.4104,  0.7407],
         [ 1.6199, -1.5027, -1.1276],
         [ 0.0260, -0.9882,  1.3983],
         [-1.7311, -1.5146,  0.3008]]], grad_fn=<EmbeddingBackward>)
```

2.1.3 初始化

前面我们通过一个简单实例了解了 Embedding Layer 的使用方法，那么，Embedding Layer 是如何初始化权重矩阵（即查找表）的呢？可以通过查看其对应源码理解其实现原理。

nn.Embedding 对应的类的源码如下：

```
import torch
from torch.nn.parameter import Parameter

from .module import Module
from .. import functional as F
from .. import init

class Embedding(Module):
    ..............
    if _weight is None:
            self.weight = Parameter(torch.Tensor(num_embeddings, embedding_dim))
            self.reset_parameters()
        else:
    ...............................
    def reset_parameters(self):
        init.normal_(self.weight)
    ...............................
```

从代码中可以看出，更新 weight 时主要使用了实例方法 self.reset_parameters()，而实例方法又调用了初始化（init）模块中的 normal_ 方法，那么，normal_ 方法是如何实现的呢？

打开 nn 目录下的 init.py 文件，可以看到 normal_ 函数的定义，具体如下。

```
def normal_(tensor, mean=0., std=1.):
    # type: (Tensor, float, float) -> Tensor
    r"""Fills the input Tensor with values drawn from the normal
    distribution :math:`\mathcal{N}(\text{mean}, \text{std}^2)`.
    Args:
        tensor: an n-dimensional `torch.Tensor`
        mean: the mean of the normal distribution
        std: the standard deviation of the normal distribution
    """
```

结合代码，我们可以推出 weight 矩阵初始化符合标准正态分布。更多细节可以访问 PyTorch 官网（https://github.com/pytorch/pytorch/）。

2.2　使用 TensorFlow 2.0 的 Embedding Layer

PyTorch 平台对词嵌入有对应的网络层，同样 TensorFlow 平台也有对应的网络层。下面详细介绍 TensorFlow 中的 Embedding Layer 的使用。

2.2.1　语法格式

TensorFlow 2.0 中 Embedding Layer 的语法格式如下：

```
tf.keras.layers.Embedding(
input_dim, output_dim, embeddings_initializer='uniform',
embeddings_regularizer=None, activity_regularizer=None,
embeddings_constraint=None, mask_zero=False, input_length=None, **kwargs
)
```

1）主要参数说明如下：

❑ input_dim, int>0。词汇表大小，即共有多少个不相同的词，对应 PyTorch 的 num_embeddings 参数。

❑ output_dim, int > 0。词向量的维度，对应 PyTorch 的 embedding_dim 参数。

❑ embeddings_initializer。Embeddings 矩阵（即查询表）的初始化方法。

❑ mask_zero。如果 mask_zero 设置为 True，则填充值为 0，此时在词汇表中就不能使用索引 0 了。

❑ input_length。输入序列的长度，如果需要连接 Flatten 层再连接 Dense 层，这个参数是必须要有的，否则将报错。

2）输入说明如下：

输入一般为 2 维张量，其形状为 (batch_size, input_length)。

3）输出说明如下：

输出一般为 3 维张量，其形状为 (batch_size, input_length, output_dim)。

2.2.2　简单实例

下面我们来看一个简单实例，具体步骤如下。

1）定义一个语料，代码如下：

```
corpus=[
    ["The", "weather", "will", "be", "nice", "tomorrow"],
    ["How", "are", "you", "doing", "today"],
    ["Hello", "world", "!"]
]
```

2）导入需要的模块。

```
import tensorflow as tf
from tensorflow.keras.models import Sequential
from tensorflow.keras.layers import Embedding
import numpy as np
```

3）生成一个字典。

```
#获取语料不同单词，并过滤"!"
word_set=set([i for item in corpus for i in item if i!='!'])
word_dicts={}
#索引从1开始，0用来填充
j=1
for i in word_set:
    word_dicts[i]=j
    j=j+1
```

4）用索引表示语料。

```
raw_inputs=[]
for i in range(len(corpus)):
    raw_inputs.append([word_dicts[j]  for j in corpus[i] if j!="!"])
padded_inputs = tf.keras.preprocessing.sequence.pad_sequences(raw_inputs,
    padding='post')
print(padded_inputs)
```

5）构建网络。

```
model = Sequential()
model.add(Embedding(20, 4, input_length=6,mask_zero=True))
model.compile('rmsprop', 'mse')
output_array = model.predict(padded_inputs)
output_array.shape
```

6）查看运行结果。

```
output_array[1]
array([[ 0.03433469,  0.0206447 , -0.03389787, -0.00570253],
       [ 0.00114531,  0.03147959, -0.02087148, -0.00851966],
       [-0.01190972, -0.02093003,  0.02987151, -0.04057767],
       [ 0.01103591, -0.01805868, -0.00409973,  0.01246386],
       [ 0.02508983,  0.04906926, -0.02865715, -0.00525292],
       [ 0.03823281,  0.01339761,  0.01344738, -0.03699453]],
dtype=float32)
```

更多使用方法可参考 TensorFlow 官网（https://www.tensorflow.org/tutorials/text/word_embeddings）。

2.3 从预训练模型获取 Embedding

在自然语言处理中，构建大规模的标注数据集非常困难，以至于仅用当前语料无法有效完成特定任务。面对这种情况该怎么办呢？可以采用迁移学习的方法，即将预训练好的词嵌入作为模型的权重，然后在此基础上微调。下面就用一个简单实例来讲解如何使用预训练的词嵌入提升模型性能。

2.3.1 背景说明

本节基于数据集 IMDB 进行情感分析，做预测之前需要先对数据集进行预处理，把词转换为词嵌入。这里我们采用迁移学习的方法来提升模型的性能，并使用 2014 年英文维基百科的预计算词嵌入数据集。该数据集文件名为 glove.6B.zip，大小为 822MB，里面包含400000 个单词的 100 维嵌入向量。把预训练好的词嵌入导入模型的第一层，并冻结该层，然后增加分类层进行分类预测。GloVe 词嵌入数据集的下载地址为 https://nlp.stanford.edu/projects/glove/。

2.3.2 下载 IMDB 数据集

下载 IMDB 数据集并保存在本地。这里我们已经下载并保存好了，目录为 ./aclImdb。

```
import os

imdb_dir = './aclImdb'
train_dir = os.path.join(imdb_dir, 'train')

labels = []
texts = []

for label_type in ['neg', 'pos']:
    dir_name = os.path.join(train_dir, label_type)
    for fname in os.listdir(dir_name):
        if fname[-4:] == '.txt':
            f = open(os.path.join(dir_name, fname))
            texts.append(f.read())
            f.close()
            if label_type == 'neg':
                labels.append(0)
            else:
                labels.append(1)
```

2.3.3 进行分词

利用 TensorFlow 2.0 提供的 Tokenizer 函数进行分词操作，如下所示。

```
from tensorflow.keras.preprocessing.text import Tokenizer
from tensorflow.keras.preprocessing.sequence import pad_sequences
```

```python
import numpy as np

maxlen = 100    # 只保留前100个单词的评论
training_samples = 200    # 在200个样本上训练
validation_samples = 10000    # 对10000个样品进行验证
max_words = 10000    # 只考虑数据集中最常见的10000 个单词

tokenizer = Tokenizer(num_words=max_words)
tokenizer.fit_on_texts(texts)
sequences = tokenizer.texts_to_sequences(texts)

word_index = tokenizer.word_index
print('Found %s unique tokens.' % len(word_index))

data = pad_sequences(sequences, maxlen=maxlen)

labels = np.asarray(labels)
print('Shape of data tensor:', data.shape)
print('Shape of label tensor:', labels.shape)

# 将数据划分为训练集和验证集
# 首先打乱数据，因为一开始数据集是排好序的
# 负面评论在前，正面评论在后
indices = np.arange(data.shape[0])
np.random.shuffle(indices)
data = data[indices]
labels = labels[indices]

x_train = data[:training_samples]
y_train = labels[:training_samples]
x_val = data[training_samples: training_samples + validation_samples]
y_val = labels[training_samples: training_samples + validation_samples]
```

运行结果如下：

```
Found 88582 unique tokens.
Shape of data tensor: (25000, 100)
Shape of label tensor: (25000,)
```

2.3.4 下载并预处理 GloVe 词嵌入

前文对 GloVe 词嵌入进行了简单介绍，这里主要讲解如何下载并预处理 GloVe 词嵌入。

1）对 glove.6B.100d.txt 进行解析，构建一个由单词映射为其向量表示的索引。glove.6B 数据集比较大，下载会需要一些时间。这里我们已下载并放在了本地目录中。

```python
glove_dir = './glove.6B/'

embeddings_index = {}
f = open(os.path.join(glove_dir, 'glove.6B.100d.txt'))
for line in f:
    values = line.split()
```

```
    word = values[0]
    coefs = np.asarray(values[1:], dtype='float32')
    embeddings_index[word] = coefs
f.close()

print('Found %s word vectors.' % len(embeddings_index))
```

2）查看字典的样例：

```
for key,value in embeddings_index.items():
    print(key,value)
    print(value.shape)
    break
```

运行结果如下：

```
the [-0.038194 -0.24487    0.72812   -0.39961    0.083172   0.043953 -0.39141
     0.3344    -0.57545    0.087459   0.28787   -0.06731    0.30906  -0.26384
    -0.13231   -0.20757    0.33395   -0.33848   -0.31743   -0.48336   0.1464
    -0.37304    0.34577    0.052041   0.44946   -0.46971    0.02628  -0.54155
    -0.15518   -0.14107   -0.039722   0.28277    0.14393    0.23464  -0.31021
     0.086173   0.20397    0.52624    0.17164   -0.082378  -0.71787  -0.41531
     0.20335   -0.12763    0.41367    0.55187    0.57908   -0.33477  -0.36559
    -0.54857   -0.062892   0.26584    0.30205    0.99775   -0.80481  -3.0243
     0.01254   -0.36942    2.2167     0.72201   -0.24978    0.92136   0.034514
     0.46745    1.1079    -0.19358   -0.074575   0.23353   -0.052062 -0.22044
     0.057162  -0.15806   -0.30798   -0.41625    0.37972    0.15006  -0.53212
    -0.2055    -1.2526     0.071624   0.70565    0.49744   -0.42063   0.26148
    -1.538     -0.30223   -0.073438  -0.28312    0.37104   -0.25217   0.016215
    -0.017099 -0.38984    0.87424   -0.72569   -0.51058   -0.52028  -0.1459
     0.8278     0.27062  ]
(100,)
```

3）在 embeddings_index 字典的基础上构建一个矩阵，其形状为 10000×100。对单词索引（word_index）中索引为 i 的单词来说，该矩阵（embedding_matrix）的元素 i 就是这个单词对应的词向量（其维度为 embedding_dim，即 100）。

```
embedding_dim = 100

embedding_matrix = np.zeros((max_words, embedding_dim))
for word, i in word_index.items():
    embedding_vector = embeddings_index.get(word)
    if i < max_words:
        if embedding_vector is not None:
            # 在嵌入索引(embedding index)找不到的词，其嵌入向量都设为0
            embedding_matrix[i] = embedding_vector
```

2.3.5　构建模型

采用 Keras 的序列（Sequential）构建模型，代码如下：

```
from tensorflow.keras.models import Sequential
```

```
from tensorflow.keras.layers import Embedding, Flatten, Dense

model = Sequential()
model.add(Embedding(max_words, embedding_dim, input_length=maxlen))
model.add(Flatten())
model.add(Dense(32, activation='relu'))
model.add(Dense(1, activation='sigmoid'))
model.summary()
```

运行结果如下：

```
Model: "sequential"
```

Layer (type)	Output Shape	Param #
embedding (Embedding)	(None, 100, 100)	1000000
flatten (Flatten)	(None, 10000)	0
dense (Dense)	(None, 32)	320032
dense_1 (Dense)	(None, 1)	33

```
Total params: 1,320,065
Trainable params: 1,320,065
Non-trainable params: 0
```

在模型中加载 GloVe 词嵌入，并冻结 Embedding Layer。

```
model.layers[0].set_weights([embedding_matrix])
model.layers[0].trainable = False
```

2.3.6　训练模型

这里，我们设置训练批次大小为 32，共迭代 10 次，代码如下：

```
model.compile(optimizer='rmsprop',
loss='binary_crossentropy',
metrics=['acc'])
history = model.fit(x_train, y_train,
epochs=10,
batch_size=32,
validation_data=(x_val, y_val))
model.save_weights('pre_trained_glove_model.h5')
```

2.3.7　可视化训练结果

进行可视化训练，并查看验证集的准确率（acc），代码如下：

```
import matplotlib.pyplot as plt
%matplotlib inline
```

```
acc = history.history['acc']
val_acc = history.history['val_acc']
loss = history.history['loss']
val_loss = history.history['val_loss']

epochs = range(1, len(acc) + 1)

plt.plot(epochs, acc, 'bo', label='Training acc')
plt.plot(epochs, val_acc, 'b', label='Validation acc')
plt.title('Training and validation accuracy')
plt.legend()
```

运行结果如图 2-2 所示。

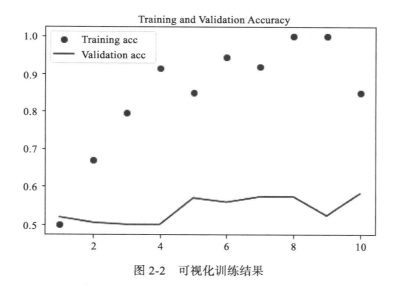

图 2-2　可视化训练结果

从图 2-2 可以看出，训练准确率与验证准确率相差较大，不过这里只使用了较少的训练数据，但验证准确率达到 60% 左右，说明效果还不错。

2.3.8　不使用预训练词嵌入的情况

如果不使用预训练词嵌入，则训练过程如下所示。

1）以直接使用训练数据训练模型为例，具体代码如下：

```
from tensorflow.keras.models import Sequential
from tensorflow.keras.layers import Embedding, Flatten, Dense

model = Sequential()
model.add(Embedding(max_words, embedding_dim, input_length=maxlen))
model.add(Flatten())   #也可以替换为model.add(GlobalMaxPool1D())
model.add(Dense(32, activation='relu'))
```

```
model.add(Dense(1, activation='sigmoid'))
model.summary()

model.compile(optimizer='rmsprop',
loss='binary_crossentropy',
metrics=['acc'])
history = model.fit(x_train, y_train,
epochs=10,
batch_size=32,
validation_data=(x_val, y_val))
```

2）进行可视化训练：

```
acc = history.history['acc']
val_acc = history.history['val_acc']
loss = history.history['loss']
val_loss = history.history['val_loss']

epochs = range(1, len(acc) + 1)

plt.plot(epochs, acc, 'bo', label='Training acc')
plt.plot(epochs, val_acc, 'b', label='Validation acc')
plt.title('Training and validation accuracy')
plt.legend()
```

运行结果如图 2-3 所示。

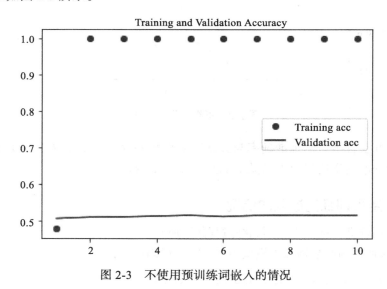

图 2-3　不使用预训练词嵌入的情况

由图 2-3 可知，不使用预训练模型的验证准确率只有 50% 左右。结合上一节的实例结果可以看出，使用预训练词嵌入的模型性能优于未使用的模型性能。这就是迁移学习的魔力所在。后面我们介绍的 ELMo、BERT、GPT-2 等，从某个方面来说都属于一种预训练嵌入模型，充分使用这些模型将大大提升下游任务的性能。

2.4　小结

利用 TensorFlow、PyTorch 工具提供的嵌入层（即 Embedding Layer）可以很方便地生成 Embedding，该层一般作为整个网络的第一层。还可以通过预训练模型的方法获取词嵌入，该方法也是目前自然语言处理中的常用方法。预训练模型一般基于巨大的语料库，利用较大的模型训练而成，很多平台都提供各种预训练模型的下载，具体使用方法将在下一章介绍。

Chapter 3 | 第 3 章

计算机视觉处理

近年来，随着深度学习和人工神经网络的发展，计算机视觉也实现了飞跃式的发展。而深度学习作为人工智能的一个分支，尤其适合处理图像和视频等非结构化数据，这就为促进计算机视觉在各领域的应用奠定了基础。在很多情况下，计算机视觉算法已经成为我们日常生活的重要组成部分，在人脸识别、目标检测、图像分割、自动驾驶等领域都取得了非常不错的成绩，有不少项目已超过人工操作的平均水平。

深度学习在计算机视觉处理方面取得的巨大成就，与深度学习中的算法及方法密切相关，如卷积神经网络、反向传播算法、正则化方法、迁移方法等。其中很多方法具有普遍性，例如使用多种卷积核、利用迁移方法提升下游任务的性能等，在自然语言处理中也得到了广泛应用。本书后续章节介绍的 Transformer 的多自注意力（Multi-Self-Attention）就已在多种预训练模型中得到了广泛应用。

本章主要包括如下内容：
❑ 卷积神经网络；
❑ 使用预训练模型的方法；
❑ 获取预训练模型的方法；
❑ 使用 PyTorch 实现数据迁移实例。

3.1 卷积神经网络

传统神经网络层之间都采用全连接方式，如果采样数据层数较多，且输入又是高维数据，那么其参数数量可能将是一个天文数字。比如训练一张 1000×1000 像素的灰色图片，输入节点数就是 1000×1000，如果隐藏层节点是 100，那么输入层到隐藏层间的权重矩阵就是 1000000×100！如果还要增加隐藏层，进行反向传播，那结果可想而知。不止如此，采用全连接方式还容易导致过拟合。

因此，为更有效地处理图片、视频、音频、自然语言等数据信息，必须另辟蹊径。经过多年不懈努力，人们终于找到了一些有效方法及工具。其中卷积神经网络、循环神经网络就是典型代表。接下来我们将介绍卷积神经网络，在第 4 章介绍循环神经网络。

3.1.1　卷积网络的一般架构

卷积神经网络（Convolutional Neural Network，CNN）是一种前馈神经网络，最早在 1986 年 BP 算法中提出。1989 年 LeCun 将其运用到多层神经网络中，但直到 1998 年 LeCun 提出 LeNet-5 模型，神经网络的雏形才基本形成。在接下来近十年的时间里，对卷积神经网络的相关研究一直处于低谷，原因有两个：一是研究人员意识到多层神经网络在进行 BP 训练时的计算量极大，以当时的硬件计算能力完全不可能实现；二是包括 SVM 在内的浅层机器学习算法也开始崭露头角。

2006 年，Hinton 一鸣惊人，在《科学》上发表名为 *Reducing the Dimensionality of Data with Neural Networks* 的文章，CNN 再度觉醒，并取得长足发展。2012 年，CNN 在 ImageNet 大赛上夺冠。2014 年，谷歌研发出 20 层的 VGG 模型。同年，DeepFace、DeepID 模型横空出世，直接将 LFW 数据库上的人脸识别、人脸认证的正确率提高到 99.75%，超越人类平均水平。

卷积神经网络由一个或多个卷积层和顶端的全连接层（对应经典的神经网络）组成，同时也包括关联权重和池化层（Pooling Layer）等。与其他深度学习架构相比，卷积神经网络能够在图像和语音识别方面给出更好的结果。这一模型也可以使用反向传播算法进行训练。相比其他深度、前馈神经网络，卷积神经网络可以用更少的参数获得更高的性能。图 3-1 就是一个简单的卷积神经网络架构。

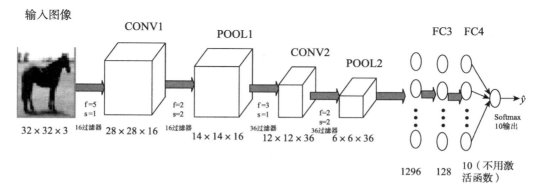

图 3-1　卷积神经网络示意图

如图 3-1 所示，该架构包括卷积神经网络的常用层，如卷积层、池化层、全连接层和输出层；有时也会包括其他层，如正则化层、高级层等。接下来我们就各层的结构、原理等进行详细说明。

图 3-1 是用一个比较简单的卷积神经网络对手写输入数据进行分类的架构示意图，由卷积层、池化层和全连接层叠加而成。下面我们先用代码定义这个卷积神经网络，然后介绍各部分的定义及实现原理。

3.1.2 增加通道的魅力

增加通道实际就是增加卷积核，它是整个卷积过程的核心。比较简单的卷积核或过滤器有垂直边缘过滤器（Vertical Filter）、水平边缘过滤器（Horizontal Filter）、Sobel 过滤器（Sobel Filter）等。这些过滤器能够检测图像的垂直边缘、水平边缘，增强图片中心区域权重等。下面我们通过一些图来简单演示这些过滤器的具体作用。

1. 垂直边缘检测

垂直边缘过滤器是 3×3 矩阵（注意，过滤器一般是奇数阶矩阵），特点是有值的是第 1 列和第 3 列，第 2 列为 0，可用于检测原数据的垂直边缘，如图 3-2 所示。

10	10	10	0	0	0
10	10	10	0	0	0
10	10	10	0	0	0
10	10	10	0	0	0
10	10	10	0	0	0
10	10	10	0	0	0

×

1	0	−1
1	0	−1
1	0	−1

=

0	30	30	0
0	30	30	0
0	30	30	0
0	30	30	0

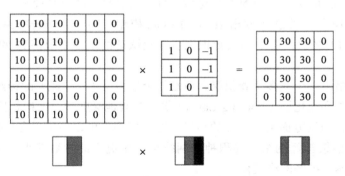

图 3-2 过滤器对垂直边缘的检测

2. 水平边缘检测

水平边缘过滤器也是 3×3 矩阵，特点是有值的是第 1 行和第 3 行，第 2 行为 0，可用于检测原数据的水平边缘，如图 3-3 所示。

10	10	10	0	0	0
10	10	10	0	0	0
10	10	10	0	0	0
0	0	0	10	10	10
0	0	0	10	10	10
0	0	0	10	10	10

×

1	1	1
0	0	0
−1	−1	−1

=

0	0	0	0
30	10	−10	−30
30	10	−10	−30
0	0	0	0

图 3-3 过滤器对水平边缘的检测

以上两种过滤器对图像水平边缘检测、垂直边缘检测的效果图如图 3-4 所示。

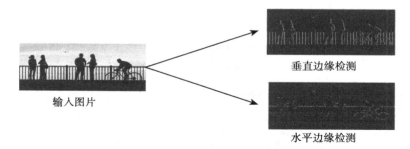

图 3-4　过滤器对图像水平边缘检测、垂直边缘检测后的效果图

上面介绍的两种过滤器比较简单，在深度学习中，过滤器除了需要检测垂直边缘、水平边缘等，还需要检测其他边缘特征。

那么，如何确定过滤器呢？过滤器类似于标准神经网络中的权重矩阵 W，W 需要通过梯度下降算法反复迭代求得，所以，在深度学习中，过滤器也需要通过模型训练得到。卷积神经网络计算出这些过滤器的数值，也就实现了对图片所有边缘特征的检测。

3.1.3　加深网络的动机

加深网络的好处包括减少参数的数量，扩大感受野（Receptive Field，给神经元施加变化的某个局部空间区域）。

感受野是指卷积神经网络每一层输出的特征图（Feature Map）上的像素点在输入图片上映射的区域大小。通俗点说，感受野是特征图上每一个点对应输入图上的区域，如图 3-5 所示。

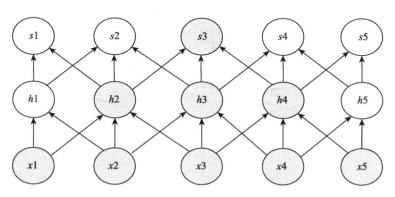

图 3-5　增加网络层扩大感受野示意图

由图 3-5 可以看出，经过几个卷积层之后，一个特征所表示的信息量越来越多，一个 $s3$ 表现了 $x1$、$x2$、$x3$、$x4$、$x5$ 的信息。

此外，叠加层可进一步提高网络的表现力。这是因为它向网络添加了基于激活函数的"非线性"表现力，通过非线性函数的叠加，可以表现更加复杂的内容。

不同层提取图像的特征是不一样的，层数越高，表现的特征越复杂，如图 3-6 所示。

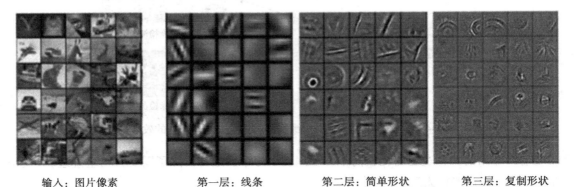

输入：图片像素   第一层：线条   第二层：简单形状   第三层：复制形状

图 3-6　不同层表现不同的特征

从图 3-6 可以看出，前面的层提取的特征比较简单，是一些颜色、边缘特征。越往后，提取到的特征越复杂，是一些复杂的几何形状。这符合我们对卷积神经网络的设计初衷，即通过多层卷积完成对图像的逐层特征提取和抽象。

在 ELMo 预训练模型中也会存在类似情况，如图 3-7 所示，随着层数的增加，其表示的内容越复杂、抽象。

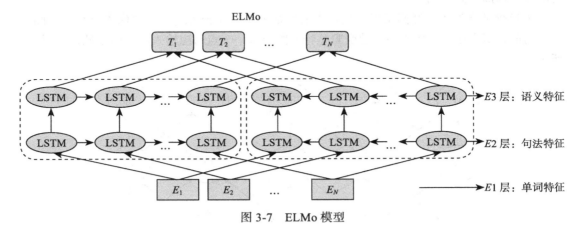

图 3-7　ELMo 模型

3.1.4　残差连接

网络层数增加了，根据导数的链式法则，就容易出现梯度消散或爆炸等问题。例如，如果各网络层激活函数的导数都比较小，那么在多次连乘后梯度可能会越来越小，这就是常说的梯度消散。对于深层网络来说,传到浅层,梯度几乎就没了。

在解决这类问题时,除了采用合适的激活函数外,还有一个重要技巧,即使用残差连接。图 3-8 是残差连接的简单示意图。

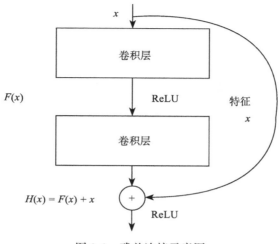

图 3-8　残差连接示意图

如图 3-8 所示,图中的每一个导数都加上了一个恒等项 1,$\mathrm{d}h/\mathrm{d}x = \mathrm{d}(f + x)/\mathrm{d}x = 1 + \mathrm{d}f/\mathrm{d}x$。此时就算原来的导数 $\mathrm{d}f/\mathrm{d}x$ 很小,误差仍然能够有效地反向传播,这也是残差连接的核心思想。

3.2　使用预训练模型

本书第 1 章介绍了很多自然语言处理领域的预训练模型,如 ELMo、BERT、GPT、XLNet、ALBERT 等,这些预训练模型都基于大数据集、深度网络模型,在 GPU 或 TPU 上经过长时间训练得到。除自然语言处理领域的预训练模型,还有很多视觉领域的预训练模型,如基于大数据集 ImageNet 训练的 AlexNet、VGG 系列、ResNet 系列、Inception 系列模型等。对这些预训练模型,可以直接使用相应的结构和权重,将它们应用到新任务上,这个过程就是“迁移学习”。

3.2.1　迁移学习简介

何为迁移学习?迁移学习是一种机器学习方法,简单来说,就是把任务 A 开发的模型作为初始点,重新使用在任务 B 中,如图 3-9 所示。比如,任务 A 可以是识别图片中的车辆,而任务 B 可以是识别卡车、轿车、公交车等。

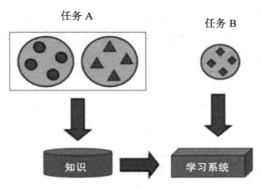

图 3-9 迁移学习示意图

迁移学习，与我们日常说的"举一反三""触类旁通"是一个道理，预训练模型犹如"举一"和"触类"，迁移学习的目的就是"反三"和"旁通"。

在机器学习中，迁移学习就是让机器将在已知情况中学到的知识和积累的经验，迁移到其他不同但相关的任务中以解决新的问题。

合理使用迁移学习，可以避免针对每个目标任务构建单独训练模型，从而极大节约计算资源。

在计算机视觉任务和自然语言处理任务中，将预训练好的模型作为新模型的起点是一种常用方法，通常预训练这些模型，往往需要消耗大量的时间和计算资源。而迁移学习就是把预训练好的模型迁移到新的任务上。

迁移学习的基础是预训练模型，那该如何用好预训练模型呢？

3.2.2 使用预训练模型的方法

在学习如何使用预训练模型时，首先要考虑目标模型的数据量及目标数据与源数据的相关性。一般建议根据数据集与预训练模型的数据集的不同相似度，采用不同的处理方法，如图 3-10 所示。

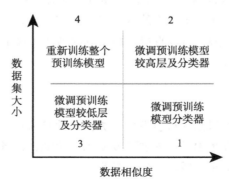

图 3-10 根据数据集大小与数据相似度选择预训练模型

图 3-10 中的序列，是根据对预训练模型调整的程度来排序的，1 对应调整程度最小，4 对应预训练模型调整程度最大。接下来就各种方法进行说明。

1. 数据集小，数据相似度高

这种情况比较理想，可以将预训练模型当作特征提取器来使用。具体做法：去掉输出层，然后将剩下的整个网络当作一个固定的特征提取机，应用到新的数据集中。具体过程如图 3-11 所示，调整分类器中的几个参数，其他模块保持"冻结"即可。这种微调方法，有时又称为特征抽取，因为预训练模型可以作为目标数据的特征提取器。

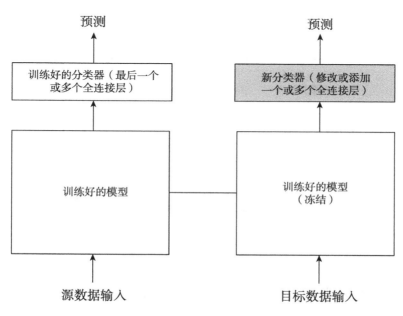

图 3-11　调整预训练模型的分类器示意图

2. 数据集大，数据相似度高

在这种情况下，因为目标数据与预训练模型的训练数据之间高度相似，故采用预训练模型会非常有效。另外，训练系统有一个较大的数据集，采用冻结预处理模型中少量较低层，修改分类器，然后在新数据集的基础上重新开始训练是一种较好的方式，具体处理过程如图 3-12 所示。

3. 数据集小，数据相似度不高

在这种情况下，可以重新训练预训练模型中较少的网络高层，并修改分类器。因为数据的相似度不高，重新训练的过程就变得非常关键。而新数据集大小的不足，则是通过冻结预训练模型中一些较低的网络层进行弥补，具体处理过程如图 3-13 所示。

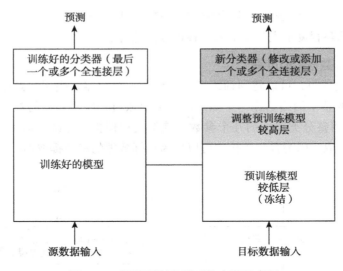

图 3-12　调整预训练模型较高层示意图

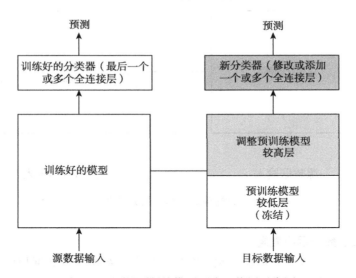

图 3-13　调整预训练模型更多网络层示意图

4. 数据集大，数据相似度不高

在这种情况下，因为有一个很大的数据集，所以神经网络的训练过程将会比较有效率。然而，因为目标数据与预训练模型的训练数据之间存在很大差异，采用预训练模型不是一种高效的方式。因此最好的方法还是将预处理模型中的权重全都初始化后再到新数据集的基础上重新开始训练，具体处理过程如图 3-14 所示。

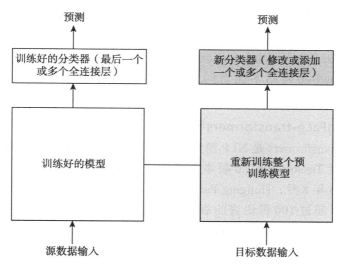

图 3-14　重新训练整个预训练模型示意图

以上是微调预训练模型的一般方法，具体操作时，往往会同时尝试多种方法，然后，从多种方法中选择一种最优方案。

3.3　获取预训练模型

上一节讲了如何使用预训练模型，接下来介绍三种获取预训练模型的方法，具体如下。

1. 从 PyTorch 平台获取

PyTorch 的工具包 torchvision 中包含 models 模块，该模块提供深度学习中各种经典的网络结构以及训练好的模型（如果选择，需设置 pretrained=True），包括 AlexNet、VGG 系列、ResNet 系列、Inception 系列等。不过，torchvision 独立于 PyTorch，需要另外安装，使用 pip 或 conda 安装即可：

```
pip  install torchvision #或conda install torchvision
```

2. 从 TensorFlow 平台获取

从 TensorFlow 平台获取预训练模型的方法有两种：

1）tensorflow.keras.application 中内置了很多预训练模型，如 resnet、vgg16、resnet 等；

2）TensorFlowHub 网站（https://tfhub.dev/google/）上也有很多预训练模型，有需要的读者可自行下载。

TensorFlowHub 的目的是为了更好地复用已训练好且经过充分验证的模型，从而节省海量的训练时间和计算资源。这些预训练好的模型，可以直接部署，也可以进行迁移学习

（Transfer Learning）。对个人开发者来说，TensorFlowHub 是非常有意义的，通过它可以快速复用像谷歌这样的大公司使用海量计算资源训练的模型，而不用自己去获取这些资源，当然，以个人名义去获取资源也是很不现实的。

如果 TensorFlowHub 网站不能访问，可转换域名到国内镜像（https://hub.tensorflow.google.cn/）下载，模型下载地址也需要相应转换（https://tf.wiki/zh_hans/appendix/tfhub.html）。

3. 从 huggingFace-transformers 平台获取

huggingFace-transformers 是 NLP 预训练模型库，在 GitHub 上有超过 38000 个 Star，支持 PyTorch 1+ 及 TensorFlow 2.0 版本，且可以在 PyTorch/TensorFlow 2.0 框架之间随意迁移模型。2020 年 8 月，Hugging Face 服务商发布了 Transformer 3.0 版本，到目前为止，该版本提供了超过 100 种语言的版本，包括 BERT、GPT、GPT-2、Transformer-XL、XLNet、XLM、ALBERT、T5、Reformer 等 20 多种预训练语言模型，简单、强大、高性能，是新手入门的不二选择。官网地址为 https://github.com/huggingface/transformers。

上面有最新的 NLP 预训练模型，获取地址：https://github.com/huggingface/transformers#quick-tour。

3.4 使用 PyTorch 实现数据迁移实例

本节通过一个使用 PyTorch 实现数据迁移的实例，帮助大家加深对相关知识的理解。

3.4.1 特征提取实例

在特征提取中，可以在预先训练好的网络结构后修改或添加一个简单的分类器，然后将源任务上预先训练好的网络作为另一个目标任务的特征提取器，只对最后增加的分类器参数进行重新学习，而预先训练好的网络参数不被修改或冻结。

在完成新任务的特征提取时使用的是源任务中学习到的参数，而不用重新学习所有参数。关于如何使用 PyTorch 实现冻结，将在本节后续介绍。

下面我们将用一个实例具体说明如何通过特征提取的方法进行图像分类。这里预训练模型采用 retnet18 网络，准确率提升到 75% 左右。以下是具体实现过程。

1. 导入模块
导入需要的模块。

```
import torch
from torch import nn
import torch.nn.functional as F
import torchvision
import torchvision.transforms as transforms
from torchvision import models
from torchvision.datasets import ImageFolder
```

```
from datetime import datetime
```

2. 加载数据

对应数据已下载在本地，故设置 download=False。为适配预训练模型，这里增加一些预处理功能，如数据标准化、对图片进行裁剪等。

```
trans_train = transforms.Compose(
    [transforms.RandomResizedCrop(224),
transforms.RandomHorizontalFlip(),
transforms.ToTensor(),
transforms.Normalize(mean=[0.485, 0.456, 0.406],
                          std=[0.229, 0.224, 0.225])])

trans_valid = transforms.Compose(
    [transforms.Resize(256),
transforms.CenterCrop(224),
transforms.ToTensor(),
transforms.Normalize(mean=[0.485, 0.456, 0.406],
                          std=[0.229, 0.224, 0.225])])
#如果是Linux环境，root的值改为root='./data'，其他不变
trainset = torchvision.datasets.CIFAR10(root='.\data', train=True,
download=False, transform=trans_train)
trainloader = torch.utils.data.DataLoader(trainset, batch_size=64,
shuffle=True, num_workers=2)

testset = torchvision.datasets.CIFAR10(root='.\data', train=False,
download=False, transform=trans_valid)
testloader = torch.utils.data.DataLoader(testset, batch_size=64,
shuffle=False, num_workers=2)

classes = ('plane', 'car', 'bird', 'cat',
            'deer', 'dog', 'frog', 'horse', 'ship', 'truck')
```

3. 下载预训练模型

这里将自动下载预训练模型，该模型网络架构为 resnet18，且已经在 ImageNet 大数据集上训练好了，该数据集有 1000 个类别。

```
# 使用预训练的模型
net = models.resnet18(pretrained=True)
```

4. 冻结模型参数

冻结这些参数，且在反向传播时，不会更新。

```
for param in net.parameters():
    param.requires_grad = False
```

5. 修改最后一层的输出类别数

原来输出为 512×1000，现在我们把输出改为 512×10，新数据集有 10 个类别。

```
# 将最后的全连接层改成十分类
device = torch.device("cuda:1" if torch.cuda.is_available() else "cpu")
net.fc = nn.Linear(512, 10)
```

6. 查看冻结前后的参数情况

使用如下代码查看冻结前后的参数情况：

```
# 查看总参数及训练参数
total_params = sum(p.numel() for p in net.parameters())
print('原总参数个数:{}'.format(total_params))
total_trainable_params = sum(p.numel() for p in net.parameters() if p.requires_grad)
print('需训练参数个数:{}'.format(total_trainable_params))
```

运行结果：

```
原总参数个数:11181642
需训练参数个数:5130
```

由运行结果可知，如果不冻结，需要更新的参数会非常多，冻结后，只需要更新全连接层的相关参数即可。

7. 定义损失函数及优化器

定义损失函数及优化器的代码如下所示：

```
criterion = nn.CrossEntropyLoss()
#只需要优化最后一层参数
optimizer = torch.optim.SGD(net.fc.parameters(), lr=1e-3,
weight_decay=1e-3, momentum=0.9)
```

8. 训练及验证模型

训练及验证模型的代码如下所示：

```
train(net, trainloader, testloader, 20, optimizer, criterion)
```

运行结果（后 10 个循环的结果）：

```
Epoch 10. Train Loss: 1.115400, Train Acc: 0.610414, Valid Loss: 0.731936, Valid
    Acc: 0.748905, Time 00:03:22
Epoch 11. Train Loss: 1.109147, Train Acc: 0.613551, Valid Loss: 0.727403, Valid
    Acc: 0.750896, Time 00:03:22
Epoch 12. Train Loss: 1.111586, Train Acc: 0.609235, Valid Loss: 0.720950, Valid
    Acc: 0.753583, Time 00:03:21
Epoch 13. Train Loss: 1.109667, Train Acc: 0.611333, Valid Loss: 0.723195, Valid
    Acc: 0.751692, Time 00:03:22
Epoch 14. Train Loss: 1.106804, Train Acc: 0.614990, Valid Loss: 0.719385, Valid
    Acc: 0.749005, Time 00:03:21
Epoch 15. Train Loss: 1.101916, Train Acc: 0.614970, Valid Loss: 0.716220, Valid
    Acc: 0.754080, Time 00:03:22
Epoch 16. Train Loss: 1.098685, Train Acc: 0.614650, Valid Loss: 0.723971, Valid
    Acc: 0.749005, Time 00:03:20
Epoch 17. Train Loss: 1.103964, Train Acc: 0.615010, Valid Loss: 0.708623, Valid
```

```
        Acc: 0.758161, Time 00:03:21
    Epoch 18. Train Loss: 1.107073, Train Acc: 0.609815, Valid Loss: 0.730036, Valid
        Acc: 0.746716, Time 00:03:20
    Epoch 19. Train Loss: 1.102967, Train Acc: 0.616568, Valid Loss: 0.713578, Valid
        Acc: 0.752687, Time 00:03:22
```

从上述结果可以看出，验证准确率达到 75% 左右。虽然准确率有比较大的提升，但还不够理想，下面我们将采用微调＋数据增强的方法继续提升准确率。

3.4.2　微调实例

微调允许修改预先训练好的网络参数来学习目标任务，所以，训练时间要比特征抽取方法长，但精度更高。微调的大致过程是在预先训练过的网络上添加新的随机初始化层，此外预先训练的网络参数也会被更新，但会使用较小的学习率以防止预先训练好的参数发生较大改变。

常用方法是固定底层的参数，调整一些顶层或具体层的参数。这样可以减少训练参数的数量，也可以避免过拟合现象的发生。尤其是在目标任务的数据量不够大的时候，该方法会很有效。实际上，微调要优于特征提取，因为它能够对迁移过来的预训练网络参数进行优化，使其更加适合新的任务。

1. 数据预处理

这里对训练数据添加了几种数据增强方法，如图片裁剪、旋转、颜色改变等方法。测试数据与特征提取的方法一样，这里不再赘述。

```
trans_train = transforms.Compose(
    [transforms.RandomResizedCrop(size=256, scale=(0.8, 1.0)),
     transforms.RandomRotation(degrees=15),
     transforms.ColorJitter(),
     transforms.RandomResizedCrop(224),
     transforms.RandomHorizontalFlip(),
     transforms.ToTensor(),
     transforms.Normalize(mean=[0.485, 0.456, 0.406],
std=[0.229, 0.224, 0.225])])
```

2. 加载预训练模型

加载预训练模型，代码如下：

```
# 使用预训练的模型
net = models.resnet18(pretrained=True)
print(net)
```

这里显示模型参数的最后一部分：

```
(1): BasicBlock(
    (conv1): Conv2d(512, 512, kernel_size=(3, 3), stride=(1, 1), padding=(1, 1),
        bias=False)
```

```
(bn1): BatchNorm2d(512, eps=1e-05, momentum=0.1, affine=True, track_running_
    stats=True)
(relu): ReLU(inplace)
(conv2): Conv2d(512, 512, kernel_size=(3, 3), stride=(1, 1), padding=(1, 1),
    bias=False)
(bn2): BatchNorm2d(512, eps=1e-05, momentum=0.1, affine=True, track_running_
    stats=True)
)
)
(avgpool): AdaptiveAvgPool2d(output_size=(1, 1))
(fc): Linear(in_features=512, out_features=1000, bias=True)
```

3. 修改分类器

修改最后全连接层，把类别数由原来的 1000 改为 10。

```
# 将最后的全连接层改成十分类
device = torch.device("cuda:0" if torch.cuda.is_available() else "cpu")
net.fc = nn.Linear(512, 10)
#net = torch.nn.DataParallel(net)
net.to(device)
```

4. 选择损失函数及优化器

使用微调训练模型时，一般选择一个稍大一点的学习率，如果选择的学习率太小，效果要差一些。这里把学习率设为 1e-3。

```
criterion = nn.CrossEntropyLoss()
optimizer = torch.optim.SGD(net.parameters(), lr=1e-3, weight_decay=1e-3,momentum=0.9)
```

5. 训练及验证模型

训练及验证模型，代码如下：

```
train(net, trainloader, testloader, 20, optimizer, criterion)
```

运行结果（部分结果）：

```
Epoch 10. Train Loss: 0.443117, Train Acc: 0.845249, Valid Loss: 0.177874, Valid
    Acc: 0.938495, Time 00:09:15
Epoch 11. Train Loss: 0.431862, Train Acc: 0.850324, Valid Loss: 0.160684, Valid
    Acc: 0.946158, Time 00:09:13
Epoch 12. Train Loss: 0.421316, Train Acc: 0.852841, Valid Loss: 0.158540, Valid
    Acc: 0.946756, Time 00:09:13
Epoch 13. Train Loss: 0.410301, Train Acc: 0.857757, Valid Loss: 0.157539, Valid
    Acc: 0.947950, Time 00:09:12
Epoch 15. Train Loss: 0.407030, Train Acc: 0.858975, Valid Loss: 0.153207, Valid
    Acc: 0.949343, Time 00:09:20
Epoch 16. Train Loss: 0.400168, Train Acc: 0.860234, Valid Loss: 0.147240, Valid
    Acc: 0.949542, Time 00:09:17
Epoch 17. Train Loss: 0.382259, Train Acc: 0.867168, Valid Loss: 0.150277, Valid
    Acc: 0.947552, Time 00:09:15
Epoch 18. Train Loss: 0.378578, Train Acc: 0.869046, Valid Loss: 0.144924, Valid
```

```
Acc: 0.951334, Time 00:09:16
```

使用微调训练方式的时间明显大于使用特征提取方式的时间，实例中一个循环需要 9 分钟左右，但验证准确率高达 95%，因时间关系这里只循环 20 次，如果增加循环次数，应该还可以把验证准确率再提升几个百分点。

3.5　小结

深度学习能在计算机视觉处理中取得巨大成功，离不开一些重要算法及方法的支持，如卷积神经网络、多卷积核、多层网络、正则化方法、迁移方法等。这些方法除具有一定特殊性外，还具有很多共性。接下来将介绍深度学习中的另一个重要方法：循环神经网络。

Chapter 4 第 4 章

文本及序列处理

上一章我们介绍了视觉处理中的卷积神经网络，它利用卷积核的方式来共享参数，不仅可以降低参数量，还可以保留图片的位置信息，不过其输入大小是固定的。在实际的语言处理、语音识别等任务中，例如在一段文档、语音数据或者翻译的语句中，每句话的长度往往是不一样的，且每句话的前后是有关系的，所以在处理这样的数据时，卷积神经网络就不那么适用了。类似的数据还有很多，我们将这样与先后顺序有关的数据称为序列数据。

对于序列数据，可以使用循环神经网络（Recurrent Neural Network，RNN）对其进行处理。RNN 特别适合处理序列数据，它是一种常用的神经网络结构，已经成功应用于自然语言处理、语音识别、图片标注、机器翻译等领域的众多时序问题中。

本章就循环神经网络问题展开说明，主要内容如下：

❑ 循环网络基本结构；
❑ 构建一些特殊模型。

4.1　循环网络的基本结构

图 4-1 是循环神经网络的经典结构，从图中可以看到循环神经网络包括输入 x、隐藏层 s、输出层 o 等，这些与传统神经网络类似，此处还包含一个自循环 W，这也是它的一大特色。这个自循环 W 直观理解就是神经元之间还有关联，这是传统神经网络、卷积神经网络所没有的。

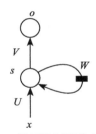

图 4-1　循环神经网络的结构

4.1.1　标准循环神经网络

上文的图 4-1 展示了一个简单的循环神经网络结构。其中 U 是输入层到隐藏层的权重矩阵，W 是指将隐藏层上一次的值作为这次输入的权重矩阵，s 为状态，V 是隐藏层到输出层的权重矩阵。但图 4-1 比较抽象，可以将它展开成图 4-2 所示结构，便于理解。

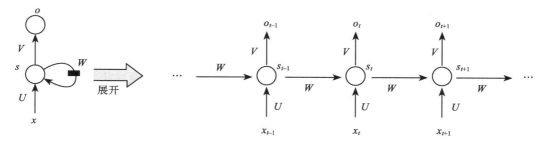

图 4-2　循环神经网络的展开结构

图 4-2 是一个典型的 Elman 循环神经网络，它的各个时间节点对应的 W、U、V 都是不变的，就像卷积神经网络的过滤器机制一样，可以实现参数共享，同时大大降低参数量。

对图 4-2 中的隐藏层继续细化，可以得到图 4-3 所示结构图。

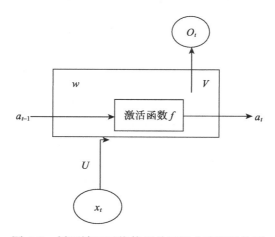

图 4-3　循环神经网络使用单层的全连接结构图

这个网络在时刻 t 有相同的网络结构，假设输入 x 为 n 维向量，隐藏层的神经元个数为 m，输出层的神经元个数为 r，则 U 的大小为 $n \times m$ 维；W 是上一次的 a_{t-1} 作为这一次输入对应的权重矩阵，大小为 $m \times m$ 维；V 是隐藏层到输出层的权重矩阵，大小为 $m \times r$ 维。而 x_t、a_t 和 o_t 都是向量，它们各自表示的含义如下：

❑ x_t 是时刻 t 的输入；

❑ a_t 是时刻 t 的隐层状态。它是网络的记忆状态。a_t 基于前一时刻的隐层状态和当前时刻的输入进行计算，即 $a_t = f(Ux_t + Wa_{t-1})$。函数 f 通常是非线性的，如 Tanh 或者 ReLU。a_{t-1} 为前一个时刻的隐藏状态，其初始化通常为 0；

❏ o_t 是时刻 t 的输出。例如，如想预测句子的下一个词，它将是一个词汇表中的概率向量，$o_t = \mathrm{Softmax}(Va_t)$；

a_t 认为是网络的记忆状态，a_t 可以捕获之前所有时刻发生的信息。输出 o_t 的计算仅仅依赖于时刻 t 的记忆。

图 4-2 中每一步都有输出，但根据任务的不同，这不是必须的。例如，当预测一个句子的情感时，我们可能仅关注最后的输出，而不是每个词的情感。与此类似，在每一步中可能也不需要输入。循环神经网络最大的特点就是隐藏层状态，隐藏层状态可以捕获一个序列的一些信息。

4.1.2 深度循环神经网络

循环神经网络也可像卷积神经网络一样，除可以横向拓展（增加时间步或序列长度），也可纵向拓展成多层循环神经网络，如图 4-4 所示。

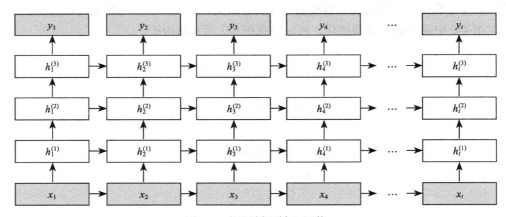

图 4-4 深层循环神经网络

4.1.3 LSTM 网络结构

循环神经网络善于处理序列相关的问题，其隐藏层状态带有一定的记忆功能，但如果序列比较长，在 RNN 的反向传播时，若按照时间步进行梯度推导，即按照 RNN 中的 BPTT（Back Propagation Through Time，随时间反向传播）算法推导时，极易导致梯度消失或爆炸。这便说明，RNN 不具备长期记忆，而只具备短期记忆。这个问题对循环神经网络来说比较致命。那么要如何解决这个问题呢？

目前最流行的一种解决方案是长短时记忆网络（Long Short-Term Memory，LSTM），还有几种基于 LSTM 的变种算法，如 GRU（Gated Recurrent Unit，门控循环单元）算法等。

接下来我们将介绍 LSTM 的有关架构及原理。

LSTM 最早由 Hochreiter&Schmidhuber（1997）提出，能够有效解决信息的长期依赖，避免梯度消失或爆炸。事实上，LSTM 的设计就是用于解决长期依赖问题的。与传统 RNN 相比，它精巧地设计了循环体结构，用两个门来控制单元状态 c 的内容。一个是遗忘门（Forget Gate），决定上一时刻的单元状态 c_{t-1} 有多少保留到当前时刻 c_t；另一个是输入门（Input Gate），决定当前时刻网络的输入 x_t 有多少保存到单元状态 c_t。LSTM 用输出门（Output Gate）来控制单元状态 c_t 有多少输出到 LSTM 的当前输出值 h_t。LSTM 的循环体结构如图 4-5 所示。

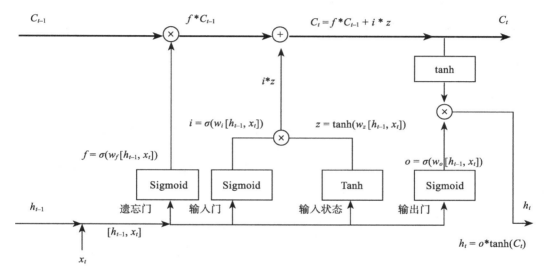

图 4-5　LSTM 架构图

为简明起见，图 4-5 所示架构图没有考虑偏移量，* 表示 Hadamard Product（即对应的元素相乘），其他为内积。

4.1.4　GRU 网络结构

上节我们介绍了 RNN 的改进版 LSTM，它有效克服了传统 RNN 的一些不足，比较好地解决了梯度消失、长期依赖等问题。不过，LSTM 也有缺点，如结构比较复杂、计算复杂度较高。因此，人们在 LSTM 的基础上又推出了其他变种，如目前非常流行的 GRU。如图 4-6 所示，GRU 比 LSTM 少一个门，因此，计算效率更高，占用内存也相对较少，但在实际使用中，GRU 和 LSTM 性能差异不大，但 GRU

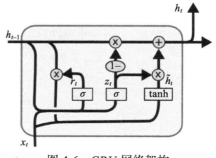

图 4-6　GRU 网络架构

比 LSTM 简单。因此，GRU 最近变得越来越流行。

GRU 涉及的计算公式如下：

$$z_t = \sigma(W_z \cdot [h_{t-1}, x_t])$$
$$r_t = \sigma(W_r \cdot [h_{t-1}, x_t])$$
$$\tilde{h}_t = \tanh(W \cdot [r_t * h_{t-1}, x_t])$$
$$h_t = (1 - z_t) * h_{t-1} + z_t * \tilde{h}_t$$

注：小圆圈表示向量的点积（后续排版为图注）。

GRU 在 LSTM 的基础做了两个大改动。

❏ 将输入门、遗忘门、输出门变为两个门：更新门（Update Gate）z_t 和重置门（Reset Gate）r_t。

❏ 将单元状态与输出合并为一个状态 h_t。

4.1.5 双向循环神经网络

循环网络是按输入的顺序来处理，因此，人们通常使用循环网络来处理自然语言方面的问题。不过使用一般的循环网络时只能利用前文，无法利用下文信息，这自然会导致下文部分信息丢失。而下文信息对理解当前词义也很重要，就像我们在做英文完形填空一样，往往需要仔细阅读填空项的上下文，然后再填空，很少只看空格前的文字就匆匆做题。利用上下文信息的这种思想，从机器学习的角度来说，就是集成算法的思想，即把多个角度（或模型）的信息综合在一起，其性能往往好于只考虑单个方向的性能。

双向循环神经网络就是集成算法思想的体现，它的结构图如图 4-7 所示。图左边的输入为正序序列，这样 LSTM 模型预测就可以利用上文信息，而图形右边的输入为反序列数据，这样 LSTM 模型就可以利用下文信息，把两个 LSTM 模型的输出进行合并，就可以得到整个模型的输出，这个模型就是双向循环网络的一个典型实例。

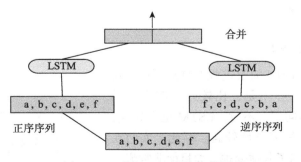

图 4-7　双向 LSTM 层的工作原理

4.2　构建一些特殊模型

循环神经网络适合含时序序列的任务，如自然语言处理、语言识别等。基于循环神经网络可以构建功能更强大的模型，如 Encoder-Decoer（编码器－解码器）模型、Seq2Seq 模型等。在具体实现时，编码器和解码器通常使用循环神经网络，如 RNN、LSTM、GRU 等，有些情况也可以使用卷积神经网络，实现语言翻译、文档摘取、问答系统等功能。

4.2.1　Encoder-Decoder 模型

Encoder-Decoder 模型是一种神经网络设计模式，其架构示意图如图 4-8 所示。模型分为两部分：编码器和解码器。首先由编码器将源数据编码为状态，该状态通常为向量，然后，将状态传递给解码器生成输出。

图 4-8　Encoder-Decoder 模型架构示意图

对图 4-8 进一步细化，在输入模型前，需要将源数据和目标数据转换为词嵌入。对于自然语言处理问题，考虑到序列的不同长度及语言的前后依赖关系，编辑器和解码器一般选择循环神经网络，具体可选择 RNN、LSTM、GRU 等，可以一层，也可以多层，具体如图 4-9 所示。

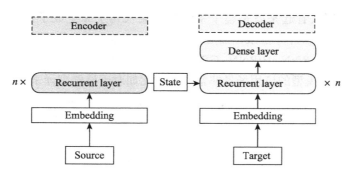

图 4-9　细化的 Encoder-Decoder 模型架构

下面以一个简单的语言翻译场景为例，输入为 4 个单词，输出为 3 个单词，此时 Encoder-Decoder 模型架构如图 4-10 所示。

这是一个典型的 Encoder-Decoder 模型。该如何理解这个模型呢？

可以这样直观理解：从左到右，看作由一个句子（或篇章）生成另外一个句子（或篇章）的通用处理模型。假设这个句子对为 <X, Y>，我们的目标是给定输入句子 X，期待通过 Encoder-Decoder 模型来生成目标句子 Y。X 和 Y 可以是同一种语言，也可以是两种不同的语言。而 X 和 Y 分别由各自的单词序列构成：

$$X = (x_1, x_2, x_3 \cdots x_m) \tag{11.1}$$

$$Y = (y_1, y_2, y_3 \cdots y_n) \tag{11.2}$$

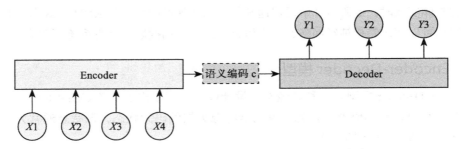

图 4-10　基于语言翻译的 Encoder-Decoder 模型架构

Encoder，顾名思义就是对输入句子 X 进行编码，通过非线性变换将输入句子转化为中间语义表示 C：

$$C = f(x_1, x_2, x_3 \cdots x_m) \tag{11.3}$$

对于 Decoder 来说，其任务是根据句子 X 的中间语义表示 C 和之前已经生成的历史信息 $y_1, y_2, y_3 \cdots y_{i-1}$ 来生成 i 时刻要生成的单词 y_i。

$$y_i = g(C, y_1, y_2, y_3 \cdots y_{i-1}) \tag{11.4}$$

依次生成 y_i，那么看起来就是整个系统根据输入句子 X 生成了目标句子 Y。Encoder-Decoder 是个非常通用的计算框架，而 Encoder 和 Decoder 具体使用什么模型则由我们自己决定。常见的有 CNN、RNN、BiRNN、GRU、LSTM、Deep LSTM 等，而且变化组合非常多。

Encoder-Decoder 模型的应用场景非常广泛，比如对于机器翻译来说，<X, Y> 就是对应不同语言的句子，其中 X 是英语句子，Y 就是对应的中文句子翻译；对于文本摘要来说，X 就是一篇文章，Y 就是对应的摘要；对于对话机器人来说，X 就是某人的一句话，Y 就是对话机器人的应答等。

这个框架有一个缺点，就是生成的句子中每个词采用的中间语言编码是相同的，即都是 C。例如如下几个表达式，在句子比较短时，性能还可以，但句子稍长一些，生成的句子就不尽如人意了。那么，要如何解决这个缺点呢？

$$y_1 = g(C) \tag{11.5}$$

$$y_2 = g(C, y_1) \tag{11.6}$$

$$y_3 = g(C, y_1, y_2) \tag{11.7}$$

解铃还须系铃人，既然问题出在 C 上，就需要在 C 上做一些处理。引入一个注意力机制以有效解决这个问题。关于注意力的更多内容将在第 5 章详细讲解。

4.2.2 Seq2Seq 模型

在 Seq2Seq 模型提出之前，深度神经网络在图像分类等问题上已经取得了非常好的效果。输入和输出通常都可以表示为固定长度的向量，如果在一个批量中有长度不等的情况，往往通过补零的方法补齐。但在许多实际任务中，例如机器翻译、语音识别、自动对话等，表示成序列后，其长度并不固定。因此如何突破这个局限，使其可以适应这些场景成为急需解决的问题，在探索的过程中，Seq2Seq 模型应运而生。

Seq2Seq 模型是基于 Encoder–Decoder 模型生成的，其输入和输出都是序列，如图 4-11 所示。

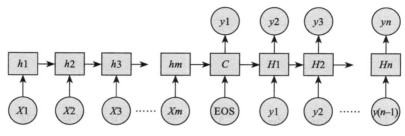

图 4-11 Seq2Seq 模型

Seq2Seq 不特指具体方法，只要满足输入序列、输出序列的目的，都可以称为 Seq2Seq 模型。

4.3 小结

本章介绍了几种循环神经网络，在 NLP 领域人们经常利用循环神经网络构建 Encoder-Decoder 模型来完成机器翻译、人机对话、自动摘要、语言识别等任务。但该模型有一个很大的问题，即在 Encoder 与 Decoder 之间只有一个向量 C，无论 Encoder 的语句多长，都只能通过向量 C 传递给 Decoder，这往往会导致信息的丢失。

为解决这一问题，人们引入了注意力机制。那么，什么是注意力机制？注意力机制是如何提升模型性能的？下章将详细说明。

Chapter 5 | 第 5 章

注意力机制

注意力机制（Attention Mechanism，AM）在深度学习中可谓发展迅猛，尤其是近几年，随着它在自然语言处理、语音识别、视觉处理等领域的广泛应用，更是引起大家的高度关注。如 Seq2Seq 引入注意力机制、Transformer 使用自注意力机制（Self-Attention Mechanism），使得注意力机制近些年在 NLP、推荐系统等方面的应用取得了新的突破。

本章为本书重点之一，也是后续章节的重要基础，我们将从多个角度介绍注意力机制，具体包括如下内容：

- ❑ 注意力机制
- ❑ 带注意力机制的 Encoder-Decoder 模型
- ❑ 可视化 Transformer
- ❑ 使用 PyTorch 实现 Transformer
- ❑ Transformer-XL
- ❑ 使用 PyTorch 构建 Transformer-XL
- ❑ Reformer

5.1 注意力机制概述

注意力机制源于对人类视觉的研究，注意力是一种人类不可或缺的复杂认知功能，指人可以在关注一些信息的同时忽略其他信息的选择能力。

注意力机制符合人类看图片的逻辑，当我们看一张图片时，往往并没有看清图片的全部内容，而是将注意力集中在图片的某个重要部分。重点关注部分，就是一般所说的注意力集中部分，而后对这一部分投入更多注意力资源，以获取更多所需要关注的目标的细节信息，忽略其他无用信息。

这是人类利用有限的注意力资源从大量信息中快速筛选出高价值信息的手段，是人类在长期进化中形成的一种生存机制。人类视觉注意力机制极大地提高了视觉信息处理的效率与准确性。

深度学习中也应用了类似注意力机制的机制，从而极大提升了自然语言处理、语音识别、图像处理的效率和性能。

5.1.1 两种常见的注意力机制

根据注意力范围的不同，人们又把注意力分为软注意力和硬注意力。

1）软注意力（Soft Attention）。这是比较常见的注意力机制，对所有 key 求权重概率，每个 key 都有一个对应的权重，是一种全局的计算方式（也叫作 Global Attention）。这种方式比较理性，参考了所有 key 的内容，再进行加权，但是计算量可能会大一些。

2）硬注意力（Hard Attention）。这种方式是直接精准定位到某个 key，而忽略其余所有 key，相当于这个 key 的概率是 1，其余 key 的概率全部是 0。因此这种对齐方式要求很高。

5.1.2 注意力机制的本质

如果把注意力机制从 Encoder-Decoder 模型中剥离出来，做进一步的抽象，可以更容易地理解注意力机制的本质。在自然语言处理应用中会把注意力机制看作输出（Target）句子中某个单词和输入（Source）句子每个单词的相关性，这是非常有道理的。

目标句子生成的每个单词对应输入句子单词的概率分布可以理解为输入句子的单词和这个目标生成的单词的对齐概率，这在机器翻译语境下是非常直观的：传统的统计机器翻译过程一般会专门有一个短语对齐的步骤，而注意力模型其实起的是相同的作用，可用图5-1 直观表述。

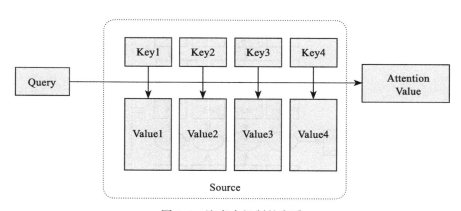

图 5-1 注意力机制的实质

在图 5-1 中，Source 由一系列的 <Key, Value> 数据对构成，对给定 Target 中的某个元素 Query，通过计算 Query 和各个 Key 的相似性或者相关性，得到每个 Key 对应 Value 的权重系数，然后对 Value 进行加权求和，得到最终的 Attention 数值。所以本质上注意力机制是对 Source 中元素的 Value 值进行加权求和，而 Query 和 Key 是用来计算对应 Value 的权重系数的。可以将其本质思想改写为如下公式：

$$\text{Attention(Query, Source)} = \sum_{i=1}^{T}\text{Similarity(Query, Key}_i) \cdot \text{Value}_i \qquad (5.1)$$

其中，T 为 Source 的长度。

图 5-1 为计算注意力的架构图，那么，具体要如何计算注意力呢？整个注意力机制的计算过程可分为 3 个阶段。

第 1 阶段：根据 Query 和 Key 计算两者的相似性或者相关性，最常见的计算方法包括求两者的向量点积、求两者的向量 Cosine 相似性或者通过再引入额外的神经网络来求，假设求得的相似值为 si。

第 2 阶段：对第 1 阶段的值进行归一化处理，得到权重系数。这里使用 Softmax 函数计算各权重的值（ai），计算公式为：

$$\text{ai} = \text{Softmax(si)} = \frac{e^{si}}{\sum_{J=1}^{T}e^{sJ}} \qquad (5.2)$$

第 3 阶段：使用第 2 阶段的权重系数对 Value 进行加权求和。

$$\text{Attention(Query, Source)} = \sum_{i=1}^{T}\text{ai} \cdot \text{Value}_i \qquad (5.3)$$

注意力机制的值的计算过程如图 5-2 所示。

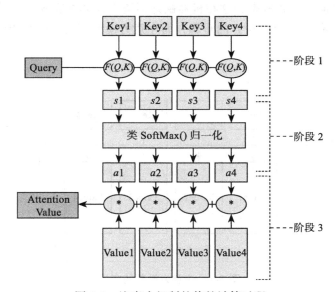

图 5-2　注意力机制的值的计算过程

那么，在深度学习中如何通过模型或算法来实现这种机制呢？接下来我们介绍如何使用模型的方式来实现，为更好理解，先通过一个例子来了解不带注意力机制的模型与带注意力机制的模型的区别。

5.2 带注意力机制的 Encoder-Decoder 模型

结合上一章的图 4-10 可知，在生成目标句子的单词时，不论生成哪个单词，是 y_1、y_2 也好，是 y_3 也好，使用的句子 X 的语义编码 C 都是一样的，没有任何区别。而语义编码 C 是由句子 X 的每个单词经过 Encoder 编码产生的，这意味着无论生成哪个单词，y_1、y_2 还是 y_3，其实句子 X 中任意单词对生成某个目标单词 y_i 来说影响力都是相同的，没有任何区别。

我们以一个具体例子说明，用机器翻译（输入英文，输出中文）来解释这个 Encoder-Decoder 模型会更好理解，比如：

输入英文句子：Tom chase Jerry
Encoder-Decoder模型逐步生成中文单词："汤姆""追逐""杰瑞"

在翻译"杰瑞"这个中文单词的时候，分心模型里面的每个英文单词对于翻译目标单词"杰瑞"的贡献是相同的，很明显这并不合理，因为"Jerry"对于"杰瑞"更重要，但是分心模型是无法体现这一点的，这也是说它没有引入注意力机制的原因。

5.2.1 引入注意力机制

没有引入注意力机制的模型在输入句子比较短的时候估计问题不大，但是如果输入句子比较长，此时所有语义完全通过一个中间语义向量来表示，单词自身的信息已经消失，可想而知会丢失很多细节信息。

在上面的例子中，如果引入注意力机制，则应该在翻译"杰瑞"的时候，体现出英文单词对于翻译当前中文单词的不同的影响程度，比如给出类似下面一个概率分布值：

（Tom,0.3)(Chase,0.2)(Jerry,0.5)

每个英文单词的概率代表了翻译当前单词"杰瑞"时，注意力模型分配给不同英文单词的注意力大小。这对于正确翻译目标语单词肯定是有帮助的，因为引入了新的信息。同理，目标句子中的每个单词都应该学会其对应的源语句中单词的注意力分配概率信息。这意味着在生成单词 y_i 的时候，原先相同的中间语义表示 C 会替换成根据当前生成单词而不断变化的 C_i。理解 AM 的关键就是这里，即由固定的中间语义表示 C 换成了根据当前输出单词来调整成加入注意力模型的变化的 C_i。引入注意力机制的 Encoder-Decoder 模型架构示意图如图 5-3 所示。

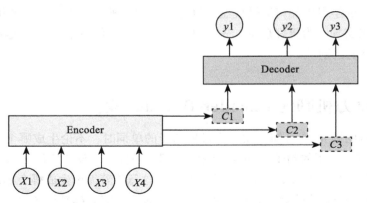

图 5-3 引入注意力机制的 Encoder-Decoder 模型架构[⊖]

即生成目标句子单词的过程可以写成下面的形式：

$$y_1 = g(C_1) \qquad (5.4)$$

$$y_2 = g(C_2, y_1) \qquad (5.5)$$

$$y_3 = g(C_3, y_1, y_2) \qquad (5.6)$$

而每个 C_i 可能对应着不同的源语句单词的注意力分配概率分布，比如对于上面的英汉翻译来说，其对应的信息可能如下。

注意力分布矩阵：

$$A = [a_{ij}] = \begin{bmatrix} 0.6 & 0.2 & 0.2 \\ 0.2 & 0.7 & 0.1 \\ 0.3 & 0.2 & 0.5 \end{bmatrix} \qquad (5.7)$$

第 i 行表示 y_i 收到的所有来自输入单词的注意力分配概率。y_i 的语义向量 C_i 由这些注意力分配概率和 Encoder 对单词 x_j 的转换函数 f_2 相乘得到，例如：

$$C_1 = C_{汤姆} = g(0.6*f_2("Tom"), 0.2*f_2("Chase"), 0.2*f_2("Jerry")) \qquad (5.8)$$

$$C_2 = C_{追逐} = g(0.2*f_2("Tom"), 0.7*f_2("Chase"), 0.1*f_2("Jerry")) \qquad (5.9)$$

$$C_3 = C_{杰瑞} = g(0.3*f_2("Tom"), 0.2*f_2("Chase"), 0.5*f_2("Jerry")) \qquad (5.10)$$

其中，f_2 函数代表 Encoder 对输入英文单词的某种变换函数，比如 Encoder 使用 RNN 模型的话，这个 f_2 函数的结果往往是某个时刻输入 x_i 后隐藏层节点的状态值；g 代表 Encoder 根据单词的中间表示合成整个句子中间语义表示的变换函数。一般的，g 函数就是对构成元素加权求和，也就是我们看到的下列公式：

$$C_i = \sum_{j=1}^{Tx} a_{ij} h_j \qquad (5.11)$$

⊖ 5.2 节部分参考了张俊林的博客：https://blog.csdn.net/malefactor/article/details/78767781。

假设 C_i 中的 i 就是上面的"汤姆",那么 T_x 就是 3,代表输入句子的长度,$h_1 = f_2(\text{"Tom"})$,$h_2 = f_2(\text{"Chase"})$,$h_3 = f_2(\text{"Jerry"})$,对应的注意力模型权值分别是 0.6,0.2,0.2,所以 g 函数就是一个加权求和函数。如果形象表示的话,翻译中文单词"汤姆"的时候,数学公式对应的中间语义表示 C_i 的生成过程如图 5-4 所示。

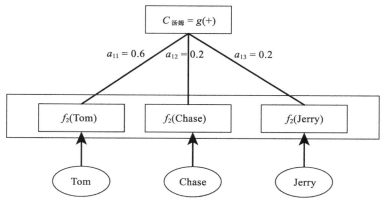

图 5-4　C_i 的生成过程

还有一个问题:生成目标句子某个单词,比如"汤姆"的时候,怎么知道注意力机制所需要的输入句子单词注意力分配概率分布值呢?其实,该值就是"汤姆"对应的概率分布:(Tom, 0.6)(Chase, 0.2)(Jerry, 0.2)。

5.2.2　计算注意力分配值

如何计算注意力分配值?为便于说明,假设对本书第 4 章图 4-10 的没有引入注意力机制的 Encoder-Decoder 模型进行细化,即 Encoder 采用 RNN 模型,Decoder 也采用 RNN 模型(这是比较常见的一种模型配置),则可转换为如图 5-5 所示。

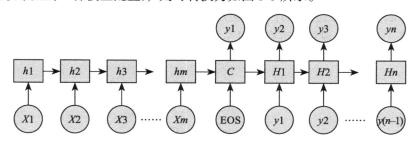

图 5-5　采用 RNN 的 Encoder-Decoder 模型架构示意图

图 5-6 可以较为便捷地说明注意力分配概率分布值的通用计算过程。

我们的目的是计算生成 y_i 时,输入句子中的单词"Tom""Chase""Jerry"对 y_i 的注意力分配概率分布。这些概率可以用目标输出句子 $i{-}1$ 时刻的隐藏层节点状态 H_{i-1} 与输入句子中每个单词对应的 RNN 隐藏层节点状态 h_j 进行一一对比，即通过对齐函数 $F(h_j, H_{i-1})$ 来获得目标单词和每个输入单词对应的对齐可能性。然后函数 F 的输出经过 Softmax 函数进行归一化就得到一个 0-1 的注意力分配概率分布数值。注意，函数 $F(h_j, H_{i-1})$ 在不同论文里采取的方法可能不同。

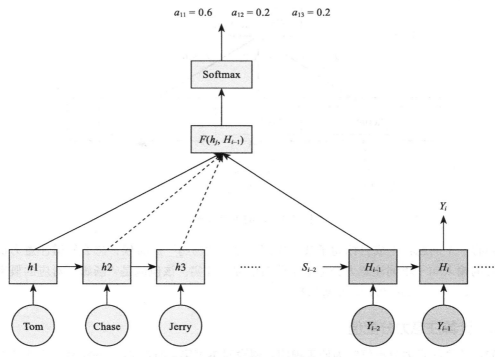

图 5-6   注意力分配概率计算过程

当输出单词为"Tom"时刻对应的输入句子单词的对齐概率。绝大多数带注意力机制的模型都是采取上述计算过程来计算注意力分配概率的分布信息，只是在函数 F 的定义上可能有所不同。y_t 值的生成过程可参考图 5-7。

其中：

$$p(y_t | \{y_1, \cdots, y_{t-1}\}, x) = g(y_{t-1}, s_t, C_t) \qquad (5.12)$$

$$s_t = f(s_{t-1}, y_{t-1}, C_t) \qquad (5.13)$$

$$y_t = g(y_{t-1}, s_t, C_t) \qquad (5.14)$$

$$C_t = \sum_{j=1}^{T_x} \alpha_{tj} h_j \qquad (5.15)$$

$$\alpha_{tj} = \frac{\exp(e_{tj})}{\sum_{K=1}^{T} \exp(e_{tk})} \qquad (5.16)$$

$$e_{tj} = a(s_{t-1}, h_j) \tag{5.17}$$

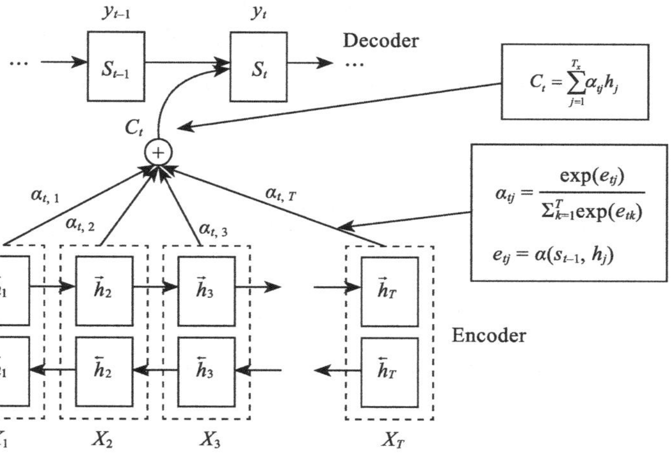

图 5-7　由输入语句 $(x_1, x_2, x_3 \cdots x_T)$ 生成第 t 个输出 y_t

　　上述内容就是软注意力机制模型的基本思想，那么怎么理解带注意力机制的模型的物理含义呢？一般文献里会把注意力机制模型看作单词对齐模型，因为目标句子生成的每个单词对应输入句子单词的概率分布可以理解为输入句子单词与这个目标生成单词的对齐概率，这在机器翻译语境下是非常直观的。

　　当然，从概念上理解的话，把带注意力机制的模型理解成影响力模型也是合理的。也就是说，在生成目标单词时，输入句子每个单词对于生成这个单词有多大的影响程度。这种想法也是理解带注意力机制的模型的物理意义的一种方式。

　　注意力机制除软注意力还有硬注意力、全局注意力、局部注意力、自注意力等，它们都对原有的注意力框架进行了一些改进，其中自注意力将在 5.3.3 节介绍。

　　到目前为止，在我们介绍的 Encoder-Decoder 架构中，构成 Encoder 或 Decoder 的一般是循环神经网络（如 RNN、LSTM、GRU 等），这种架构在遇上大语料库时运行将非常缓慢，这主要是由于循环神经网络无法并行处理所致。既然如此，卷积神经网络并行处理能力较强，是否可以使用卷积神经网络呢？卷积神经网络也有一些天然不足，如无法处理长度不一的语句、对时间序列不敏感等。为解决这些问题，人们研究出一种注意力新架构——Transformer，具体将在 5.3 节介绍。

5.2.3　使用 PyTorch 实现带注意力机制的 Encoder-Decoder 模型

　　上节我们简单介绍了带注意力机制的 Encoder-Decoder 模型，这节我们使用 PyTorch 来实现它。

1. 构建 Encoder

用 PyTorch 构建 Encoder 比较简单，把输入句子中的每个单词用 torch.nn.Embedding(m, n) 转换为词向量，然后通过一个编码器（这里采用 GRU 模型），对于每个输入字，输出向量和隐藏状态，并将隐藏状态用于下一个输入字。具体可参考图 5-8。

对应代码实现如下：

```
class EncoderRNN(nn.Module):
    def __init__(self, input_size, hidden_size):
        super(EncoderRNN, self).__init__()
        self.hidden_size = hidden_size

        self.embedding = nn.Embedding(input_size,
            hidden_size)
        self.gru = nn.GRU(hidden_size, hidden_size)

    def forward(self, input, hidden):
        embedded = self.embedding(input).view(1, 1, -1)
        output = embedded
        output, hidden = self.gru(output, hidden)
        return output, hidden

    def initHidden(self):
        return torch.zeros(1, 1, self.hidden_size, device=device)
```

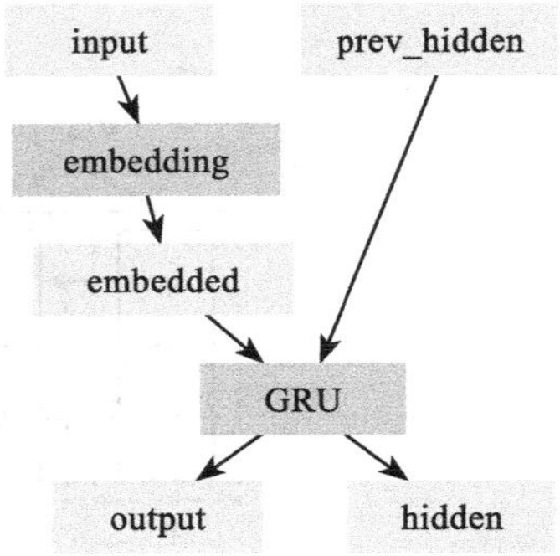

图 5-8　编码器结构图

2. 构建简单 Decoder

我们先构建一个简单的解码器，使用编码器的最后输出作为解码器的初始隐藏状态。这最后一个输出有时称为上下文向量，因为它在整个序列中编码上下文。在解码的每一步，解码器都被赋予一个输入指令和隐藏状态，初始输入是指令字符串开始的 <SOS> 指令，第一个隐藏状态是上下文向量（编码器的最后隐藏状态），其网络结构如图 5-9 所示。

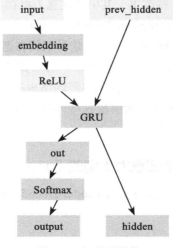

图 5-9　解码器结构

对应实现代码如下：

```
class DecoderRNN(nn.Module):
    def __init__(self, hidden_size, output_size):
        super(DecoderRNN, self).__init__()
        self.hidden_size = hidden_size

        self.embedding = nn.Embedding(output_size, hidden_size)
        self.gru = nn.GRU(hidden_size, hidden_size)
        self.out = nn.Linear(hidden_size, output_size)
        self.softmax = nn.LogSoftmax(dim=1)

    def forward(self, input, hidden):
        output = self.embedding(input).view(1, 1, -1)
        output = F.relu(output)
        output, hidden = self.gru(output, hidden)
        output = self.softmax(self.out(output[0]))
        return output, hidden

    def initHidden(self):
        return torch.zeros(1, 1, self.hidden_size, device=device)
```

3. 构建注意力 Decoder

这里以典型的 Bahdanau 注意力架构为例，主要有四层。嵌入层将输入字转换为矢量，计算每个编码器输出的注意能量的层、RNN 层和输出层。

由前面图 5-7 可知，解码器的输入包括循环网络最后的隐含状态 s_{i-1}、最后输出 y_{i-1}、所有编码器的所有输出 h_*。

1）这些输入，分别被不同的层接收，其中，y_{t-1} 作为嵌入层的输入。

```
embedded = embedding(last_rnn_output)
```

2）注意力层的函数 a 的输入为 s_{t-1} 和 h_j，输出为 e_{tj}，标准化处理后为 α_{tj}。

```
attn_energies[j] = attn_layer(last_hidden, encoder_outputs[j])
attn_weights = normalize(attn_energies)
```

3）向量 C_t 为编码器各输出的注意力加权平均。

```
context = sum(attn_weights * encoder_outputs)
```

4）循环层 f 的输入为 (s_{t-1}, y_{t-1}, c_t)，输出为内部隐含状态及 s_t。

```
rnn_input = concat(embedded, context)
rnn_output, rnn_hidden = rnn(rnn_input, last_hidden)
```

5）输出层 g 的输入为 (y_{i-1}, s_i, c_i)，输出为 y_i。

```
output = out(embedded, rnn_output, context)
```

6）综合以上各步，即可得到 Bahdanau 注意力的解码器。

```python
class BahdanauAttnDecoderRNN(nn.Module):
    def __init__(self, hidden_size, output_size, n_layers=1, dropout_p=0.1):
        super(AttnDecoderRNN, self).__init__()

        #定义参数
        self.hidden_size = hidden_size
        self.output_size = output_size
        self.n_layers = n_layers
        self.dropout_p = dropout_p
        self.max_length = max_length

        # 定义层
        self.embedding = nn.Embedding(output_size, hidden_size)
        self.dropout = nn.Dropout(dropout_p)
        self.attn = GeneralAttn(hidden_size)
        self.gru = nn.GRU(hidden_size * 2, hidden_size, n_layers, dropout=dropout_p)
        self.out = nn.Linear(hidden_size, output_size)

    def forward(self, word_input, last_hidden, encoder_outputs):
        # 前向传播每次运行一个时间步，但使用所有的编码器输出
        # 获取当前词嵌入 (last output word)
        word_embedded = self.embedding(word_input).view(1, 1, -1) # S=1 x B x N
        word_embedded = self.dropout(word_embedded)

        # 计算注意力权重并使用编码器输出
        attn_weights = self.attn(last_hidden[-1], encoder_outputs)
        context = attn_weights.bmm(encoder_outputs.transpose(0, 1)) # B x 1 x N

        # 把词嵌入与注意力context结合在一起，然后传入循环网络
        rnn_input = torch.cat((word_embedded, context), 2)
        output, hidden = self.gru(rnn_input, last_hidden)

        # 定义最后输出层
        output = output.squeeze(0) # B x N
        output = F.log_softmax(self.out(torch.cat((output, context), 1)))

        #返回最后输出、隐含状态及注意力权重
        return output, hidden, attn_weights
```

5.3　可视化 Transformer

　　Transformer 是 Google 在 2017 年的论文 *Attention is all you need* 中提出的一种新架构，它基于自注意力机制的深层模型，在包括机器翻译在内的多项 NLP 任务上效果显著，性能优于 RNN 且训练速度更快。目前 Transformer 已经取代 RNN 成为神经网络机器翻译的 SOTA（State-Of-The-Art）模型，在谷歌、微软、百度、阿里、腾讯等多家公司得到应用。Transformer 模型不仅在自然语言处理方面刷新了多项纪录，在搜索排序、推荐系统，甚至图形处理领域也非常活跃。它为何能如此成功？用了哪些神奇的技术或方法？背后的逻辑

是什么？接下来我们详细说明。

5.3.1　Transformer 的顶层设计

我们先从 Transformer 功能说起，然后介绍其总体架构，再对各个组件进行分解，详细介绍 Transformer 的功能及如何高效实现这些功能。

如果我们把 Transformer 用于语言翻译，比如把一句法语翻译成一句英语，翻译过程可用图 5-10 表示。

图 5-10　Transformer 应用语言翻译

Transformer 还可用于阅读理解、问答、词语分类等 NLP 问题。它就像一个黑盒子，在接收一条语句后，可以将其转换为另一条语句。那这个黑盒子是如何工作的呢？它由哪些组件构成？这些组件又是如何工作的呢？

我们进一步分析这个黑盒子，发现它其实就是一个由编码器和解码器构成的网络结构，这与我们通常看到的语言翻译模型类似，如图 5-11 所示。

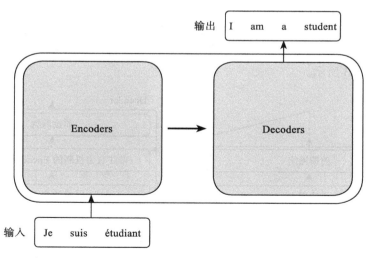

图 5-11　Transformer 由 Encoder 组件和 Decoder 组件构成

以前我们通常使用循环网络或卷积网络作为编码器和解码器的网络结构，不过 Transformer 中的编码器组件和解码器组件，既不用卷积网络，也不用循环网络。

Transformer 的 Encoder 组件由 6 个相同结构的 Encoder 串联而成，Decoder 组件也是由 6 个结构相同的 Decoder 串联而成，如图 5-12 所示。

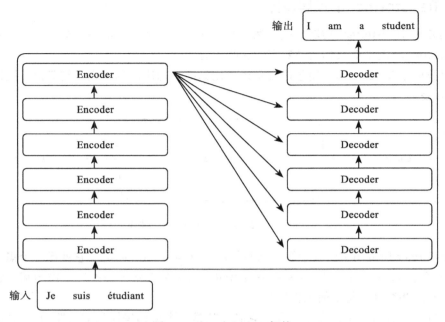

图 5-12　Transformer 架构

如图 5-12 所示，最后一层 Encoder 的输出将传入 Decoder 的每一层。进一步打开 Encoder 及 Decoder 会发现，每个编码器由一层自注意力和一层前馈网络（Feed Forward）构成，而解码器除自注意力层、前馈网络层外，中间还有一个用来接收最后一个编码器的输出值，如图 5-13 所示。

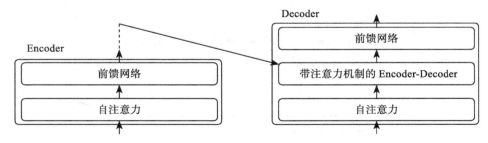

图 5-13　Transformer 模块中 Encoder 与 Decoder 的关系图

至此，我们就对 Transformer 的大致结构进行了一个直观说明，但并没有详细说明各层的细节，所以接下来将从一些主要问题入手进行说明。

5.3.2　Encoder 与 Decoder 的输入

前面我们介绍了 Transformer 的大致结构，在构成其 Encoder 和 Decoder 的网络结构中，并没有使用循环神经网络，也没有使用卷积神经网络。对于语言翻译类问题，语句中各单词的次序或位置是一个非常重要的因素，单词的位置与单词的语言有直接关系。如果使用循环网络，可以很自然地解决一个句子中各单词的次序或位置问题，但如果使用 Transformer，要如何解决语句中各单词的次序或位置关系问题呢？

Transformer 使用位置编码（Position Encoding）来记录各单词在语句中的位置或次序，位置编码的值遵循一定规则（如由三角函数生成），每个源单词（或目标单词）的词嵌入与对应的位置编码相加（位置编码向量与词嵌入的维度相同），如图 5-14 所示。

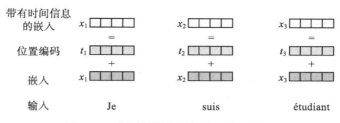

图 5-14　在源数据中添加位置编码向量

对解码器的输入（即目标数据）也需要做同样处理，即目标数据加上位置编码成为带有时间信息的嵌入。当对语料库进行批量处理时，可能会遇到长度不一致的语句：对于短的语句，可以用填充（如用 0 填充）的方式补齐；对于太长的语句，可以采用截尾的方法对齐（如给这些位置的值赋一个很大的负数，使之在进行 Softmax 运算时为 0）。

5.3.3　高并发长记忆的实现

首先我们来看一下通过 Transformer 作用的效果图。假设有输入语句"The animal didn't cross the street because it was too tired."需要翻译，关于句中的"it 是指 animal 还是 street"这个问题，对人来说很简单，但对算法来说就不那么简单了。不过 Transformer 中的自注意力能够让机器把 it 和 animal 联系起来，联系的效果如图 5-15 所示。

在图 5-15 中，观察 Encoder 组件中顶层（即 #5 层，#0 表示第 1 层）it 单词对语句中各单词的关注度，会发现 it 对 the animal 的关注度明显大于其他单词的关注度。那么，这些关注度是如何获取的呢？下面将详细介绍。

前面 5.1.2 节介绍了一般注意力机制计算注意力分配值的方法，而 Transformer 采用自注意力机制，这两种机制的计算方法基本相同，只是 Query 的来源不同。一般注意力机制中 query 来源于目标语句（而非源语句），而自注意力机制的 query 来源于源语句本身（而非目标语句，如翻译后的语句），这或许就是自注意力名称的来由吧。

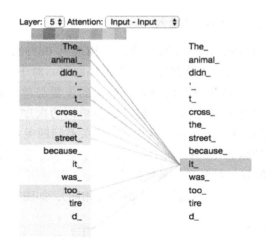

图 5-15 it 单词对语句中各单词的关注度示意图

Encoder 模块中自注意力机制的主要计算步骤如下（与 Decoder 模块的自注意力机制类似）。

1）把输入单词转换为带时间（或时序）信息的嵌入向量。

2）根据嵌入向量生成 q、k、v 三个向量，这三个向量分别表示 query、key、value。

3）根据 q，计算每个单词点积后的得分：score = $q \cdot k$。

4）对 score 进行规范化、Softmax 处理，假设结果为 a。

5）a 与对应的 v 相乘，然后累加得到当前语句各单词之间的自注意力 z：$z = \sum av$。

这部分是 Transformer 的核心内容，为便于大家更好理解，对以上步骤可视化如下。

假设当前待翻译的语句为：Thinking Machines。单词 Thinking 预处理（即词嵌入 + 位置编码得到嵌入向量 Embedding）后用 x_1 表示，单词 Machines 预处理后用 x_2 表示。计算单词 Thinking 与当前语句中各单词的注意力得分（Score），如图 5-16 所示。

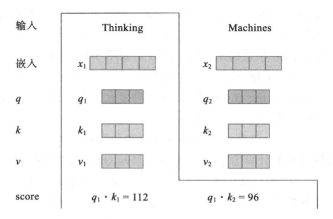

图 5-16 计算 Thinking 与当前语句各单词的得分

假设各嵌入向量的维度为 d_{model}（这个值一般较大，如为 512），在图 5-16 中的 q、k、v 的维度比较小，一般使 q、k、v 的维度满足：$d_q = d_k = d_v = \dfrac{d_{model}}{h}$（$h$ 表示 h 个 head，后面将介绍 head 含义，这里 $h = 8$，$d_{model} = 512$，故 $d_k = 64$，而 $\sqrt{d_k} = 8$）。

考虑到实际计算过程中得到的 score 可能比较大，为保证计算梯度时不影响其稳定性，需要进行归一化操作，这里除以 $\sqrt{d_k}$，如图 5-17 所示。

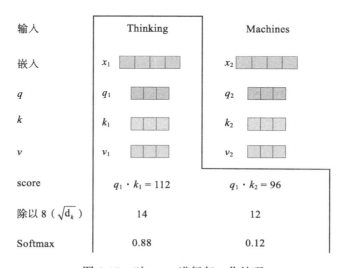

图 5-17　对 score 进行归一化处理

对归一化处理后的 a 与 v 相乘再累加，就得到 z，如图 5-18 所示。

这样就得到单词 Thinking 对当前语句各单词的注意力或关注度 z_1，使用同样方法，也可以计算单词 Machines 对当前语句各单词的注意力 z_2。

上述内容都是基于向量进行运算，且没有循环网络中的左右依赖关系，如果把向量堆砌成矩阵，则可以使用并发处理或 GPU 的功能。图 5-19 为自注意力转换为矩阵的计算过程。把嵌入向量堆叠成矩阵 X，然后分别与矩阵 W^Q、W^K、W^V（这些矩阵为可学习的矩阵，与神经网络中的权重矩阵类似）得到 Q、K、V。

在这个基础上，上面计算注意力的过程就可简写为图 5-20 的格式。

整个计算过程也可以用图 5-21 表示，这个 z 又称为缩放点积注意力（Scaled Dot-Product Attention）。

在图 5-21 中，MatMul 表示点积运算，Mask 表示掩码，用于遮掩某些值，使其在参数更新时不产生效果。Transformer 模型涉及两种掩码方式，分别是 Padding Mask（填充掩码）和 Sequence Mask（序列掩码）。Padding Mask 会用在所有的缩放点积注意力中，用于处理长短不一的语句，而 Sequence Mask 只会用在 Decoder 的自注意力中，用于防止 Decoder 预测目标值时看到未来的值。

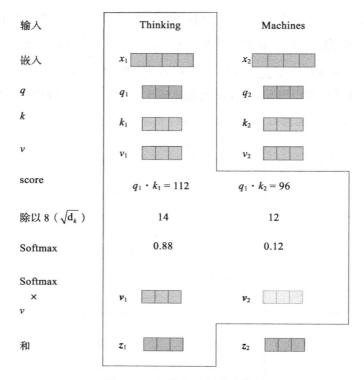

图 5-18 权重与 v 相乘后累加

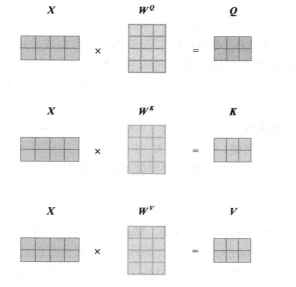

图 5-19 堆砌嵌入向量,得到矩阵 Q、K、V

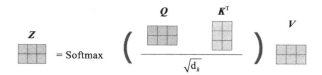

图 5-20 计算注意力 Z 的矩阵格式

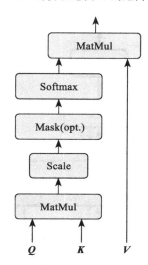

图 5-21 缩放点积注意力

（1）Padding Mask

什么是 Padding Mask 呢？因为每个批次输入序列长度是不一样的，也就是说，我们要对输入序列进行对齐。具体来说，就是在较短的序列后面填充 0。但是如果输入的序列太长，则是截取左边的内容，把多余的直接舍弃。因为这些填充的位置，其实是没什么意义的，所以注意力机制不应该把注意力放在这些位置上，所以需要进行一些处理。具体做法是，给这些位置的值加上一个非常大的负数（负无穷），这样的话，经过 Softmax 计算，这些位置的概率就会接近 0！而 Padding Mask 实际上是一个张量，每个值都是一个 Boolean，值为 false 的地方就是我们要处理的地方。

（2）Sequence Mask

前面也提到，Sequence Mask 是为了使得 Decoder 不能看见未来的信息。也就是说，对于一个序列，在 time_step 为 t 的时刻，解码输出应该只能依赖于 t 时刻之前的输出，而不能依赖 t 之后的输出。因此我们需要想一个办法，把 t 之后的信息隐藏起来。那么具体怎么做呢？也很简单：生成一个上三角矩阵，使上三角的值全为 0。然后让序列乘以这个矩阵，即把这个矩阵作用在每一个序列上，就可以达到目的。对于 Decoder 的自注意力，里面使用到的缩放点积注意力，同时需要 Padding Mask 和 Sequence Mask 作为 attn_mask，具体实现时需要将两个 Mask 相加作为 attn_mask。其他情况，attn_mask 一律等于 Padding Mask。

前面图 5-15 中有 8 种不同的颜色，这 8 种颜色表示什么含义呢？这些颜色有点像卷积网络中的通道（或卷积核），在卷积网络中，每一个通道往往表示一种风格。受此启发，AI 科研人员在计算自注意力时也采用类似方法，即下面将介绍的多头注意力（Multi-Head Attention）机制，其架构图如 5-22 所示。

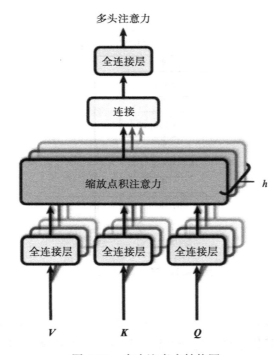

图 5-22　多头注意力结构图

多头注意力机制可以从 3 个方面提升注意力层的性能。

1）它扩展了模型专注于不同位置的能力。

2）将缩放点积注意力过程做 h 次，再把输出合并起来。

3）它为注意力层（Attention Layer）提供了多个"表示子空间"。在多头注意力结构中，我们有多组查询 / 键 / 值权重矩阵（Transformer 使用八个关注头，因此每个编码器 / 解码器最终得到八组）。这些集合中的每一个矩阵都是随机初始化的。在训练之后，利用集合将输入嵌入（Input Embedding）（或来自较低编码器 / 解码器的向量）投影到不同的表示子空间中。其实现原理与使用不同卷积核把源图像投影到不同风格的子空间一样。

多头注意力机制的运算过程如下：

❑ 随机初始化八组矩阵，$W_i^Q, W_i^K, W_i^V \in R^{512 \times 64}$, $i \in \{0, 1, 2, 3, 4, 5, 6, 7\}$；

❑ 使用 X 与这八组矩阵相乘，得到八组 $Q_i, K_i, V_i \in R^{512}$, $i \in \{0, 1, 2, 3, 4, 5, 6, 7\}$；

❏ 由此得到八个 Z_i，$i \in \{0, 1, 2, 3, 4, 5, 6, 7\}$，然后把这八个 Z_i 组合成一个大的 Z_{0-7}；

❏ Z 与初始化的矩阵 $W^0 \in R^{512 \times 512}$ 相乘，得到最终输出值 Z。

具体运算过程可用图 5-23 来直观表示。

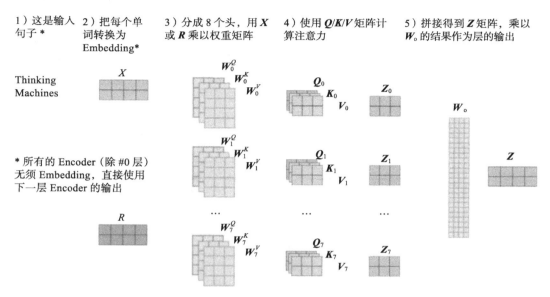

图 5-23　多头注意力机制运算过程

由图 5-13 可知，解码器比编码器中多了编码器与解码器注意力层（Encoder-Decoder Attention Layer）。在编码器与解码器注意力层中，Q 来自解码器的上一个输出，K 和 V 则来自编码器最后一层的输出，其计算过程与自注意力相同。

由于在机器翻译中，解码过程是一个顺序操作的过程，也就是当解码第 k 个特征向量时，我们只能看到第 $k-1$ 及其之前的解码结果，这种情况下的多头注意力叫作遮掩多头注意力（Masked Multi-Head Attention），即同时使用了 Padding Mask 和 Sequence Mask 两种方法。

从以上分析可以看出，自注意力机制没有前后依赖关系，可以基于矩阵进行高并发处理，另外每个单词的输出与前一层各单词的距离都为 1，如图 5-24 所示，说明不存在梯度随着长距离而消失的问题，因此，Transformer 就有了高并发和长记忆的强大功能！

图 5-24　自注意力机制输入与输出之间反向传播距离示意图

5.3.4 为加深 Transformer 网络层保驾护航的几种方法

从 5.3.1 节可知，Transformer 的 Encoder 组件和 Decoder 组件分别有 6 层，在某些应用中会有更多层。随着层数的增加，网络的容量更大，表达能力也更强，但也会出现网络的收敛速度更慢、更易出现梯度消失等问题，那么 Transformer 是如何克服这些不足的呢？它采用了两种常用方法，一种是残差连接（Residual Connection），另一种是归一化（Normalization）。具体实现方法就是在每个编码器或解码器的两个子层（即 Self-Attention 和 FFNN（Feed Forward Neural Network，前馈神经网络））间增加由残差连接和归一化组成的层，如图 5-25 所示。

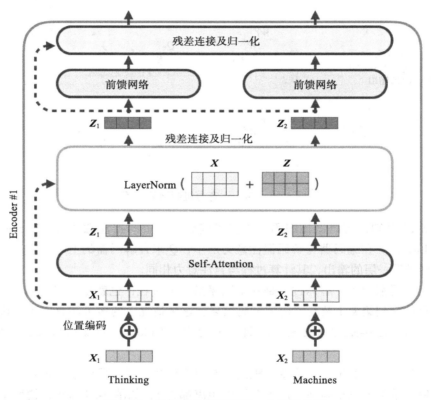

图 5-25　添加残差连接及归一化处理的层

对每个编码器和解码器做同样处理，如 5-26 所示。

下面图 5-27 展示了编码器与解码器协调完成一个机器翻译任务的完整过程。

5.3.5 如何自监督学习

Encoder 最后的输出通过一个全连接层及 Softmax 函数作用后就得到了预测值的对数概率（这里假设采用贪婪解码的方法，即用 argmax 函数获取概率最大值对应的索引），如图

5-28 所示。预测值的对数概率与实际值对应的独热编码的差就构成模型的损失函数。

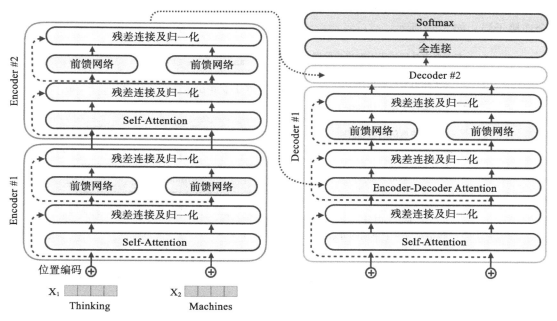

图 5-26 在每个编码器与解码器的两个子层间添加残差连接及归一化层

Decoding time step: 1 2 3 4 ⑤ 6   OUTPUT   I am a student <end of sentence>

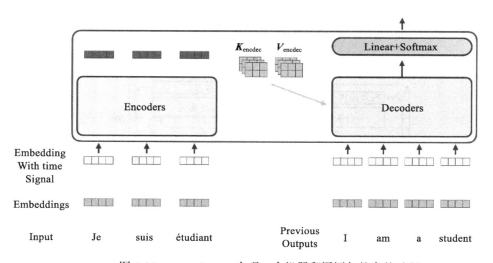

图 5-27 Transformer 实现一个机器翻译语句的完整过程

综上所述，Transformer 模型由 Encoder 和 Decoder 组件构成，每个 Encoder 组件又由 6

个 Encoder 层组成，每个 Encoder 层包含一个自注意力子层和一个全连接子层；而 Decoder 组件也是由 6 个 Decoder 层组成，每个 Decoder 层包含一个自注意力子层、注意力子层和全连接子层。如 5-29 所示。

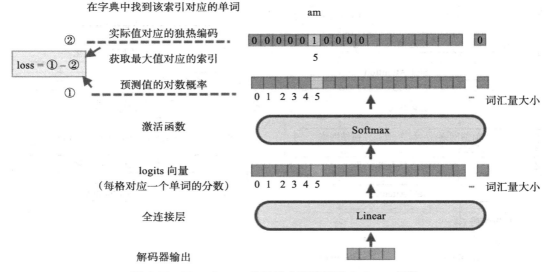

图 5-28　Transformer 的最后全连接层及 Softmax 函数

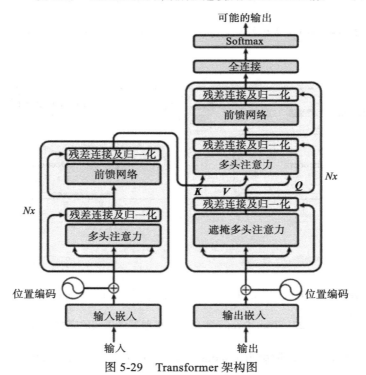

图 5-29　Transformer 架构图

5.4　使用 PyTorch 实现 Transformer

Transformer 的原理在前面已经分析得很详细了，下面将使用 PyTorch 1.0+ 完整实现 Transformer 的整个架构，并用简单实例进行验证。代码参考哈佛大学 OpenNMT 团队针对 Transformer 实现的代码，该代码是用 PyTorch 0.3.0 实现的。

5.4.1　Transformer 背景介绍

目前的主流神经序列转换模型大都基于 Encoder-Decoder 模型。所谓序列转换模型就是把一个输入序列转换成另外一个输出序列，它们的长度很可能是不同的。比如基于神经网络的机器翻译，输入是中文句子，输出是英语句子，这就是一个序列转换模型。类似的，文本摘要、对话等问题都可以看作序列转换问题。虽然这里主要关注机器翻译，但是任何输入是一个序列，输出是另外一个序列的问题都可以使用 Encoder-Decoder 模型。

Encoder 把输入序列（$x_1, \cdots, x_n$）映射（或编码）成一个连续的序列 $z = (z_1, \cdots, z_n)$。而 Decoder 根据 Z 来解码得到输出序列 $y_1, \cdots, y_m$。Decoder 是自回归的（Auto-Regressive），会把前一个时刻的输出作为当前时刻的输入。Encoder-Decoder 模型架构的代码分析如下。

5.4.2　构建 Encoder-Decoder 模型

1. 导入需要的库

导入 Torch 及 Python 中用于可视化的一些库，如 matplotlib、seaborn 等。

```
import numpy as np
import torch
import torch.nn as nn
import torch.nn.functional as F
import math, copy, time

import matplotlib.pyplot as plt
import seaborn
seaborn.set_context(context="talk")

%matplotlib inline
```

2. 创建 Encoder-Decoder 类

定义 EncoderDecoder 类，该类继承 nn.Module。

```
class EncoderDecoder(nn.Module):
"""
    这是一个标准的 Encoder-Decoder模型
"""
    def __init__(self, encoder, decoder, src_embed, tgt_embed, generator):
        super(EncoderDecoder, self).__init__()
        # encoder和decoder都是构造的时候传入的，这样会非常灵活
```

```
        self.encoder = encoder
        self.decoder = decoder
        # 输入和输出的embedding
        self.src_embed = src_embed
        self.tgt_embed = tgt_embed
        #Decoder部分最后的Linear+softmax
        self.generator = generator

    def forward(self, src, tgt, src_mask, tgt_mask):
        #接收并处理屏蔽src和目标序列
        #首先调用encode方法对输入进行编码，然后调用decode方法进行解码
        return self.decode(self.encode(src, src_mask), src_mask,tgt, tgt_mask)

    def encode(self, src, src_mask):
        #传入参数包括src的embedding和src_mask
        return self.encoder(self.src_embed(src), src_mask)

    def decode(self, memory, src_mask, tgt, tgt_mask):
        #传入的参数包括目标的embedding、Encoder的输出memory，及两种掩码
        return self.decoder(self.tgt_embed(tgt), memory, src_mask, tgt_mask)
```

从上述代码可以看出，Encoder 和 Decoder 都使用了掩码（如 src_mask、tgt_mask）。

3. 创建 Generator 类

Decoder 的输出将传入一个全连接层，而后经过 log_softmax 函数的作用，成为概率值。

```
class Generator(nn.Module):
    """定义标准的一个全连接（linear）+ softmax
    根据Decoder的隐状态输出一个词
    d_model是Decoder输出的大小，vocab是词典大小"""
    def __init__(self, d_model, vocab):
        super(Generator, self).__init__()
        self.proj = nn.Linear(d_model, vocab)
    #全连接再加上一个softmax
    def forward(self, x):
        return F.log_softmax(self.proj(x), dim=-1)
```

5.4.3　构建 Encoder

Encoder 由 N 个相同结构的 EncoderLayer 堆积（stack）而成，而每个 Encoder 层又有两个子层。第一个是一种多头部的自注意力机制，第二个比较简单，是按位置全连接的前馈网络。其间还有 LayerNorm 及残差连接等。

1. 定义复制模块的函数

首先定义 clones 函数，用于克隆相同的 Encoder 层。

```
def clones(module, N):
    "克隆N个完全相同的子层，使用了copy.deepcopy"
```

```
return nn.ModuleList([copy.deepcopy(module) for _ in range(N)])
```

这里使用了 nn.ModuleList。ModuleList 就像一个普通的 Python 的 List，我们可以使用下标来访问它，好处是传入的 ModuleList 的所有 Module 都会注册到 PyTorch 里，这样 Optimizer 就能找到其中的参数，从而用梯度下降进行更新。但是 nn.ModuleList 并不是 Module（的子类），因此它没有 forward 等方法，通常会被放到某个 Module 里。接下来创建 Encoder。

2. 创建 Encoder

创建 Encoder，代码如下：

```
class Encoder(nn.Module):
    "Encoder是N个EncoderLayer的堆积而成"
    def __init__(self, layer, N):
        super(Encoder, self).__init__()
        #layer是一个SubLayer，我们clone N个
        self.layers = clones(layer, N)
        #再加一个LayerNorm层
        self.norm = LayerNorm(layer.size)

    def forward(self, x, mask):
        "把输入(x,mask)被逐层处理"
        for layer in self.layers:
            x = layer(x, mask)
        return self.norm(x) #N个EncoderLayer处理完成之后还需要一个LayerNorm
```

由代码可知，Encoder 就是 N 个子层的栈，最后加上一个 LayerNorm。下面我们来构建 LayerNorm。

3. 构建 LayerNorm

构建 LayerNorm 模型，代码如下：

```
class LayerNorm(nn.Module):
    "构建一个LayerNorm模型"
    def __init__(self, features, eps=1e-6):
        super(LayerNorm, self).__init__()
        self.a_2 = nn.Parameter(torch.ones(features))
        self.b_2 = nn.Parameter(torch.zeros(features))
        self.eps = eps

    def forward(self, x):
        mean = x.mean(-1, keepdim=True)
        std = x.std(-1, keepdim=True)
        return self.a_2 * (x - mean) / (std + self.eps) + self.b_2
```

具体处理过程如下：

```
x ->x+self-attention(x) ->layernorm(x+self-attention(x)) => y
y-> dense(y) ->y+dense(y) ->layernorm(y+dense(y)) => z(输入下一层)
```

这里把 Layernorm 层放到前面了，即处理过程如下：

```
x ->layernorm(x) -> self-attention(layernorm(x)) -> x + self-attention(layernorm(x)) => y
y ->layernorm(y) -> dense(layernorm(y)) ->y+dense(layernorm(y)) =>z(输入下一层)
```

PyTorch 中各层权重的数据类型是 nn.Parameter，而不是 Tensor。故需对初始化后的参数（Tensor 型）进行类型转换。每个 Encoder 层又有两个子层，每个子层通过残差把每层的输入转换为新的输出。不管是自注意力层还是全连接层，都先是 LayerNorm，然后是 Self-Attention/Dense，接着是 Dropout 层，最后是残差连接层。接下来把它们封装成SublayerConnection。

4. 构建 SublayerConnection

构建 SublayerConnection 模型，代码如下：

```python
class SublayerConnection(nn.Module):
    """
    LayerNorm + sublayer(Self-Attenion/Dense) + dropout + 残差连接
    为了简单，把LayerNorm放到了前面，这和原始论文稍有不同，原始论文LayerNorm在最后
    """
    def __init__(self, size, dropout):
        super(SublayerConnection, self).__init__()
        self.norm = LayerNorm(size)
        self.dropout = nn.Dropout(dropout)

    def forward(self, x, sublayer):
        #将残差连接应用于具有相同大小的任何子层
        return x + self.dropout(sublayer(self.norm(x)))
```

5. 构建 EncoderLayer

有了以上这些代码，构建 EncoderLayer 就很简单了，代码如下。

```python
class EncoderLayer(nn.Module):
    "Encoder由self_attn 和 feed_forward构成"
    def __init__(self, size, self_attn, feed_forward, dropout):
        super(EncoderLayer, self).__init__()
        self.self_attn = self_attn
        self.feed_forward = feed_forward
        self.sublayer = clones(SublayerConnection(size, dropout), 2)
        self.size = size

    def forward(self, x, mask):
        x = self.sublayer[0](x, lambda x: self.self_attn(x, x, x, mask))
        return self.sublayer[1](x, self.feed_forward)
```

为了复用，这里把 self_attn 层和 feed_forward 层作为参数传入，只构造两个子层。forward 调用 sublayer[0]（这是 sublayer 对象），最终会调到它的 forward 方法，而这个方法需要两个参数，一个是输入 Tensor，一个是对象或函数。在 Python 中，类似的实例可以像函数一样，可以被调用。而 self_attn 函数需要 4 个参数，即 query 的输入、key 的输入、

value 的输入和 mask，因此，使用 lambda 的技巧是把它变成一个参数 x 的函数（mask 可以看成已知的数）。

5.4.4　构建 Decoder

前文提到过，Decoder 也是 N 个 Decoder 层的堆叠，参数 layer 是 Decoder 层数，它也是一个调用对象，最终会调用 DecoderLayer.forward 方法，这个方法需要 4 个参数，输入 x、Encoder 层的输出 memory、输入 Encoder 的 mask（src_mask）和输入 Decoder 的 mask（tgt_mask）。所有这里的 Decoder 的 forward 方法也需要这 4 个参数。

1. 创建 Decoder 类

创建 Decoder 类，代码如下：

```
class Decoder(nn.Module):
    "构建N个完全相同的Decoder层"
    def __init__(self, layer, N):
        super(Decoder, self).__init__()
        self.layers = clones(layer, N)
        self.norm = LayerNorm(layer.size)

    def forward(self, x, memory, src_mask, tgt_mask):
        for layer in self.layers:
            x = layer(x, memory, src_mask, tgt_mask)
        return self.norm(x)
```

2. 创建 DecoderLayer 类

创建 DecoderLayer 类，具体实现如下：

```
class DecoderLayer(nn.Module):
    "Decoder包括self_attn、src_attn和feed_forward层"
    def __init__(self, size, self_attn, src_attn, feed_forward, dropout):
        super(DecoderLayer, self).__init__()
        self.size = size
        self.self_attn = self_attn
        self.src_attn = src_attn
        self.feed_forward = feed_forward
        self.sublayer = clones(SublayerConnection(size, dropout), 3)

    def forward(self, x, memory, src_mask, tgt_mask):
        m = memory
        x = self.sublayer[0](x, lambda x: self.self_attn(x, x, x, tgt_mask))
        x = self.sublayer[1](x, lambda x: self.src_attn(x, m, m, src_mask))
        return self.sublayer[2](x, self.feed_forward)
```

由代码可知，DecoderLayer 类比 EncoderLayer 类多一个 src-attn 层，这是解码器关注编码器的输出（memory）。src-attn 和 self-attn 的实现是一样的，只是 query、key 和 value 的输入不同。普通注意力（src-attn）的 query 来自下层的输入（即 self-attn 的输出），key 和

value 来自 Encoder 最后一层的输出 memory；而 Self-Attention 的 query、key 和 value 都是来自下层的输入。

3. 定义 subsequent_mask 函数

Decoder 和 Encoder 有一个关键的不同：Decoder 在解码第 t 个时刻的时候只能使用 $1\cdots$ t 时刻的输入，而不能使用 $t+1$ 时刻及其之后的输入。因此我们需要一个函数来生成一个 Mask 矩阵，代码如下：

```
def subsequent_mask(size):
    "Mask out subsequent positions."
    attn_shape = (1, size, size)
    subsequent_mask = np.triu(np.ones(attn_shape), k=1).astype('uint8')
    return torch.from_numpy(subsequent_mask) == 0
```

我们看一下这个函数生成的一个简单样例，假设语句长度为 6，其运行结果如图 5-30 所示。

```
plt.figure(figsize=(5,5))
plt.imshow(subsequent_mask(6)[0])
```

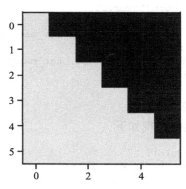

图 5-30   subsequent_mask 函数简单样例的运行结果

```
subsequent_mask(6)[0]
```

运行结果：

```
ensor([[ True, False, False, False, False, False],
        [ True,  True, False, False, False, False],
        [ True,  True,  True, False, False, False],
        [ True,  True,  True,  True, False, False],
        [ True,  True,  True,  True,  True, False],
        [ True,  True,  True,  True,  True,  True]])
```

由以上结果可知，输出的是一个方阵，对角线和左下方都是 True。其中，第一行只有第一列是 True，它的意思是时刻 1 只能关注输入 1；第三行说明时刻 3 可以关注 {1, 2, 3} 而不能关注 {4, 5, 6} 的输入，因为在真正解码的时候，这属于预测的信息。知道了这个函数的用途之后，上面的代码就很容易理解了。

5.4.5　构建 MultiHeadedAttention

下面讲解如何构建 MultiHeadedAttention。

1. 定义 Attention

Attention（包括 Self-Attention 和普通的 Attention）可以看作一个函数，它的输入是 query、key、value 和 mask，输出是一个张量（Tensor）。其中输出是 value 的加权平均，而权重由 query 和 key 计算得出。具体的计算如 5.18 式所示：

$$\text{Attention}(Q,K,V) = \text{softmax}\left(\frac{QK^{\mathrm{T}}}{\sqrt{\mathrm{d}_k}}\right)V \tag{5.18}$$

```
def attention(query, key, value, mask=None, dropout=None):
    "计算 'Scaled Dot-Product Attention'"
    d_k = query.size(-1)
    scores = torch.matmul(query, key.transpose(-2, -1)) / math.sqrt(d_k)
    if mask is not None:
        scores = scores.masked_fill(mask == 0, -1e9)
        p_attn = F.softmax(scores, dim = -1)
    if dropout is not None:
        p_attn = dropout(p_attn)
    return torch.matmul(p_attn, value), p_attn
```

在上面的代码实现中，$\frac{QK^{\mathrm{T}}}{\sqrt{\mathrm{d}_k}}$ 和公式里的稍微不同，这里的 Q 和 K 都是 4 维张量，包括批量和头维度。torch.matmul 会对 query 和 key 的最后两维进行矩阵乘法，这样效率更高，如果我们用标准的矩阵（2 维张量）乘法来实现，则需要遍历 batch 维度和 head 维度。

用一个具体例子跟踪一些不同张量的形状变化，然后对照公式会更容易理解。比如 Q 是（30，8，33，64），其中 30 是批量个数，8 是头个数，33 是序列长度，64 是每个时刻的特征数。K 和 Q 的 shape 必须相同，而 V 可以不同，但是这里的 shape 也是相同的。接下来是 scores.masked_fill(mask == 0, -1e9)，用于把 mask 是 0 的得分变成一个很小的数，这样后面经过 Softmax 函数计算之后的概率就会接近零。self_attention 中的 mask 主要是 padding 格式，与 Decoder 中的 mask 不同。

接下来对 score 进行 Softmax 函数计算，把得分变成概率 p_attn，如果有 dropout，则对 p_attn 进行 Dropout（原论文没有 dropout）。最后把 p_attn 和 value 相乘。p_attn 是（30，8，33，33），value 是（30，8，33，64），我们只看后两维，（33x33）x（33x64），最终得到 33x64。

2. 定义 MultiHeadedAttention

前面可视化部分介绍了如何将输入变成 Q、K 和 V，即对于每一个 head，都使用三个矩阵 w^Q、w^K、w^V 把输入转换成 Q、K 和 V。然后分别用每一个 head 进行自注意力计算，

把 N 个 head 的输出拼接起来，与矩阵 w^O 相乘。MultiHeadedAttention 的计算公式如下：

$$\text{MultiHead}(\boldsymbol{Q}, \boldsymbol{K}, \boldsymbol{V}) = \text{concat}(\text{head}_1, \text{head}_2, \cdots, \text{head}_h)\boldsymbol{W}^O \quad (5.19)$$

$$\text{head}_i = \text{Attention}(\boldsymbol{Q}\boldsymbol{W}_i^Q, \boldsymbol{K}\boldsymbol{W}_i^K, \boldsymbol{V}\boldsymbol{W}_i^V) \quad (5.20)$$

这里映射是参数矩阵，其中 $W_i^Q \in R^{\text{dmodel}dk}$，$W_i^K \in R^{\text{dmodel}dk}$，$W_i^V \in R^{\text{dmodel}dv}$，$W_i^O \in R^{hd_v d\text{model}}$。

假设 head 个数为 8，即 $h=8$，$d_k = d_v = \dfrac{d_{\text{model}}}{h} = 64$。详细的计算过程如下：

```python
class MultiHeadedAttention(nn.Module):
    def __init__(self, h, d_model, dropout=0.1):
        "传入head个数及model的维度."
        super(MultiHeadedAttention, self).__init__()
        assert d_model % h == 0
        # 这里假设d_v=d_k
        self.d_k = d_model // h
        self.h = h
        self.linears = clones(nn.Linear(d_model, d_model), 4)
        self.attn = None
        self.dropout = nn.Dropout(p=dropout)

    def forward(self, query, key, value, mask=None):
        "Implements Figure 2"
        if mask is not None:
            # 相同的mask适应所有的head.
            mask = mask.unsqueeze(1)
        nbatches = query.size(0)

        # 1) 首先使用线性变换，然后把d_model分配给h个Head，每个head为d_k=d_model/h
        query, key, value = \
            [l(x).view(nbatches, -1, self.h, self.d_k).transpose(1, 2)
                for l, x in zip(self.linears, (query, key, value))]

        # 2) 使用attention函数计算缩放点积注意力
        x, self.attn = attention(query, key, value, mask=mask,
                                 dropout=self.dropout)

        # 3) 实现Multi-head attention，用view函数把8个head的64维向量拼接成一个512的向量。
        #然后再使用一个线性变换(512,521)，shape不变
        x = x.transpose(1, 2).contiguous() \
            .view(nbatches, -1, self.h * self.d_k)
        return self.linears[-1](x)
```

其中 zip(self.linears, (query, key, value)) 是把（self.linears[0], self.linears[1], self.linears[2]）和（query, key, value）放到一起遍历。这里我们只看一个 self.linears[0] (query)。根据构造函数的定义，self.linears[0] 是一个（512, 512）的矩阵，而 query 是（batch, time, 512），相乘之后得到的新 query 还是 512（d_model）维的向量，然后用 view 函数把它变成（batch, time, 8, 64）。接着转换成（batch, 8, time, 64），这是 attention 函数要求的 shape。分别对应 8 个 head，每个 head 的 query 都是 64 维。

key 和 value 的运算完全相同，因此我们也分别得到 8 个 head 的 64 维的 key 和 64 维的 value。接下来调用 attention 函数，得到 x 和 self.attn。其中 x 的 shape 是（batch, 8, time, 64），而 attn 是（batch, 8, time, time），x.transpose（1, 2）把 x 变成（batch, time, 8, 64），然后用 view 函数把它变成（batch, time, 512），也就是把最后 8 个 64 维的向量拼接成 512 的向量。最后使用 self.linears[-1] 对 x 进行线性变换，self.linears[-1] 是（512, 512）的，因此最终的输出还是（batch, time, 512）。我们最初构造了 4 个（512, 512）的矩阵，前 3 个矩阵用于对 query、key 和 value 进行变换，而最后一个矩阵对 8 个 head 拼接后的向量再做一次变换。

MultiHeadedAttention 的应用主要有以下几种：

❑ Encoder 的自注意力层。query、key 和 value 都是相同的值，来自下层的输入，Mask 都是 1（当然 padding 的不算）。

❑ Decoder 的自注意力层。query、key 和 value 都是相同的值，来自下层的输入，但是 Mask 使得它不能访问未来的输入。

❑ Encoder-Decoder 的普通注意力层。query 来自下层的输入，key 和 value 相同，是 Encoder 最后一层的输出，而 Mask 都是 1。

5.4.6 构建前馈网络层

除了需要注意子层之外，还需要注意编码器和解码器中的每个层都包含一个完全连接的前馈网络，该网络应用于每层的对应位置。这包括两个线性转换，中间有一个 ReLU 激活函数，具体公式为：

$$FFN(x) = \max(0, xW_1 + b_1) W_2 + b_2 \tag{5.21}$$

全连接层的输入和输出的 d_model 都是 512，中间隐单元的个数 d_ff 为 2048，具体代码如下：

```
class PositionwiseFeedForward(nn.Module):
    "实现FFN函数"
    def __init__(self, d_model, d_ff, dropout=0.1):
        super(PositionwiseFeedForward, self).__init__()
        self.w_1 = nn.Linear(d_model, d_ff)
        self.w_2 = nn.Linear(d_ff, d_model)
        self.dropout = nn.Dropout(dropout)

    def forward(self, x):
        return self.w_2(self.dropout(F.relu(self.w_1(x))))
```

5.4.7 预处理输入数据

输入的词序列都是 ID 序列，所以我们对其进行预处理。源语言和目标语言都需要嵌入，此外我们还需要一个线性变换把隐变量变成输出概率，这可以通过前面的 Generator 类来实现。Transformer 模型的注意力机制并没有包含位置信息，也就是说，即使一句话中词语在不同的位置，但其在 Transformer 中是没有区别的，这显然不符合实际。因此，在 Transformer 中引入位置信息对于 CNN、RNN 等模型有非常重要的作用。笔者添加位置编码的方法是：构造一个跟输入嵌入维度一样的矩阵，然后跟输入嵌入相加得到多头注意力的输入。对输入的处理过程如图 5-31 所示。

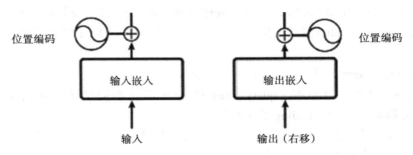

位置编码　　　　　　　　　　　　　　　　　　　　　位置编码

输入嵌入　　　　　　　　　　　输出嵌入

输入　　　　　　　　　　　　输出（右移）

图 5-31　预处理输入数据

1. 将输入数据转换为 Embedding

先把输入数据转换为 Embedding，具体代码如下：

```
class Embeddings(nn.Module):
    def __init__(self, d_model, vocab):
        super(Embeddings, self).__init__()
        self.lut = nn.Embedding(vocab, d_model)
        self.d_model = d_model

    def forward(self, x):
        return self.lut(x) * math.sqrt(self.d_model)
```

2. 添加位置编码

位置编码的公式如下：

$$PE(pos, 2i) = \sin(pos/10000^{2i/d_{model}}) \tag{5.22}$$

$$PE(pos, 2i + 1) = \cos(pos/10000^{2i/d_{model}})) \tag{5.23}$$

具体实现代码如下：

```
class PositionalEncoding(nn.Module):
    "实现PE函数"
    def __init__(self, d_model, dropout, max_len=5000):
        super(PositionalEncoding, self).__init__()
        self.dropout = nn.Dropout(p=dropout)

        # 计算位置编码
        pe = torch.zeros(max_len, d_model)
        position = torch.arange(0, max_len).unsqueeze(1)
```

```
        div_term = torch.exp(torch.arange(0, d_model, 2) *
                            -(math.log(10000.0) / d_model))
        pe[:, 0::2] = torch.sin(position * div_term)
        pe[:, 1::2] = torch.cos(position * div_term)
        pe = pe.unsqueeze(0)
        self.register_buffer('pe', pe)

    def forward(self, x):
        x = x + self.pe[:, :x.size(1)].clone().detach()
        return self.dropout(x)
```

注意这里调用了 Module.register_buffer 函数。该函数的作用是创建一个 buffer 缓冲区，比如这里把 pe 保存下来。register_buffer 通常用于保存一些模型参数之外的值，比如在 BatchNorm 中，我们需要保存 running_mean（平均位移），它不是模型的参数（不是通过迭代学习的参数），但是模型会修改它，而且在预测的时候也要用到它。这里也是类似的，pe 是一个提前计算好的常量，在 forward 函数会经常用到。在构造函数里并没有把 pe 保存到 self 参数里，但是在 forward 函数调用时却可以直接使用它（self.pe）。如果保存（序列化）模型到磁盘，则 PyTorch 框架将把缓冲区里的数据保存到磁盘，这样反序列化的时候才能恢复它们。

3. 可视化位置编码

假设输入是长度为 10 的 ID 序列，如果输入 Embedding 之后是（10, 512），那么位置编码的输出也是（10, 512）。对应 pos 就是位置（0 ~ 9），512 维的偶数维使用 sin 函数，而奇数维使用 cos 函数。这种位置编码的好处是：PEpos+*k* 可以表示成 PEpos 的线性函数，这样前馈网络就能很容易地学习到相对位置的关系。图 5-32 就是这样一个示例，向量大小 d_model=20，这里画出来的是第 4、5、6 和 7 维（下标从零开始）维的图像，最大的位置是 100。可以看到它们都是正弦（余弦）函数，而且周期越来越长。

```
##语句长度为100，这里假设d_model=20
plt.figure(figsize=(15, 5))
pe = PositionalEncoding(20, 0)
y = pe.forward(torch.zeros(1, 100, 20))
plt.plot(np.arange(100), y[0, :, 4:8].data.numpy())
plt.legend(["dim %d"%p for p in [4,5,6,7]])
```

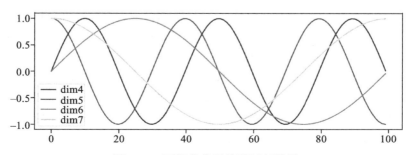

图 5-32　可视化位置编码运行结果

4. 简单示例

生成位置编码的简单示例如下：

```
d_model, dropout, max_len=512,0,5000
pe = torch.zeros(max_len, d_model)
position = torch.arange(0, max_len).unsqueeze(1)
div_term = torch.exp(torch.arange(0, d_model, 2) *-(math.log(10000.0) / d_model))
pe[:, 0::2] = torch.sin(position * div_term)
pe[:, 1::2] = torch.cos(position * div_term)
print(pe.shape)
pe = pe.unsqueeze(0)
print(pe.shape)
```

5.4.8 构建完整网络

把前面创建的各网络层整合成一个完整网络，实现代码如下。

```
def make_model(src_vocab,tgt_vocab,N=6,d_model=512, d_ff=2048, h=8, dropout=0.1):
    "构建模型"
    c = copy.deepcopy
    attn = MultiHeadedAttention(h, d_model)
    ff = PositionwiseFeedForward(d_model, d_ff, dropout)
    position = PositionalEncoding(d_model, dropout)
    model = EncoderDecoder(
        Encoder(EncoderLayer(d_model, c(attn), c(ff), dropout), N),
        Decoder(DecoderLayer(d_model, c(attn), c(attn),
                        c(ff), dropout), N),
        nn.Sequential(Embeddings(d_model, src_vocab), c(position)),
        nn.Sequential(Embeddings(d_model, tgt_vocab), c(position)),
        Generator(d_model, tgt_vocab))

    # 随机初始化参数，非常重要，这里用Glorot/fan_avg
    for p in model.parameters():
        if p.dim() > 1:
            nn.init.xavier_uniform_(p)
    return model
```

首先把 copy.deepcopy 命名为 c，这样可以使下面的代码简洁一点。然后构造 Multi-HeadedAttention、PositionwiseFeedForward 和 PositionalEncoding 对象。接着构造 Encoder-Decoder 对象，该对象需要 5 个参数：Encoder、Decoder、src-embed、tgt-embed 和 Generator。

我们先看后面三个简单的参数：Generator 可以直接构造，它的作用是把模型的隐单元变成输出词的概率；而 src-embed 是一个嵌入层和一个位置编码层 c；tgt-embed 与之类似。

最后我们来看 Decoder（Encoder 和 Decoder 类似）。Decoder 由 N 个 DecoderLayer 组成，而 DecoderLayer 需要传入 self-attn、src-attn、连接层和 Dropout 层。因为所有的 Multi-HeadedAttention 都是一样的，因此我们直接深度复制（deepcopy）就行；同理，所有的 PositionwiseFeedForward 也是一样的，我们可以深度复制而不用再构造一个。

实例化这个类，可以看到模型包含哪些组件，如下所示。

```
#测试一个简单模型，输入、目标语句长度分别为10，Encoder、Decoder各2层。
tmp_model = make_model(10, 10, 2)
tmp_model
```

5.4.9　训练模型

1）训练前，先介绍一个便于批次训练的 Batch 类，具体定义如下：

```
class Batch:
    "在训练期间，构建带有掩码的批量数据"
    def __init__(self, src, trg=None, pad=0):
        self.src = src
        self.src_mask = (src != pad).unsqueeze(-2)
        if trg is not None:
            self.trg = trg[:, :-1]
            self.trg_y = trg[:, 1:]
            self.trg_mask = \
                self.make_std_mask(self.trg, pad)
            self.ntokens = (self.trg_y != pad).data.sum()

    @staticmethod
    def make_std_mask(tgt, pad):
        "Create a mask to hide padding and future words."
        tgt_mask = (tgt != pad).unsqueeze(-2)
        tgt_mask = tgt_mask & subsequent_mask(tgt.size(-1)).type_as(tgt_mask.
            data).clone().detach()
        return tgt_mask
```

Batch 构造函数的输入是 src、trg 和 pad，其中 trg 的默认值为 None。刚预测的时候是没有 tgt 的。为便于理解，这里用一个例子来说明。假设这是训练阶段的一个 Batch，src 的维度为（40, 20），其中 40 是批量大小，而 20 是最长的句子长度，其他不够长的都填充成 20。而 trg 的维度为（40, 25），表示翻译后的最长句子是 25 个词，不足的也已填充对齐。

那么，src_mask 要如何实现呢？注意，表达式（src != pad）是指把 src 中大于 0 的时刻置为 1，以表示它已在关注的范围内。然后 unsqueeze(–2) 把 src_mask 变成（40/batch, 1, 20/time）。它的用法可参考前面的 attention 函数。

对于训练（以教师强迫模式训练，教师强迫模型（Teacher Forcing）是一种用来训练有关序列模型的方法，该方法以上一时刻的输出作为下一时刻的输入）来说，Decoder 有一个输入和一个输出。比如对于句子" <sos> it is a good day <eos>"，输入会变成"<sos> it is a good day"，而输出为"it is a good day<eos> "。对应到代码里，self.trg 就是输入，而 self. trg_y 就是输出。接着对输入 self.trg 进行掩码操作，使得自注意力不能访问未来的输入。这是通过 make_std_mask 函数实现的，这个函数会调用我们之前详细介绍过的 subsequent_ mask 函数，最终得到的 trg_mask 的 shape 是（40/batch, 24, 24），表示 24 个时刻的掩码矩阵。该矩阵在前面已经介绍过，这里不再赘述。

注意，src_mask 的 shape 是（batch, 1, time），而 trg_mask 是（batch, time, time）。这是

因为 src_mask 的每一个时刻都能关注所有时刻（填充的时间除外），一次只需要一个向量就行了，而 trg_mask 需要一个矩阵。

2）构建训练迭代函数，具体代码如下：

```python
def run_epoch(data_iter, model, loss_compute):
    "Standard Training and Logging Function"
    start = time.time()
    total_tokens = 0
    total_loss = 0
    tokens = 0
    for i, batch in enumerate(data_iter):
        out = model.forward(batch.src, batch.trg, batch.src_mask, batch.trg_mask)
        loss = loss_compute(out, batch.trg_y, batch.ntokens)
        total_loss += loss
        total_tokens += batch.ntokens
        tokens += batch.ntokens
        if i % 50 == 1:
            elapsed = time.time() - start
            print("Epoch Step: %d Loss: %f Tokens per Sec: %f" %(i, loss / batch.
                ntokens, tokens / elapsed))
            start = time.time()
            tokens = 0
    return total_loss / total_tokens
```

它遍历 epoch（epoch 指整个训练集被训练的次数）次数据，然后调用 forward 函数，接着用 loss_compute 函数计算梯度，更新参数并且返回 loss。

3）对数据进行批量处理，代码如下：

```python
global max_src_in_batch, max_tgt_in_batch
def batch_size_fn(new, count, sofar):
    "Keep augmenting batch and calculate total number of tokens + padding."
    global max_src_in_batch, max_tgt_in_batch
    if count == 1:
        max_src_in_batch = 0
        max_tgt_in_batch = 0
    max_src_in_batch = max(max_src_in_batch,  len(new.src))
    max_tgt_in_batch = max(max_tgt_in_batch,  len(new.trg) + 2)
    src_elements = count * max_src_in_batch
    tgt_elements = count * max_tgt_in_batch
    return max(src_elements, tgt_elements)
```

4）定义优化器，实现代码如下：

```python
class NoamOpt:
    "包括优化学习率的优化器"
    def __init__(self, model_size, factor, warmup, optimizer):
        self.optimizer = optimizer
        self._step = 0
        self.warmup = warmup
        self.factor = factor
        self.model_size = model_size
```

```
            self._rate = 0

    def step(self):
        "更新参数及学习率"
        self._step += 1
        rate = self.rate()
        for p in self.optimizer.param_groups:
            p['lr'] = rate
        self._rate = rate
        self.optimizer.step()

    def rate(self, step = None):
        "Implement `lrate` above"
        if step is None:
            step = self._step
        return self.factor * \
            (self.model_size ** (-0.5) *
            min(step ** (-0.5), step * self.warmup ** (-1.5)))

def get_std_opt(model):
    return NoamOpt(model.src_embed[0].d_model, 2, 4000,
            torch.optim.Adam(model.parameters(), lr=0, betas=(0.9, 0.98), eps=1e-9))
```

5）下面来看学习率在不同场景下的变化情况，以下代码是一个简单示例，其运行结果如图 5-33 所示。

```
# 超参数学习率的3个场景.
opts = [NoamOpt(512, 1, 4000, None),
NoamOpt(512, 1, 8000, None),
NoamOpt(256, 1, 4000, None)]
plt.plot(np.arange(1, 20000), [[opt.rate(i) for opt in opts] for i in range(1, 20000)])
plt.legend(["512:4000", "512:8000", "256:4000"])
```

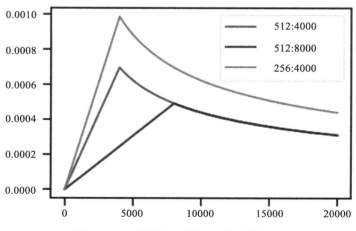

图 5-33　不同场景下学习率的变化情况

6）正则化。对标签做正则化平滑处理，可以提高模型的准确性和 BLEU 分数[○]，代码如下。

```python
class LabelSmoothing(nn.Module):
    "Implement label smoothing."
    def __init__(self, size, padding_idx, smoothing=0.0):
        super(LabelSmoothing, self).__init__()
        #self.criterion = nn.KLDivLoss(size_average=False)
        self.criterion = nn.KLDivLoss(reduction='sum')
        self.padding_idx = padding_idx
        self.confidence = 1.0 - smoothing
        self.smoothing = smoothing
        self.size = size
        self.true_dist = None

    def forward(self, x, target):
        assert x.size(1) == self.size
        true_dist = x.data.clone()
        true_dist.fill_(self.smoothing / (self.size - 2))
        true_dist.scatter_(1, target.data.unsqueeze(1), self.confidence)
        true_dist[:, self.padding_idx] = 0
        mask = torch.nonzero(target.data == self.padding_idx)
        if mask.dim() > 0:
            true_dist.index_fill_(0, mask.squeeze(), 0.0)
        self.true_dist = true_dist
        return self.criterion(x, true_dist.clone().detach())
```

这里先定义实现标签平滑处理的类，该类使用 KL 散度损失（nn.KLDivLoss）实现标签平滑。创建一个分布，该分布具有对正确单词的置信度，而其余平滑质量分布在整个词汇表中。

```python
crit = LabelSmoothing(5, 0, 0.4)
predict = torch.FloatTensor([[0, 0.2, 0.7, 0.1, 0],
                             [0, 0.2, 0.7, 0.1, 0],
                             [0, 0.2, 0.7, 0.1, 0]])
v = crit(predict.log().clone().detach(), torch.LongTensor([2, 1, 0])
    .clone().detach())
plt.imshow(crit.true_dist)
```

运行结果如图 5-34 所示。

通过图 5-34 可以看到如何基于置信度将质量分配给单词。

```python
crit = LabelSmoothing(5, 0, 0.1)
def loss(x):
    d = x + 3 * 1
    predict = torch.FloatTensor([[0, x / d, 1 / d, 1 / d, 1 / d],])
    return crit(predict.log().clone().detach(),torch.LongTensor([1]).clone().
        detach()).item()
```

```
plt.plot(np.arange(1, 100), [loss(x) for x in range(1, 100)])
```

从图 5-35 可以看出，如果标签平滑化对于给定的选择非常有信心，那么标签平滑处理实际上已开始对模型造成不利影响。

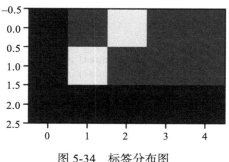

图 5-34　标签分布图

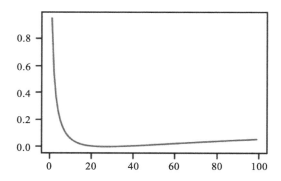

图 5-35　对标签平滑处理后的损失值的变化图

5.4.10　实现一个简单实例

下面以一个简单实例帮助读者加深理解。

1）生成合成数据。

```
def data_gen(V, batch, nbatches):
    "Generate random data for a src-tgt copy task."
    for i in range(nbatches):
        #把torch.Embedding的输入类型改为LongTensor。
        data = torch.from_numpy(np.random.randint(1, V, size=(batch, 10))).long()
        data[:, 0] = 1

src = data.clone().detach()
tgt = data.clone().detach()
        yield Batch(src, tgt, 0)
```

2）定义损失函数。

```python
class SimpleLossCompute:
    "一个简单的计算损失的函数."
    def __init__(self, generator, criterion, opt=None):
        self.generator = generator
        self.criterion = criterion
        self.opt = opt

    def __call__(self, x, y, norm):
        x = self.generator(x)
        loss = self.criterion(x.contiguous().view(-1, x.size(-1)),
                              y.contiguous().view(-1)) / norm
        loss.backward()
        if self.opt is not None:
            self.opt.step()
            self.opt.optimizer.zero_grad()
        return loss.item() * norm
```

3）训练简单任务。

```python
V = 11
criterion = LabelSmoothing(size=V, padding_idx=0, smoothing=0.0)
model = make_model(V, V, N=2)
model_opt = NoamOpt(model.src_embed[0].d_model, 1, 400,
        torch.optim.Adam(model.parameters(), lr=0, betas=(0.9, 0.98), eps=1e-9))

for epoch in range(10):
    model.train()
    run_epoch(data_gen(V, 30, 20), model,SimpleLossCompute(model.generator,
        criterion, model_opt))
    model.eval()
    print(run_epoch(data_gen(V, 30, 5), model,SimpleLossCompute(model.generator,
        criterion, None)))
```

运行结果（最后几次迭代的结果）如下：

```
Epoch Step: 1 Loss: 1.249925 Tokens per Sec: 1429.082397
Epoch Step: 1 Loss: 0.460243 Tokens per Sec: 1860.120972
tensor(0.3935)
Epoch Step: 1 Loss: 0.966166 Tokens per Sec: 1433.039185
Epoch Step: 1 Loss: 0.198598 Tokens per Sec: 1917.530884
tensor(0.1874)
```

4）为了简单起见，此代码使用贪婪解码来预测翻译结果。

```python
def greedy_decode(model, src, src_mask, max_len, start_symbol):
    memory = model.encode(src, src_mask)
    ys = torch.ones(1, 1).fill_(start_symbol).type_as(src.data)
    for i in range(max_len-1):
        #add torch.tensor 202005
        out = model.decode(memory, src_mask,ys, subsequent_mask(torch.tensor(ys.
            size(1)).type_as(src.data)))
        prob = model.generator(out[:, -1])
        _, next_word = torch.max(prob, dim = 1)
```

```
            next_word = next_word.data[0]
            ys = torch.cat([ys,
                            torch.ones(1, 1).type_as(src.data).fill_(next_word)], dim=1)
    return ys

model.eval()
src = torch.LongTensor([[1,2,3,4,5,6,7,8,9,10]])
src_mask = torch.ones(1, 1, 10)
print(greedy_decode(model, src, src_mask, max_len=10, start_symbol=1))
```

运行结果如下：

```
tensor([[ 1,  2,  3,  4,  4,  6,  7,  8,  9, 10]])
```

5.5　Transformer-XL

Transformer 使用自注意力机制，可以让单词之间直接建立联系，因此 Transformer 编码信息和学习特征的能力比 RNN 强。但是 Transformer 在学习长距离依赖信息的能力方面仍然会受到上下文长度固定的限制。此外，对语料库进行分段时，由于下行文需固定长度，所以会导致两个问题：

1）长句子切割必然会造成语义的残破，不利于模型的训练；

2）片段的切割没有考虑语义，也就是模型在训练当前片段时拿不到前面时刻片段的信息，造成了语义的分隔。

为解决 Transformer 的这些不足，人们提出了 Transformer-XL。利用 Transformer-XL 可以提高 vanilla Transformer 学习长期依赖信息的能力。

注意，Transformer-XL 并非直接从 2017 年发布的原始 Transformer 演化而来，而是一个叫 vanilla Transformer 的版本。Transformer-XL 是 Google 在 2019 年提出的一种语言模型训练方法，它有两个创新点：循环机制（Recurrence Mechanism）和相对位置编码（Relative Positional Encoding），以克服 vanilla Transformer 捕捉长距离依赖的缺点并解决上下文碎片化问题。更多内容可参考相关论文 *Transformer-XL: Attentive Language Models Beyond a Fixed-Length Context*。相应代码地址为 https://github.com/kimiyoung/transformer-xl/。

5.5.1　引入循环机制

与 vanilla Transformer 的相似之处是，Transformer-XL 仍然使用分段的方式进行建模，但其与 vanilla Transformer 的不同之处是 Transformer-XL 引入了段（segment）与段之间的循环机制，使得当前段在建模的时候能够利用之前段的信息来实现长期依赖性，在训练时前一个段的输出只参与正向计算，而不用进行反向传播，如图 5-36 所示。

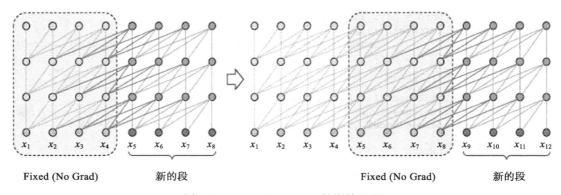

Fixed (No Grad)　　　新的段　　　　　　　　　　　　　Fixed (No Grad)　　　新的段

图 5-36　Transformer-XL 的训练过程

图 5-36 是 Transformer-XL 的训练过程，可以看到 Transformer-XL 在训练一个新的段时，会利用前一个段的信息，如果内存允许，也可以多保留几个段。图 5-36 中较粗的线段表示当前段利用前一个段的信息。因此在训练第 $\tau + 1$ 个段时，Transformer-XL 中第 n 层的输入包括：

1）第 $\tau + 1$ 个段的第 $n–1$ 层的输出，图中较淡线段，计算反向梯度；

2）第 τ 个段第 $n–1$ 层的输出，图中较粗线段，这部分不计算反向梯度，具体可参考表达式（5.24）。

训练第 $\tau + 1$ 个段时，可用下面的公式计算 Transformer-XL 第 n 层的隐含状态：

$$\tilde{h}_{\tau+1}^{n-1} = [\text{SG}(h_{\tau}^{n-1}) \circ h_{\tau+1}^{n-1}] \tag{5.24}$$

$$q_{\tau+1}^{n}, k_{\tau+1}^{n}, v_{\tau+1}^{n} = h_{\tau+1}^{n-1} W_q^{\text{T}}, \tilde{h}_{\tau+1}^{n-1} W_k^{\text{T}}, \tilde{h}_{\tau+1}^{n-1} W_v^{\text{T}} \tag{5.25}$$

$$h_{\tau+1}^{n} = \text{Transformer Layer}(q_{\tau+1}^{n}, k_{\tau+1}^{n}, v_{\tau+1}^{n}) \tag{5.26}$$

其中：

❑ $h_{\tau+1}^{n}$ 表示第 $\tau + 1$ 个段第 n 层的输出；

❑ $\tilde{h}_{\tau+1}^{n-1}$ 表示第 $\tau + 1$ 个段的输入包括第 τ 个段的信息（又称为缓存 memory）。

❑ SG（Stop Gradient）表示停止计算梯度，即无反向传播，只正向传播。

❑ [∘] 表示拼接向量，一般用函数 concat 实现。

❑ $q_{\tau+1}^{n}$、$k_{\tau+1}^{n}$、$v_{\tau+1}^{n}$ 表示 Transformer 的 q、k、v 向量。

注意，计算 $q_{\tau+1}^{n}$ 时没有使用 $\tilde{h}_{\tau+1}^{n-1}$，因 q 表示要预测的单词，无须前一个段的信息。

以上为训练阶段涉及的主要信息，在测试或评估阶段，传统 Transformer 在评估的时候，一次只能往右前进一步，输出一个单词，并且需要从头开始计算。而在 Transformer-XL 中，每次可以前进一个段，并且利用前面多个段的信息来预测当前的输出。如图 5-37 所示，Transformer-XL 可以支持的最长依赖近似于 O（$N \times L$），L 表示一个段的长度，N 表示 Transformer 的层数。

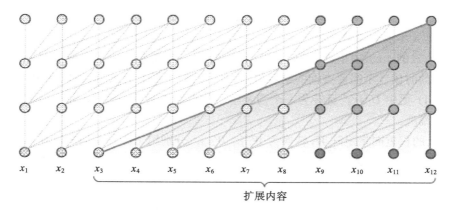

图 5-37　Transformer-XL 评估阶段

5.5.2　使用相对位置编码

循环机制涉及多个段，在不同段标识中，对相同位置（或索引）的标识对应的位置编码也相同。在标准 Transformer 中，我们通过位置编码来区分标识的先后顺序，如果直接把这套方法应用到 Transformer-XL 模型，则无法区分不同段中相对位置相同的标识位置。比如，第 τ 段和第 $\tau+1$ 段的第 j 个位置的单词分别为 $x_{\tau,j}$、$x_{\tau+1,j}$ 将具有相同的位置编码，但它们对于第 τ 段的建模重要性显然并不相同（例如第 $\tau+1$ 段中的第 j 个位置重要性可能要低一些）。因此，需要对这种位置进行区分。那么，如何处理因段循环带来的位置问题呢？

在 Transformer 模型中，将词向量和位置向量相加得到每个词最终的输入，然后进行一系列复杂的操作，涉及位置操作主要是自注意力的运算，其他的运算和位置编码没关系。而自注意力中也只需要关注注意力分数的计算即可。

在 Transformer 模型中，在同一个段中计算注意力分数主要涉及的查询 q_i 和关键向量 $\boldsymbol{k}_j$ 的公式如下。

$$A_{i,j}^{abs} = q_i^{\mathrm{T}} \boldsymbol{k}_j = (\boldsymbol{W}_q (\boldsymbol{E}_{x_i} + \boldsymbol{U}_i))^{\mathrm{T}} \cdot (\boldsymbol{W}_k (\boldsymbol{E}_{x_j} + \boldsymbol{U}_j)) \tag{5.27}$$

展开后可得：

$$A_{i,j}^{abs} = \underbrace{\boldsymbol{E}_{x_i}^{\mathrm{T}} \boldsymbol{W}_q^{\mathrm{T}} \boldsymbol{W}_k \boldsymbol{E}_{x_j}}_{(a)} + \underbrace{\boldsymbol{E}_{x_i}^{\mathrm{T}} \boldsymbol{W}_q^{\mathrm{T}} \boldsymbol{W}_k \boldsymbol{U}_j}_{(b)} + \underbrace{\boldsymbol{U}_i^{\mathrm{T}} \boldsymbol{W}_q^{\mathrm{T}} \boldsymbol{W}_k \boldsymbol{E}_{x_j}}_{(c)} + \underbrace{\boldsymbol{U}_i^{\mathrm{T}} \boldsymbol{W}_q^{\mathrm{T}} \boldsymbol{W}_k \boldsymbol{U}_j}_{(d)} \tag{5.28}$$

其中 $\boldsymbol{E}_{x_i}$、$\boldsymbol{E}_{x_j}$ 分别是词 $\boldsymbol{x}_i$、$\boldsymbol{x}_j$ 的嵌入，U_i 和 U_j 是第 i、j 个位置的位置编码。

式（5.28）是 Transformer 计算注意力分数的公式，而 Transformer-XL 为解决段循环引起不同段上单词位置的问题，在计算注意力分数时加入了相对位置编码，并对式（5.28）做了如下改动。

1）将公式（5.28）中 b、d 项中的绝对位置 U_j 替换为相对位置编码 $R_{i-j} \in \mathbb{R}^{L_{max} \times d}$，替

换的目的就是只关心单词之间相对的位置，R 同样由三角函数公式计算得到，它是一个 sinusoid 矩阵，不需要参数学习。

2）在公式的（c）项里面，把 $U_i^T W_q^T$ 向量转为一个需要学习的参数向量 u。因为在考虑相对位置的时候，不需要查询的绝对位置 i，因此对于任意的 i，都可以采用同样的向量。同理，把（d）项中 $U_i^T W_q^T$ 量转为一个需要学习的参数向量 v，这里 u 和 v 都属于 $\mathbb{R}^d$，d 为隐含状态的维度。

3）将 k 的权重向量矩阵 W_k 转换为 $W_{k,E}$、$W_{k,R}$，分别用于计算单词内容和单词位置。把式（5.28）改为相对位置的格式，就得到 Transformer-XL 计算注意力分数的公式。

$$A_{i,j}^{\text{rel}} = \underbrace{\boldsymbol{E}_{x_i}^{\mathsf{T}} \boldsymbol{W}_q^{\mathsf{T}} \boldsymbol{W}_{k,E} \boldsymbol{E}_{x_j}}_{---(a)---} + \underbrace{\boldsymbol{E}_{x_i}^{\mathsf{T}} \boldsymbol{W}_q^{\mathsf{T}} \boldsymbol{W}_{k,R} \boldsymbol{R}_{i-j}}_{---(b)---} + \underbrace{\boldsymbol{u}^{\mathsf{T}} \boldsymbol{W}_{k,E} \boldsymbol{E}_{x_j}}_{---(c)---} + \underbrace{\boldsymbol{v}^{\mathsf{T}} \boldsymbol{W}_{k,R} \boldsymbol{R}_{i-j}}_{---(d)---} \qquad (5.29)$$

5.5.3 Transformer-XL 计算过程

经过上述两个机制，Transformer-XL 架构模型如图 5-38 所示。

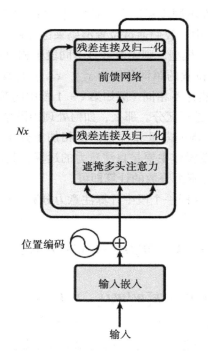

图 5-38　Transformer-XL 架构图（Decoder）

由图 5-38 可知，Transformer-XL 相当于 Transformer 中的 Decoder 中删除 Encoder-Decoder-attention 部分。一个 N 层只有一个注意力头的 Transformer-XL 模型的计算过程如下，对于 $n = 1, 2, \cdots, N$：

$$\tilde{h}_\tau^{n-1} = [SG(m_\tau^{n-1}) \circ h_\tau^{n-1}] \tag{5.30}$$

$$\boldsymbol{q}_\tau^n, \boldsymbol{k}_\tau^n, \boldsymbol{v}_\tau^n = h_\tau^{n-1} \boldsymbol{W}_q^{n\mathrm{T}}, \tilde{h}_\tau^{n-1} \boldsymbol{W}_{k,E}^{n\mathrm{T}}, \tilde{h}_\tau^{n-1} \boldsymbol{W}_v^{n\mathrm{T}} \tag{5.31}$$

$$A_{\tau,i,j}^n = \boldsymbol{q}_{\tau,i}^{n\mathrm{T}} \boldsymbol{k}_{\tau,j}^n + \boldsymbol{q}_{\tau,i}^{n\mathrm{T}} \boldsymbol{W}_{k,R}^n \boldsymbol{R}_{i-j} + u^\mathrm{T} \boldsymbol{k}_{\tau,j} + v^\mathrm{T} \boldsymbol{W}_{k,R}^n \boldsymbol{R}_{i-j} \tag{5.32}$$

$$a_\tau^n = \mathrm{Masked\!-\!Softmax}(A_\tau^n) v_\tau^n \tag{5.33}$$

$$o_\tau^n = \mathrm{LayerNorm}((a_\tau^n) + h_\tau^{n-1}) \tag{5.34}$$

$$h_\tau^n = \mathrm{Positionwise\!-\!Feed\!-\!Forword}(o_\tau^n) \tag{5.35}$$

5.6 使用 PyTorch 构建 Transformer-XL

使用环境：Python3.7+, einsum, PyTorch1+, GPU 或 CPU

其中 einsum（爱因斯坦求和约定）是由爱因斯坦提出的，对张量运算（内积、外积、转置、点积、矩阵的迹、其他自定义运算）的一种简记法。在 PyTorch、numpy 和 TensorFlow 之类的深度学习库中都有实现，einsum 在 numpy 中的实现为 np.einsum，在 PyTorch 中的实现为 torch.einsum，在 TensorFlow 中的实现为 tf.einsum。

更多信息可参考：

❏ https://rockt.github.io/2018/04/30/einsum。

❏ https://pytorch.org/docs/master/generated/torch.einsum.html。

本节我们用 PyTorch 1.6 版本实现 Transformer-XL 的整个过程，为便于大家更好理解，我们先从构建一个简单的 Head Attention 开始，然后构建多头 Attention，最后构建 Decoder。注意，这里 Transformer-XL 没有使用 Encoder。

5.6.1 构建单个 Head Attention

我们将从实现单个 Head Attention 开始。为了使事情具体，我们考虑第一层并假设接收到形状为（seq = 7, batch_size = 3, embedding_dim = 32）的单词嵌入。为简便起见，在输入中先不添加位置编码，在第 8 步将加入，具体完成式（5.30）所示的计算过程。

1）导入需要的库。

```
from typing import *
import torch
import torch.nn as nn
import matplotlib.pyplot as plt
%matplotlib inline
```

2）创建序列的词嵌入。

```
seq, batch_size, embedding_dim = 7, 3, 32
word_embs = torch.rand(seq, batch_size, embedding_dim)
```

3）创建该序列的前序列。假设前序列长度为 prev_seq = 6：

```
prev_seq = 6
memory = torch.rand(prev_seq, batch_size, embedding_dim) # 从前seq获取隐含状态
```

每个 Head Attention 的输入为 *K*、*Q*、*V*，具体处理如下，对应处理流程图如图 5-39 所示。

  ❑ 对 *K*、*Q*、*V* 做线性变化；

  ❑ 对每个 *V* 计算注意力分数；

  ❑ 对每个 *Q*，计算 *V* 的注意力权重之和；

  ❑ 实现残差连接和正则化操作。

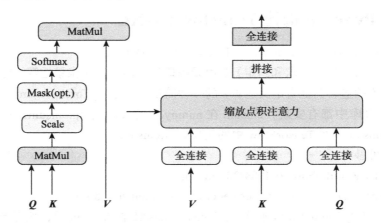

图 5-39　单个 Head Attention 的架构图

4）如图 5-39 左边所示，对 *Q*、*K*、*V* 进行线性变换。

```
inner_dim = 17 # 为内部维度
linear_k = nn.Linear(embedding_dim, inner_dim)
linear_v = nn.Linear(embedding_dim, inner_dim)
linear_q = nn.Linear(embedding_dim, inner_dim)
```

5）段级循环机制。把当前序列与前序列进行拼接，再把拼接后的向量作为线性变换的输入。注意，它不与查询连接在一起。这是因为每个查询代表我们要预测的一个单词。

```
word_embs_w_memory = torch.cat([memory, word_embs], dim=0)
k_tfmd = linear_k(word_embs_w_memory)
v_tfmd = linear_v(word_embs_w_memory)
q_tfmd = linear_q(word_embs) # 注意query为预测的单词，故无须使用memory
```

6）计算注意力。

现在，我们按照常规的 Transformer 计算按比例缩放的点积注意力。按比例缩放的点积注意力计算获得的得分会作为查询和键向量之间的点积。为了防止值随向量维数的增加而"爆炸"，我们将原始注意力得分除以嵌入大小的平方根，具体公式如下。

$$\mathrm{Attention}(\boldsymbol{Q},\boldsymbol{K},\boldsymbol{V}) = \mathrm{Softmax}\left(\frac{\boldsymbol{Q}\boldsymbol{K}^{\mathrm{T}}}{\sqrt{\mathrm{d}_k}}\right)\boldsymbol{V}$$

为使代码易于阅读，此处使用 einsum 表示法。einsum 用一个字母表示输入和输出的形状，这里输入的形状为（i，b，d）和（j，b，d），输出的形状为（i，j，b），其中相同的字母表示相同的大小。einsum 是通过取相同字符跨维度的点积来计算的。

```
content_attn = torch.einsum("ibd,jbd->ijb", q_tfmd, k_tfmd) / (embedding_dim ** 0.5)
```

由代码可知，我们尚未应用 Softmax 激活。这是因为需要更多的分数才能获得完整的注意力得分。先进行相对位置嵌入，即前文式（5.30）中的 a 项。

7）计算式（5.29）中的 c 项。使用以下等式计算注意力在一个 query 的向量 $\boldsymbol{q}_i$ 和 key 的向量 $\boldsymbol{k}_j$。

```
u = torch.rand(17).expand_as(q_tfmd)
content_attn = content_attn + torch.einsum("ibd,jbd->ijb", u, k_tfmd) / (embedding_
    dim ** 0.5)
```

这样我们就得到了式（5.29）中的 a 项和 c 项。

8）计算 b、d 项。先计算所需的相对位置嵌入，Transformer-XL 使用固定的正弦嵌入。

```
pos_idxs = torch.arange(seq + prev_seq - 1, -1, -1.0, dtype=torch.float)
inv_freq = 1 / (10000 ** (torch.arange(0.0, embedding_dim, 2.0) / embedding_dim))
sinusoid_inp = torch.einsum("i,j->ij", pos_idxs, inv_freq)
plt.plot(sinusoid_inp[0, :].detach().numpy());
plt.plot(sinusoid_inp[6, :].detach().numpy());
```

运行结果如图 5-40 所示。

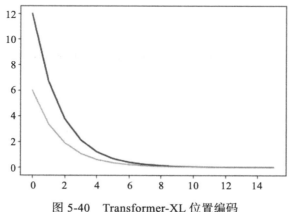

图 5-40　Transformer-XL 位置编码

计算式（5.29）中的 b、d 项：

```
linear_p = nn.Linear(embedding_dim, inner_dim)
pos_tfmd = linear_p(relative_positional_embeddings)
```

```
v = torch.rand(17) # positional bias
pos_attn = torch.einsum("ibd,jd->ijb", q_tfmd + v, pos_tfmd[:,0,:]) /
    (embedding_dim ** 0.5)
pos_attn.shape
#输出: torch.Size([7, 13, 3])
```

上述代码使用相对位置嵌入方法使注意力的计算复杂度为 $O(n^2)$。利用下面这个方法，即通过计算一个 query 的注意力，然后按不同 query 的相对位置转移其嵌入，可将时间复杂度减少到 $O(n)$。

```
zero_pad = torch.zeros((seq, 1, batch_size), dtype=torch.float)
#利用padding 及shifting能高效计算注意力
pos_attn = (torch.cat([zero_pad, pos_attn], dim=1)
.view(seq + prev_seq + 1, seq, batch_size)[1:]
.view_as(pos_attn))
```

9）计算总的注意力分数。

```
raw_attn = content_attn + pos_attn
```

10）计算 value 的加权和。在进行语言建模时，需要阻止模型查看它应该预测的单词。在 Transformer 中，我们通过将注意力分数设置为 0 来实现这一点。这将掩盖我们不希望模型看到的字。

```
mask = torch.triu(
torch.ones((seq, seq + prev_seq)),diagonal=1 + prev_seq,).bool()[...,None]
raw_attn = raw_attn.masked_fill(mask, -float('inf'))
```

下列代码对应式（5.34）的内容。

```
attn = torch.softmax(raw_attn, dim=1)
attn_weighted_sum = torch.einsum("ijb,jbd->ibd", attn, v_tfmd)
attn_weighted_sum.shape
##输出: torch.Size([7, 3, 17])
```

11）层的标准化。将注意力加权和转换为其原来的维度，并使用残差连接层和层标准化。这部分对应式（5.35）的相应内容。

```
linear_out = nn.Linear(inner_dim, embedding_dim)
layer_norm = nn.LayerNorm(embedding_dim)
output = layer_norm(word_embs + linear_out(attn_weighted_sum))
output.shape
##输出:torch.Size([7, 3, 32])
```

至此，就完成了计算式（5.30）的任务，接下来实现多头注意力模型架构。

5.6.2　构建 MultiHeadAttention

结合上述代码模块，增加 Dropout 层，可得到 MultiHeadAttention 模块。

```
from typing import *
```

```python
class MultiHeadAttention(nn.Module):
    def __init__(self, d_input: int, d_inner: int, n_heads: int=4,
                 dropout: float=0.1, dropouta: float=0.):
        super().__init__()
        self.d_input = d_input
        self.d_inner = d_inner
        self.n_heads = n_heads
        # 此层应用线性变换
        # 为了提高效率，同时为所有的头设置键和值
        self.linear_kv = nn.Linear(
            d_input,
                (d_inner * n_heads * 2), # 2表示key和value
                bias=False, #为简便起见，这里不是有偏差
        )
        # query不与memory 状态单独连接
        self.linear_q = nn.Linear(
            d_input, d_inner * n_heads,
                bias=False
        )
        # 为位置嵌入（embeddings）
        self.linear_p = nn.Linear(
            d_input, d_inner * n_heads,
                bias=False
        )
        self.scale = 1 / (d_inner ** 0.5)
        self.dropa = nn.Dropout(dropouta)
        # 转换为输入维度
        self.lout = nn.Linear(self.d_inner * self.n_heads, self.d_input, bias=False)
        self.norm = nn.LayerNorm(self.d_input)
        self.dropo = nn.Dropout(dropout)

    def _rel_shift(self, x):
        zero_pad = torch.zeros((x.size(0), 1, *x.size()[2:]),
                               device=x.device, dtype=x.dtype)
        return (torch.cat([zero_pad, x], dim=1)
                .view(x.size(1) + 1, x.size(0), *x.size()[2:])[1:]
                .view_as(x))

    def forward(self, input_: torch.FloatTensor, # (cur_seq, b, d_in)
        pos_embs: torch.FloatTensor, # (cur_seq + prev_seq, d_in)
                memory: torch.FloatTensor, # (prev_seq, b, d_in)
                u: torch.FloatTensor, # (H, d)
                v: torch.FloatTensor, # (H, d)
                mask: Optional[torch.FloatTensor]=None,):
        """
        pos_embs: 因为需要处理相对位置，所以我们单独传递位置嵌入
        输入形状：（seq, bs, self.d_input）
        pos_embs 形状：（seq+prev_seq, bs, self.d_input）
        输出形状：（seq, bs, self.d_input）
        """
        cur_seq = input_.shape[0] # 当前段序列长度
        prev_seq = memory.shape[0] # 前一段序列长度
```

```python
H, d = self.n_heads, self.d_inner
input_with_memory = torch.cat([memory, input_], dim=0) # 跨序列为连接递归缓存
    (memory)

# 使用以下符号来表示张量形状
# cs: current sequence length（当前序列长度）, b: batch（批量）, H: number
#   of heads（头数）
# d: inner dimension（内部维度）, ps: previous sequence length（上一序列长度）
# 当前键和值取决于前面的上下文
k_tfmd, v_tfmd = \
torch.chunk(self.linear_kv(input_with_memory), 2, dim=-1) # (cs + ps, b, H * d)
q_tfmd = self.linear_q(input_) # (cs, b, H * d)

# 应用缩放的点积注意力
# 请仔细查看以下维度，这是Transformer/Transformer XL 架构中的关键操作

_, bs, _ = q_tfmd.shape
assert bs == k_tfmd.shape[1]
# 基于内容的注意力项（对应下文的(a)、(c)）
# 这是原始Transformer的标准注意力术语，在Transformer XL架构中单独处理，没有位置嵌入除外
# i表示查询数量，为当前输入/目标数（按顺序）
# j表示键/值的数量，为可用于计算每个查询的向量数
content_attn = torch.einsum("ibhd,jbhd->ijbh", (
        (q_tfmd.view(cur_seq, bs, H, d) + # (a)
            u), #   (c): u代表全局（独立于查询），偏向某个特定键/值
                # 注意：它也许是每个注意力的头部参数
k_tfmd.view(cur_seq + prev_seq, bs, H, d) # 这里不包含位置信息
)) # (cs, cs + ps, b, H)

# 基于位置的注意力项(对应下文的(b) + (d))
# 这个注意力项主要基于键/值的位置（即它不考虑键/值的内容）
p_tfmd = self.linear_p(pos_embs) # (cs + ps, b, H * d)
position_attn = torch.einsum("ibhd,jhd->ijbh", (
        (q_tfmd.view(cur_seq, bs, H, d) + # (b)
            v), #   (d): v表示全局（独立于查询），偏向某个特定位置
p_tfmd.view(cur_seq + prev_seq, H, d) #   # 注意这里没有键/值信息
)) # (cs, cs + ps, b, H)

#   有效计算位置注意力
position_attn = self._rel_shift(position_attn)

# 该注意力是基于内容和位置注意力的和
attn = content_attn + position_attn

if mask is not None and mask.any().item():
    attn = attn.masked_fill(mask[...,None], -float('inf'))
attn = torch.softmax(attn * self.scale, # 重新缩放以防止值爆炸
                    dim=1) # 标准化值序列
attn = self.dropa(attn)

attn_weighted_values = (torch.einsum("ijbh,jbhd->ibhd",
                                (attn, # (cs, cs + ps, b, H)
    v_tfmd.view(cur_seq + prev_seq, bs, H, d), # (cs + ps, b, H, d)
```

```
                                )) # (cs, b, H, d)
            .contiguous() #  改变布局，让视图工作
            .view(cur_seq, bs, H * d)) # (cs, b, H * d)

        #投影回输入维度并添加残差连接
        output = input_ + self.dropo(self.lout(attn_weighted_values))
        output = self.norm(output)
        return output
```

使用一个随机数测试该多头注意力。

```
mha = MultiHeadAttention(32, 17, n_heads=4)
inpt = torch.rand(7, 3, 32)
pos = torch.rand(13, 32)
mem = torch.rand(6, 3, 32)
u, v = torch.rand(4, 17), torch.rand(4, 17)
x1 = mha(inpt, pos, mem, u, v)
x1.shape
#输出: torch.Size([7, 3, 32])
```

5.6.3　构建 Decoder

在 Deocder 模块中，除了 MultiHeadAttention 层外，还需要前馈网络层。

```
class PositionwiseFF(nn.Module):
    def __init__(self, d_input, d_inner, dropout):
        super().__init__()

        self.d_input = d_input
        self.d_inner = d_inner
        self.dropout = dropout
        self.ff = nn.Sequential(
            nn.Linear(d_input, d_inner), nn.ReLU(inplace=True),
            nn.Dropout(dropout),
            nn.Linear(d_inner, d_input),
            nn.Dropout(dropout),
        )
        self.layer_norm = nn.LayerNorm(d_input)

    def forward(self, input_: torch.FloatTensor, # (cur_seq, bs, d_input)
                ) -> torch.FloatTensor: # (cur_seq, bs, d_input)
        ff_out = self.ff(input_)
        output = self.layer_norm(input_ + ff_out)
        return output
```

构建 Decoder 模块的代码如下：

```
class DecoderBlock(nn.Module):
    def __init__(self, n_heads, d_input,
                 d_head_inner, d_ff_inner,
                 dropout, dropouta=0.):
        super().__init__()
```

```
        self.mha = MultiHeadAttention(d_input, d_head_inner, n_heads=n_heads,
                                     dropout=dropout, dropouta=dropouta)
        self.ff = PositionwiseFF(d_input, d_ff_inner, dropout)

    def forward(self, input_: torch.FloatTensor, # (cur_seq, bs, d_input)
                pos_embs: torch.FloatTensor, # (cur_seq + prev_seq, d_input),
                u: torch.FloatTensor, # (H, d_input),
                v: torch.FloatTensor, # (H, d_input),
                mask=None,
                mems=None,
                ):
        return self.ff(self.mha(input_, pos_embs, mems, u, v, mask=mask))
```

限于篇幅，这里只列出部分代码。完整代码请看本书相关资源。

5.7　Reformer

Transformer 很强大，其特征提取功能在很多方面都远超传统的循环网络，如 RNN、LSTM 等。不过其强大的背后也需要巨大资源的支撑，比如，就目前最大的 Transformer 结构来看，单存储参数量就需要使用 2GB 内存，再加上批量大小、嵌入的序列等又需要使用 2GB 内存左右，整体内存开销非常大。如何减少内存开销、加速模型训练、处理更长序列等就成为迫切解决的问题。

Reformer 就是为了解决 Transformer 计算复杂度过大以及占用内存过多的问题而提出的。它的核心目的主要体现在两方面：

1）将传统的多头注意力机制改为使用局部敏感哈希（Locality-Sensitive Hashing, LSH）的注意力机制；

2）使用逆 Transformer（Reversible Transformer）。

5.7.1　使用局部敏感哈希

前文已经详细讲解了传统的多头注意力机制，如 5.4.5 节所述，其注意力计算采用的是点积的方法，用 Q 和 K 相乘得到一个相似矩阵。这个矩阵在句子非常长的时候是很大的，同时导致计算耗时很长，它的时间复杂度就是 $O(L^2)$，其中 L 就是句子的长度。对此，Reformer 使用了局部敏感哈希（Locality-Sensitive Hashing, LSH）来简化该计算。LSH 的核心思想就是：向量空间里相近的两个向量，经过 hash 函数后依然是相近的。在这里计算 Q 和 K 的点积就是为了找到 Q 和 K 相似的部分，所以没有必要把 Q 中的每个向量都与 K 相乘，可以只计算相近的那部分。经过 LSH，可将计算复杂度降低到 $O(L \text{ long } L)$。LSH 的原理如图 5-41 所示。

图 5-41 中展示了 LSH 的具体计算过程，对于每一句话，首先用 LSH 来对每个块进行分桶，将相似的部分放在同一个桶里面。然后将每一个桶并行化后分别计算其中的点积。

此外，该方法还考虑到了有一定概率相似的向量会被分到不同的桶里的情况。

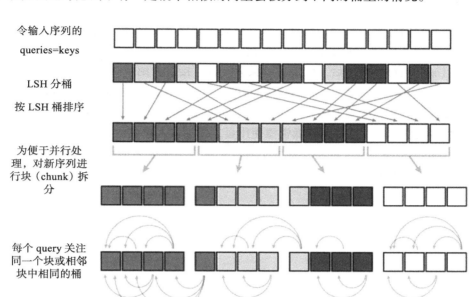

令输入序列的
queries=keys

LSH 分桶

按 LSH 桶排序

为便于并行处理，对新序列进行块（chunk）拆分

每个 query 关注同一个块或相邻块中相同的桶

图 5-41　LSH 原理

5.7.2　使用可逆残差网络

LSH 解决了计算复杂度的问题，这一部分则是为了解决内存占用的问题。Transformer 中存在很多残差连接部分，每一个残差连接都需要我们存储它的输入，供后面的反向传播使用，这就导致严重的内存浪费。Reformer 借鉴了可逆残差网络（RevNet）的思想，不再保存中间层残差连接部分的输入，只需要知道最后一层的输入就可以得出中间层的输入，用可逆网络降低内存开销。使用可逆残差网络解决内存占用问题的基本原理如下。

1）普通的残差网络形式为 $y = x + f(x)$，无法从 y 中倒推出 x。

2）把输入 x 变为 x_1 和 x_2，然后用两个函数 F 和 G 来进行残差连接，分别得到 y_1 和 y_2，可逆残差网络的形式是：

$$y_1 = x_1 + F(x_2),\ y_2 = x_2 + G(x_1) \tag{5.36}$$

3）通过减法倒推可得：

$$x_1 = y_1 - F(x_2),\ x_2 = y_2 - G(x_1) \tag{5.37}$$

这里，函数 F 就是注意力计算，而函数 G 就是前馈网络。

5.8　小结

　　本章主要介绍注意力机制，包括一般的注意力机制及自注意力机制。注意力机制非常重要，前面第 4 章介绍的 Encoder-Decoder 模型在缺乏注意力机制时，性能及泛化能力都很一般，但加上注意力机制后，效果得到大幅提升。接着介绍了 Transformer，其也采用了 Encoder-Decoder 模型，但在编码器或解码器中使用了多头注意力机制，使性能有了一个大的飞跃。之后我们又介绍了 Transformer 的两个改进版本：Transformer-XL 和 Reformer。这两个改进版本的基本出发点都是降低资源使用量，增加输入片段的长度等。

　　Transformer 是一个强大的特征提取工具，后续介绍的很多预训练模型都基于它，感兴趣的读者可以自行了解。

从 Word Embedding 到 ELMo

前面几章介绍了卷积神经网络、循环神经网络、注意力机制等基础知识，接下来我们将介绍如何运用这些知识。本章主要介绍一种建立在 LSTM 基础上的 ELMo 预训练模型。对以往的 word2vec 及 GloVe 等而言，ELMo 迈出了具有历史意义的一步。Word Embedding 本质是一种静态的嵌入方法，所谓静态指的是模型训练好之后每个单词的表达就固定了，在后续使用时，无论新句子的上下文单词是什么，这个单词的 Word Embedding 都不会随着上下文场景的变化而变化。但这种局限性在很多场景是致命的，因为一个单词的语义往往会因其语境不同而不同。以"苹果"为例，在水果语境中，它是指可吃的苹果，但在电子产品语境中，它是指苹果公司的手机 iPhone。那么，应该如何解决这一问题呢？本章将给出答案，涉及的具体内容如下：

❏ 从 word2vec 到 ELMo；
❏ 可视化 ELMo 原理。

6.1　从 word2vec 到 ELMo

word2vec 实现了从独热编码到 Word Embedding 的一大进步，通过 word2vec 转换后，一个单词对应一个向量，单词的表现更丰富了，甚至一些相近的词在空间上也有明显的表现。但 word2vec 还没有解决一词多义的问题，更不用说解决单词随环境变化而变化的问题。

我们知道，多义词是自然语言中经常出现的现象，也是语言灵活性和高效性的一种体现。比如" Don't trouble trouble"，可翻译为"别烦恼了"，其中 trouble 这个词就属于一词多义。如果用 word2vec 模型训练后，trouble 只对应一个向量，显然无法区别这个 trouble

的两个含义。而一词多义，不论是在英语、中文还是在其他语言中，都是普遍存在的问题。如何解决这个问题，一直是 AI 研究者孜孜以求的问题，可以说 ELMo 就是为解决这些问题而提出的，ELMo 的提出意味着我们从词嵌入（Word Embedding）时代进入了语境词嵌入（Contextualized Word-Embedding）时代！

6.2　可视化 ELMo 原理

ELMo 来 自 论 文 *Deep contextualized word representations*， 它 是 "Embedding from Language Models" 的简称，该论文 2018 年被 NAACL 发表，并评为 2018 年的最佳论文。

从论文题目可以看出，ELMo 的核心思想主要体现在深度上下文（Deep Contextualized）上。与静态的词嵌入不同，ELMo 除提供临时词嵌入之外，还提供生成这些词嵌入的预训练模型，所以在实际使用时，EMLo 可以基于预训练模型，根据实际上下文场景动态调整单词的 Word Embedding 表示，这样经过调整后的 Word Embedding 更能表达在这个上下文中的具体含义，自然也就解决了多义词的问题。所以 ELMo 实现了一个由静态到动态的飞跃。

EMLo 的实现主要涉及语言模型（Language Model），当然，它使用的语言模型有点特别，因为它首先把输入转换为字符级别的 Embedding，根据字符级别的 Embedding 来生成上下文无关的 Word Embedding，然后使用双向语言模型（如 Bi-LSTM）生成上下文相关的 Word Embedding。下面将对其原理进行具体解析。

ELMo 的整体模型结构如图 6-1 所示。

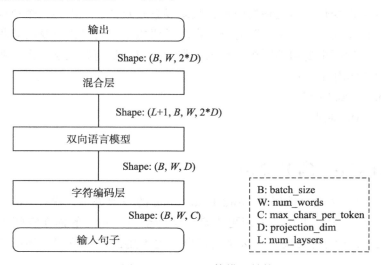

图 6-1　ELMo 整体模型结构

从图 6-1 可以看出，ELMo 模型的处理流程可分为如下几个步骤。

1. 输入句子

句子维度为 $B*W*C$，其中 B 表示批量大小（batch_size），W 表示一句话中的单词数 num_words，C 表示每个单词的最大字符数目（max_characters_per_token），可设置为某个固定值（如 50 或 60）。在一个批量中，语句有长短，可以采用 Padding 方法对齐。

2. 字符编码层

输入语句首先经过一个字符编码层（Char Encode Layer），因为 ELMo 实际上是基于字符（char）的，所以它会先对每个单词中的所有字符进行编码，从而得到这个单词的表示。因此经过字符编码层编码后的数据的维度为 $B*W*D$，这就是我们熟知的对于一个句子在字符级别上的维度。

输入度量是字符而不是词汇，以便模型能捕捉词的内部结构信息。比如 beauty 和 beautiful，即使不了解这两个词的上下文，双向语言模型也能够识别出它们在一定程度上的相关性。

3. 双向语言模型

对字符级语句编码后，该句子会经过双向语言模型（Bi-LSTM），模型内部先分开训练了两个正向和反向的语言模型，而后将其表征进行拼接，最终得到的输出维度为 $(L+1)*B*W*2D$。这里 +1 实际上是加上了最初的 Embedding 层，有点儿像残差连接。

4. 混合层

得到各个层的表征之后，会经过一个混合层（Scalar Mixer），它会对前面这些层的表示进行线性融合，得出最终的 ELMo 向量，维度为 $(B, W, 2D)$。

6.2.1　字符编码层

字符编码层的输入维度是 (B, W, C)，输出维度是 (B, W, D)，具体结构如图 6-2 所示。字符编码层的主要处理逻辑如下。

1. 输入句子

把字符级输入的句子转换成形状为 (B, W, C) 的向量。

2. Char Embedding

对每个字符进行编码，包括一些特殊字符，如单词的开始 <bow>、单词的结束 <eow>、句子的开始符 <bos>（句子的开始）、句子的结束符 <eos>、单词补齐符 <pow> 和句子补齐符 <pos> 等，维度会变为 (B, W, C, d)，这里 d 表示字符的 Embedding 维度（char_embed_dim）。

3. Multi-Scale CNN

Char Embedding 通过不同规模（scale）的一维卷积、池化等作用后，再经过激活层，最后进入拼接和修改状态（Concat&Reshape）层。

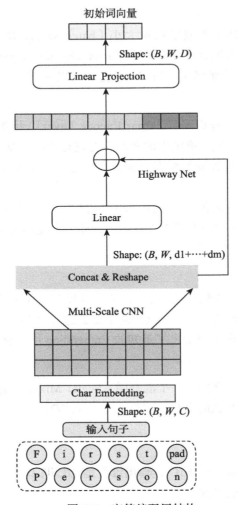

图 6-2　字符编码层结构

4. Concat&Reshape

把卷积后的结果进行拼接，使其形状变为（B, W, d1+…+dm），这里 di 表示第 i 个卷积的通道数。

5. Highway Net

Highway Net 类似残差连接，这里有 2 个 Highway 层。

6. Linear Projection

Linear Projection（线性映射层）：前面计算得到的向量维度 d1+d2+…+dm 往往比较长，经过这个线性映射层，将维度映射到 D，作为词嵌入输入后续的层中，这里输出的维度为

(B, W, D)。

1）Multi-Scale CNN 的实现代码如下：

```
for i, (width, num) in enumerate(filters):
    conv = torch.nn.Conv1d(in_channels=char_embed_dim,out_channels=num,
        kernel_size=width,bias=True )
    self.add_module('char_conv_{}'.format(i), conv)

# forward函数
def forward(sef, character_embedding):
    convs = []
    for i in range(len(self._convolutions)):
        conv = getattr(self, 'char_conv_{}'.format(i))
        convolved = conv(character_embedding)
        # (batch_size * sequence_length, n_filters for this width)
        convolved, _ = torch.max(convolved, dim=-1)
        convolved = activation(convolved)
    convs.append(convolved)
    # (batch_size * sequence_length, n_filters)
    token_embedding = torch.cat(convs, dim=-1)
    return token_embedding
```

2）Highway Net 的实现代码如下：

```
# 网络定义
self._layers = torch.nn.ModuleList([torch.nn.Linear(input_dim, input_dim * 2)
                                    for _ in range(num_layers)])

# forward函数
def forward(self, inputs):
    current_input = inputs
    for layer in self._layers:
        projected_input = layer(current_input)
        linear_part = current_input
        nonlinear_part, gate = projected_input.chunk(2, dim=-1)
        nonlinear_part = self._activation(nonlinear_part)
        gate = torch.sigmoid(gate)
        current_input = gate * linear_part + (1 - gate) * nonlinear_part
    return current_input
```

6.2.2　双向语言模型

ELMo 采用双向语言模型，即同时结合正向和反向的语言模型，其目标是最大化如下的 log 似然值：

$$\sum_{k=1}^{N}(\log p(t_k \mid t_1,\ldots,t_{k-1};\Theta_x,\overrightarrow{\Theta}_{\mathrm{LSTM}},\Theta_s)+\log p\ (t_k \mid t_{k+1},\ldots,t_N;\Theta_x,\overleftarrow{\Theta}_{\mathrm{LSTM}},\Theta_s)) \qquad （6.1）$$

其中 Θ_x、Θ_s 和 $\overrightarrow{\Theta}_{\mathrm{LSTM}}$、$\overleftarrow{\Theta}_{\mathrm{LSTM}}$ 分别表示词向量层、Softmax 层、LSTM 正向及反向的参数。然后，分别训练了正向和反向的两个 LM，最后把结果拼接起来。词向量层的参数

Θ_x 和 Softmax 层参数 Θ_s 在前向和后向语言模型中是共享的，但 LSTM 正向与反向的参数是分开的。具体逻辑如图 6-3 所示。

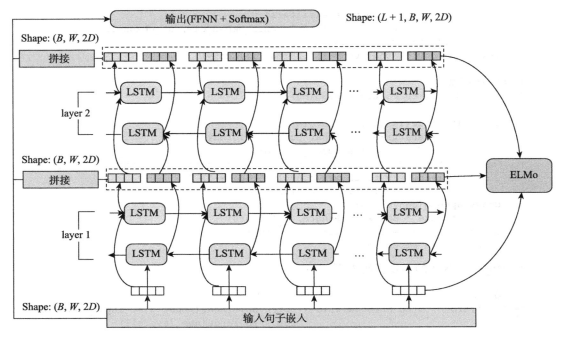

图 6-3 双向语言模型

每一层的输出都是由每个时间步的正向输出和反向输出拼接而成，对每一层的输出以及嵌入的输出进行堆积。输出维度为 $(L+1)*B*W*2D$，其中 $L+1$ 中的 +1 就代表输入语句嵌入层。

6.2.3 生成 ELMo 词嵌入

通过 biLMs 层之后，得到的输出维度为 $(L+1)*B*W*2D$，然后生成最终的 ELMo 向量。对于每一个词 t_k，L 层的 biLMs 生成的表征有 $2L+1$ 个，具体公式如下：

$$R_k = \left\{ x_k^{LM}, \ \vec{h}_{k,j}^{LM}, \ \overleftarrow{h}_{k,j}^{LM} | j = 1, \ldots, L \right\} = \{ h_{k,j}^{LM} \mid j = 0, \ldots, L \} \tag{6.2}$$

其中 $h_{k,0}^{LM}$ 是词的 Embedding 输出层，$h_{k,j}^{LM} = [\vec{h}_{k,j}^{LM}, \ \overleftarrow{h}_{k,j}^{LM}]$ 表示每一层的正向和反向的输出的拼接。

为了兼容下游模型，ELMo 线性组合所有层的 R 为一个向量：$\text{ELMo}_k = E(R_k; \Theta e)$。其中最常用的合并方式就是只选择最高层：$\text{ELMo}_k = h_{k,L}^{LM}$。一般情况使用如下公式：

$$\text{ELMo}_k^{\text{task}} = E(R_k; \Theta^{\text{task}}) = \gamma^{\text{task}} \sum_{j=0}^{L} s_j^{\text{task}} h_{k,j}^{LM} \tag{6.3}$$

其中：γ^{task} 是放缩常量，s_j^{task} 是 Softmax 的正则化权重。

更多内容请参考 ELMo 官网代码（https://github.com/allenai/allennlp/blob/master/allennlp）。

ELMo 模型在一个超大的语料库上进行预训练，训练时不需要任何标签，纯文本就可以，因此可以使用很大的语料库。训练完 ELMo 模型，就可以输入一个新句子，得到其中每个单词在当前语境下的 ELMo 词向量。

6.3　小结

本章首先简单回顾了 word2vec 的来龙去脉及其优缺点。ELMo 预训练模型采用双向语言模型，该预训练模型能够随着具体语言环境更新词向量表示，即更新对应词的 Embedding。当然，由于 ELMo 采用 LSTM 架构，因此，模型的并发能力、关注语句的长度等在大的语料库面前，有点力不从心。下一章我们将介绍一种更强大的预训练模型，该模型在很多 NLP 任务中均取得了很好的成绩。

从 ELMo 到 BERT 和 GPT

ELMo 模型可以根据上下文更新词的特征表示，实现了词向量由静态向动态的转变。不过因 ELMo 依赖 LSTM 的架构，导致其训练只能按部就班，严格遵守从左到右或从右到左的次序进行训练，所以在面对特大语料库时将非常耗时。此外，LSTM 虽然也有记忆功能，但其长期记忆的效果并不理想。

为解决 ELMo 模型的这些问题，人们研究出了新的方法，如 BERT、GPT 等预训练模型，这些模型不再基于 LSTM 框架，而是基于一种更强大的 Transformer 框架。接下来本章将介绍这些预训练模型，具体包括如下内容：

- ❏ ELMo 的优缺点；
- ❏ 可视化 BERT 原理；
- ❏ 使用 PyTorch 实现 BERT；
- ❏ 可视化 GPT 原理；
- ❏ GPT-3 简介。

7.1　ELMo 的优缺点

ELMo 实现了由静态词嵌入到动态词嵌入，由词嵌入到场景词嵌入的转换，较好地解决了一词多义问题。但因 ELMo 使用 Bi-LSTM，仍然属于自动回归问题，所以其并发能力会受到影响，在需要大量语料库作为训练数据的情况，这种局限也直接影响其性能和拓展性。

如何突破这些瓶颈，这是人们非常关心的问题。GPT、BERT 等使用 Transformer 作为特征提取器，很好地解决了并发问题，而 BERT 使用 MLM 模型，在性能得到大幅度提升。

1. ELMo 的优点

ELMo 实现了两个转变：

1）实现从单纯的词嵌入（Word Embedding）到情景词嵌入（Contextualized Word Embedding）的转变；

2）实现预训练模型从静态到动态的转变。

2. ELMo 的缺点

ELMo 预训练模型的特征提取器使用了双向循环神经网络（如 Bi-LSTM），循环神经网络的训练需要按序列从左到右或从右到左，严格限制了并发处理能力。此外，ELMo 的每一层会拼接两个方向的向量，所以这种操作实际仍然属于单向学习，无法做到同时向两个方向学习。

7.2　可视化 BERT 原理

前面提到，ELMo 是预训练模型由静态转为动态的重要转折点，不过它基于循环网络 LSTM，这就严重限制了其并发能力，在面对巨大的训练语料库，这是非常致命的。不过，接下来将介绍的 BERT 和 GPT 预训练模型就很好地解决了这个问题，它们不再基于 LSTM，而是基于可平行处理的 Transformer。

7.2.1　BERT 的整体架构

BERT 的整体架构如图 7-1 所示，它采用了 Transformer 中的 Encoder 部分。

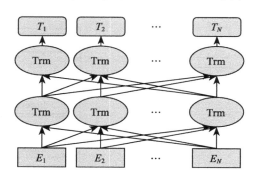

图 7-1　BERT 模型的整体架构

图 7-1 中的 Trm 指 Transformer 的 Encoder 模块，如图 7-2 所示。

BERT 提供了简单和复杂两个模型，对应的超参数分别如下。

❑ BERT$_{BASE}$：L=12，H=768，A=12，参数总量 110MB；

❑ BERT$_{LARGE}$：L=24，H=1024，A=16，参数总量 340MB。

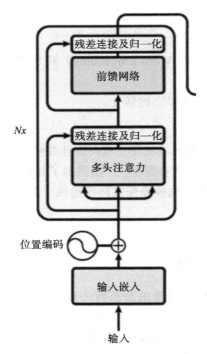

图 7-2　Transformer 的 Encoder 模块

其中 L 表示网络的层数（即图 7-2 中的数量 Nx），H 表示隐层大小，A 表示多头注意力中自注意力头数量，这里前馈网络的隐含层大小与输入大小的比值一般设置为 4。两种模型的结构如图 7-3 所示。

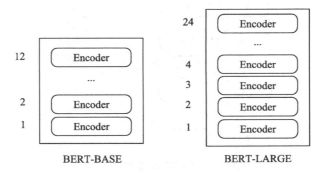

图 7-3　BERT 的两种架构

其中 H 与输入维度的大小关系，可参考如下代码：

```
class TransformerBlock(nn.Module):
    def __init__(self, k, heads):
        super().__init__()
```

```
        self.attention = SelfAttention(k, heads = heads)

        self.norm1 = nn.LayerNorm(k)
        self.norm2 = nn.LayerNorm(k)

        self.mlp = nn.Sequential(
            nn.Linear(k, 4*k)
            nn.ReLU()
            nn.Linear(4*k, k)
        )

    def forward(self, x):
        #先计算自注意力
        attended = self.attention(x)
        #再计算Layer norm
        x = self.norm1(attended + x)

        # feedforward和layer norm
        feedforward = self.mlp(x)
        return self.norm2(feedforward + x)
```

BERT 在海量语料的基础上进行自监督学习（所谓自监督学习是指在没有人工标注的数据上运行的监督学习）。在下游 NLP 任务中，可以直接使用 BERT 的特征表示作为该下游任务的词嵌入特征。所以 BERT 提供的是一个供下游任务迁移学习的模型，该模型可以在根据下游任务微调或者固定之后作为特征提取器。

7.2.2　BERT 的输入

BERT 的输入的编码向量（d_model=512）是 3 个嵌入特征的单位和，这三个词嵌入具备如下特征。

1. 标识嵌入（Token Embedding）

英文语料库一般采用词块嵌入（WordPiece Embedding），也就是说，将单词划分成一组有限的公共子词单元，这样能在单词的有效性和字符的灵活性之间取得平衡。如把"playing"拆分成"play"和"ing"。如果是中文语料库，设置成 word 级即可。

2. 位置嵌入（Position Embedding）

位置嵌入是指将单词的位置信息编码成特征向量，是向模型中引入单词位置关系的至关重要的一环。这里的位置嵌入和之前文章中的 Transformer 的位置嵌入不一样，它不是三角函数，而是学习出来的。

3. 段嵌入（Segment Embedding）

用于区分两个句子，例如 B 是否是 A 的下文（如对话场景、问答场景等）。对于句子对，第一个句子的特征值是 0，第二个句子的特征值是 1。

其输入编码的特征表示具体可参考图 7-4。

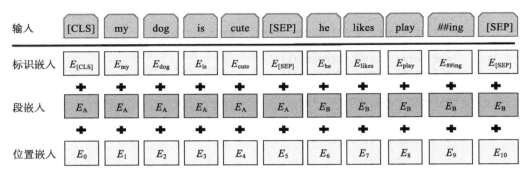

图 7-4 BERT 的输入特征

注意图 7-4 中的两个特殊符号 [CLS] 和 [SEP]：其中 [CLS] 表示该特征用于分类模型，对非分类模型，该符号可以省去；[SEP] 表示分句符号，用于分割输入语料中的两个句子。

7.2.3 掩码语言模型

掩码语言模型（Masked Language Model，MLM）是一种真正的双向的方法，前面提到的 ELMo 模型只是将 left-to-right 和 right-to-left 分别训练拼接起来。两种模型的区别从它们的目标函数就可以明显地看出。ELMo 以 $P(t_k|t_1, \cdots, t_{k-1})$，$P(t_k \mid t_{k+1}, \cdots, t_n)$ 作为目标函数，然后独立训练，最后把结果拼接起来。而 BERT 以 $P(t_k \mid t_1, \cdots, t_{k-1}, t_{k+1}, \cdots, t_n)$ 作为目标函数，这样学到的词向量可同时关注左右词的信息。

在 BERT 的训练过程中，15% 的词块标识符（WordPiece Token）（若为中文语料库，则需设置为 word 级）会被随机遮掩掉。因测试环境没有遮掩这类标识，为尽量使训练和测试这两个环境靠近，BERT 的提出者使用了一个遮掩小技巧，即在确定要遮掩掉的单词之后，80% 会直接替换为 [MASK]，10% 会将其替换为其他任意单词，10% 会保留原始标识符。整个 MLM 训练过程如图 7-5 所示。

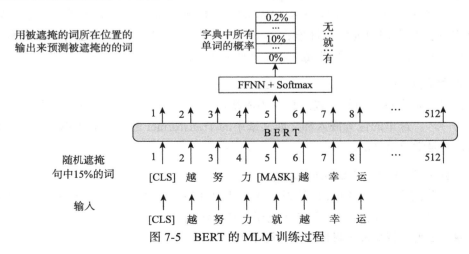

图 7-5 BERT 的 MLM 训练过程

7.2.4　预测下一个句子

考虑到很多下游任务会涉及问答（QA）和自然语言推理（NLI）之类的任务，所以增加了两个语句的任务，即预测下一个句子（Next Sentence Prediction，NSP），目的是让模型理解两个句子之间的联系。在该任务中，训练的输入是句子 A 和 B，B 有一半的概率是 A 的下一句，输入这两个句子，由模型预测 B 是不是 A 的下一句。NSP 预训练的时候可以达到97% ~ 98% 的准确度。具体训练过程如图 7-6 所示。

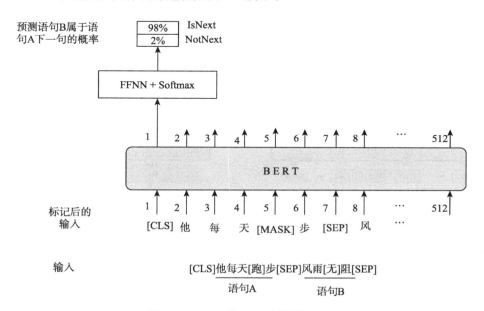

图 7-6　BERT 的 NSP 预训练过程

BERT 训练过程包括 MLM 及 NSP，其损失函数的具体定义可参考 Hugging Face 官网上的对应代码（https://github.com/huggingface/transformers/blob/master/src/transformers/models/bert/modeling_bert.py）。

```
Class BertForPreTraining
    if labels is not None and next_sentence_label is not None:
        loss_fct = CrossEntropyLoss()
        masked_lm_loss = loss_fct(prediction_scores.view(-1, self.config.
            vocab_size), labels.view(-1))
        next_sentence_loss = loss_fct(seq_relationship_score.view(-1, 2),
            next_sentence_label.view(-1))
        total_loss = masked_lm_loss + next_sentence_loss
        outputs = (total_loss,) + outputs

    return outputs
```

7.2.5 微调

在完成 BERT 对下游的分类任务时，只需要在 BERT 的基础上添加一个输出层便可以完成对特定任务的微调（fine-tuning）。对分类问题可直接取第一个标识符（Token）的最后输出（即 final hidden state，最后隐藏含状态）$C \in R^{H}$，加一层权重 W 后使用 Softmax 来预测标签的概率：

$$P = \mathrm{Softmax}(CW^{\mathrm{T}})$$

对于其他下游任务，则需要进行一些调整，如图 7-7 所示。

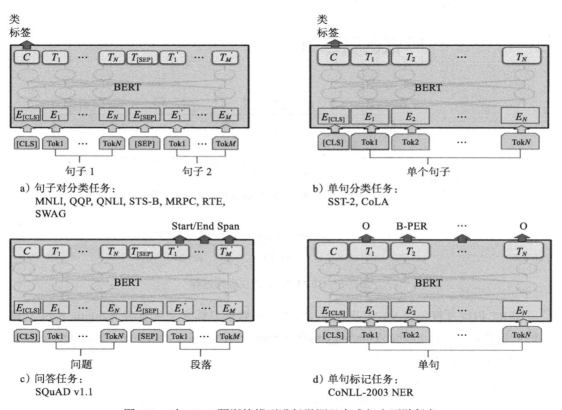

a）句子对分类任务：
MNLI, QQP, QNLI, STS-B, MRPC, RTE, SWAG

b）单句分类任务：
SST-2, CoLA

c）问答任务：
SQuAD v1.1

d）单句标记任务：
CoNLL-2003 NER

图 7-7 对 BERT 预训练模型进行微调以完成相应下游任务

图 7-7 中的 Tok 表示不同的 Token，E 表示嵌入向量，T_i 表示第 i 个 Token 经过 BERT 处理后得到的特征向量。下面简单介绍几种下游任务及其需要微调的内容。

1）基于句子对的分类任务。如，MNLI，给定一个前提，根据这个前提去推断假设与前提的关系；MRPC，判断两个句子是否等价。

2）基于单个句子的分类任务。如，SST-2，电影评价的情感分析；CoLA，句子语义判断，是否是可接受的。

3）问答任务。如，SQuAD v1.1：给定一个句子（通常是一个问题）和一段描述文本，输出这个问题的答案，类似于做阅读理解的简答题。

4）命名实体识别。如，CoNLL-2003 NER：判断一个句子中的单词是不是人（Person）、组织（Organization）、位置（Location）或者其他实体。

7.2.6 使用特征提取方法

除微调方法外，BERT 也可使用特征提取方法，使用预先训练好的 BERT 模型来创建上下文的单词嵌入，然后，将这些词嵌入现有的模型中。下面将介绍特征提取的一个简单示例，具体如图 7-8 所示。

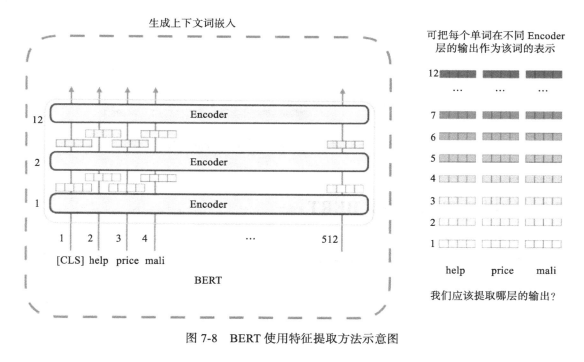

图 7-8 BERT 使用特征提取方法示意图

将图 7-8 中各层的输出作为实体识别的特征，会对应不同的性能指标，如图 7-9 所示。

从图 7-9 可知，特征提取方法与视觉处理中卷积网络类似，不同层的输出具有不同的含义。

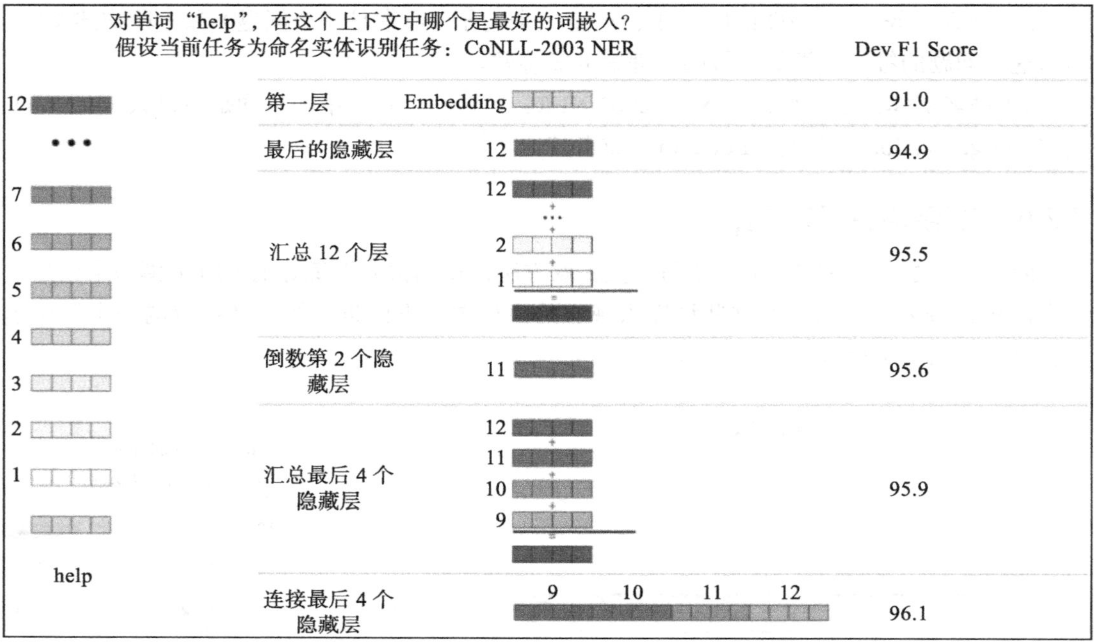

对单词"help"，在这个上下文中哪个是最好的词嵌入？ 假设当前任务为命名实体识别任务：CoNLL-2003 NER		Dev F1 Score
第一层　　　　Embedding		91.0
最后的隐藏层	12	94.9
汇总 12 个层	12 ⋯ 2 1	95.5
倒数第 2 个隐藏层	11	95.6
汇总最后 4 个隐藏层	12 11 10 9	95.9
连接最后 4 个隐藏层	9　10　11　12	96.1

图 7-9　BERT 不同层的输出对下游任务的影响

7.3　使用 PyTorch 实现 BERT

使用 PyTorch 实现 BERT 的核心模块主要有 2 个，第 1 个是生成 BERT 输入的 BERT-Embedding 类，第 2 个是 TransformerBlock 类。将这两个模块组合，即 BERT 模型的模块 bert.py。这些模块之间的关系如图 7-10 所示。

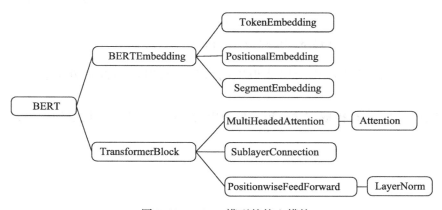

图 7-10　BERT 模型的核心模块

7.3.1　BERTEmbedding 类的代码

以下为实现 BERTEmbedding 类的核心代码：

```
import torch.nn as nn
from .token import TokenEmbedding
from .position import PositionalEmbedding
from .segment import SegmentEmbedding


class BERTEmbedding(nn.Module):
    """
    BERT Embedding 包括以下特征：
        1. TokenEmbedding : 正则嵌入矩阵
        2. PositionalEmbedding : 使用sin、cos添加位置信息
        3. SegmentEmbedding : 添加句段信息(sent_A:1, sent_B:2)
        所有这些特征的总和构成BERTEmbedding的输出
    """

    def __init__(self, vocab_size, embed_size, dropout=0.1):
        """
        :param vocab_size: 总词汇量的大小
        :param embed_size: 标记嵌入的嵌入大小
        :param dropout: dropout比率
        """
        super().__init__()
        self.token = TokenEmbedding(vocab_size=vocab_size, embed_size=embed_size)
        self.position = PositionalEmbedding(d_model=self.token.embedding_dim)
        self.segment = SegmentEmbedding(embed_size=self.token.embedding_dim)
        self.dropout = nn.Dropout(p=dropout)
        self.embed_size = embed_size

    def forward(self, sequence, segment_label):
        x = self.token(sequence) + self.position(sequence) + self.segment(segment_label)
        return self.dropout(x)
```

7.3.2　TransformerBlock 类的代码

以下为实现 TransformerBlock 类的核心代码：

```
import torch.nn as nn

from .attention import MultiHeadedAttention
from .utils import SublayerConnection, PositionwiseFeedForward


class TransformerBlock(nn.Module):
    """
    Bidirectional Encoder = Transformer (self-attention)
    Transformer = MultiHead_Attention + Feed_Forward with sublayer connection
    """
```

```python
def __init__(self, hidden, attn_heads, feed_forward_hidden, dropout):
    """
    :param hidden: Transformer隐藏层大小
    :param attn_heads: 多头注意力的头大小
    :param feed_forward_hidden: feed_forward_hidden, 通常为4*hidden_size
    :param dropout: dropout比率
    """

    super().__init__()
    self.attention = MultiHeadedAttention(h=attn_heads, d_model=hidden)
    self.feed_forward = PositionwiseFeedForward(d_model=hidden, d_ff=feed_
        forward_hidden, dropout=dropout)
    self.input_sublayer = SublayerConnection(size=hidden, dropout=dropout)
    self.output_sublayer = SublayerConnection(size=hidden, dropout=dropout)
    self.dropout = nn.Dropout(p=dropout)

def forward(self, x, mask):
    x = self.input_sublayer(x, lambda _x: self.attention.forward(_x, _x, _x,
        mask=mask))
    x = self.output_sublayer(x, self.feed_forward)
    return self.dropout(x)
```

7.3.3 构建 BERT 的代码

以下是构建 BERT 的核心代码：

```python
import torch.nn as nn

from .transformer import TransformerBlock
from .embedding import BERTEmbedding


class BERT(nn.Module):
    """
    BERT模型：Transformers双向编码器表示
    """

    def __init__(self, vocab_size, hidden=768, n_layers=12, attn_heads=12,
        dropout=0.1):
        """
        :param vocab_size: 总词汇量大小
        :param hidden: BERT模型隐藏层大小
        :param n_layers: Transformer块（层）的数量
        :param attn_heads: 注意力头的数量
        :param dropout: dropout比率
        """

        super().__init__()
        self.hidden = hidden
        self.n_layers = n_layers
        self.attn_heads = attn_heads
```

```
        # 设置ff_network_hidden_size为4*hidden_size
        self.feed_forward_hidden = hidden * 4

        # BERT的嵌入，位置、段、标记嵌入的总和
        self.embedding = BERTEmbedding(vocab_size=vocab_size, embed_size=hidden)

        # 多层Transformer块，深度网络
        self.transformer_blocks = nn.ModuleList(
            [TransformerBlock(hidden, attn_heads, hidden * 4, dropout) for _ in
                range(n_layers)])

    def forward(self, x, segment_info):
        # 填充标记的注意力遮掩
        # torch.ByteTensor([batch_size, 1, seq_len, seq_len)
        mask = (x > 0).unsqueeze(1).repeat(1, x.size(1), 1).unsqueeze(1)

        # 将索引序列嵌入向量序列中
        x = self.embedding(x, segment_info)

        # 在多个Transformer块上运行
        for transformer in self.transformer_blocks:
            x = transformer.forward(x, mask)

        return x
```

7.4 可视化 GPT 原理

BERT 预训练模型采用了 Transformer 的 Encoder 部分，而本节介绍的 GPT 系列（包括 GPT-2、GPT-3）使用了 Transformer 的 Decoder 部分。

7.4.1 GPT 简介

上节介绍了 BERT 模型，它使用上下文预测单词。接下来，我们将介绍 GPT 系列。GPT 模型采用了传统的语言模型进行训练，即使用单词的上文预测单词。因此，GPT 更擅长处理自然语言生成任务（NLG），而 BERT 更擅长处理自然语言理解任务（NLU）。

7.4.2 GPT 的整体架构

GPT 预训练的方式和传统的语言模型一样，通过上文，预测下一个单词。GPT 的整体架构如图 7-11 所示。

其中 Trm 表示 Decoder 模块，在同一水平线上的 Trm 表示在同一个单元，E_i 表示词嵌入，那些复杂的连线表示词与词之间的依赖关系，显然，GPT 要预测的词只依赖上文。

GPT-2 根据其规模大小的不同，大致有 4 个版本，如图 7-12 所示。

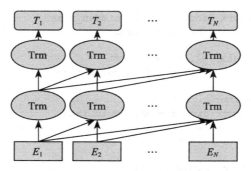

图 7-11　GPT 的整体架构图

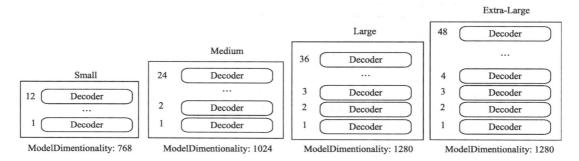

图 7-12　GPT-2 的 4 种模型

7.4.3　GPT 的模型结构

　　GPT、GPT-2 使用 Transformer 的 Decoder 结构，但对 Transformer Decoder 进行了一些修改：原本的 Decoder 包含两个多头注意力结构，GPT 只保留了遮掩多头注意力，如图 7-13 所示。

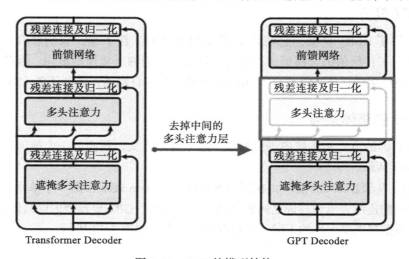

图 7-13　GPT 的模型结构

7.4.4　GPT-2 的 Multi-Head 与 BERT 的 Multi-Head 之间的区别

BERT 使用多头注意力，可以同时从某词的左右两边进行关注。而 GPT-2 采用遮掩多头注意力，只能关注词的右边，如图 7-14 所示。

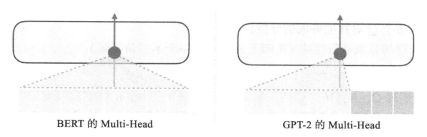

BERT 的 Multi-Head　　　　　GPT-2 的 Multi-Head

图 7-14　BERT 与 GPT-2 的 Multi-Head 的区别

7.4.5　GPT-2 的输入

GPT-2 的输入涉及两个权重矩阵：一个是记录所有单词或标识符的嵌入矩阵（Token Embedding），该矩阵形状为 mode_vocabulary_sizexEmbedding_size；另一个是表示单词在上下文的位置编码矩阵（Positional Encoding），该矩阵形状为 context_sizexEmbedding_size，其中 Embedding_size 由 GPT-2 模型大小而定，Small 模型为 768，Medium 模型为 1024，以此类推。输入 GPT-2 模型前，需要在标识嵌入加上对应的位置编码，如图 7-15 所示。

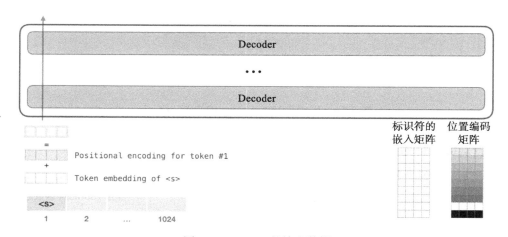

图 7-15　GPT-2 的输入数据

在图 7-15 中，每个标识的位置编码在各层的 Decoder 中是不变的，该位置编码不是一个学习向量。

7.4.6　GPT-2 计算遮掩自注意力的详细过程

假设输入语句为："robot must obey orders"，接下来计算以单词 must 为查询关键字对其他单词的关注度（即分数），主要步骤如下：

1）对各输入向量，生成矩阵 Q、K、V；

2）计算每个 Q 对其他各词的分数；

3）对所得的分数进行遮掩（实际上就是乘以一个下三角矩阵）。

下面展开详细讲解。

1. 创建矩阵 Q、K、V

对每个输入单词，分别与权重矩阵 W^Q、W^K、W^V 相乘，得到一个查询向量（query vector）、关键字向量（key vector）、数值向量（value vector），如图 7-16 所示。

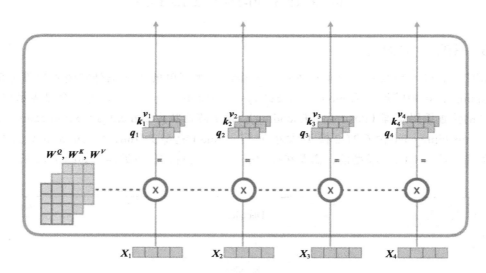

图 7-16　生成 Self-Attention 中的 K、Q、V

2. 计算每个 Q 对 K 的得分

计算每个 Q 对 K 的得分，计算过程如图 7-17 所示。

Q					K				得分（Softmax 函数运算前）			
robot	must	obey	orders	X	robot	must	obey	orders	0.11	0.00	0.81	0.79
					robot	must	obey	orders	0.19	0.50	0.30	0.48
				=	robot	must	obey	orders	0.53	0.98	0.95	0.14
					robot	must	obey	orders	0.81	0.86	0.38	0.90

图 7-17　Q 对 K 的得分的计算过程

3. 对所得的分数进行遮掩

对所得的分数进行遮掩，得到各分数的映射，如图 7-18 所示。

分数（Softmax 函数运算前）

0.11	0.00	0.81	0.79
0.19	0.50	0.30	0.48
0.53	0.98	0.95	0.14
0.81	0.86	0.38	0.90

遮掩 →

遮掩后的分数（Softmax 函数运算前）

0.11	-inf	-inf	-inf
0.19	0.50	-inf	-inf
0.53	0.98	0.95	-inf
0.81	0.86	0.38	0.90

图 7-18　对分数进行遮掩后得到相应映射

4. 使用 Softmax 函数对遮掩后的分数进行计算

使用 Softmax 函数对经过遮掩后的分数进行计算后的结果如图 7-19 所示。

遮掩后的分数（Softmax 函数运算前）

0.11	-inf	-inf	-inf
0.19	0.50	-inf	-inf
0.53	0.98	0.95	-inf
0.81	0.86	0.38	0.90

Softmax（按行）→

分数

1	0	0	0
0.48	0.52	0	0
0.31	0.35	0.34	0
0.25	0.26	0.23	0.26

图 7-19　分数通过 Softmax 函数计算的过程

5. 单词 must（即 $q2$）对各单词的得分

$q2$ 对各单词的得分，如图 7-20 所示。

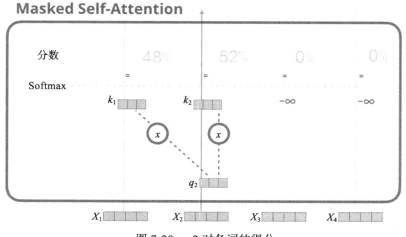

图 7-20　$q2$ 对各词的得分

7.4.7 输出

在最后一层，将每个词的输出与 Token Embedding 矩阵相乘。该矩阵的形状为 mode_vocabulary_sizexEmbedding_size，其中 Embedding_size 的值由 GPT-2 的型号确定。如果是 Small 型，就是 768；如果是 Medium 型，就是 1024。然后通过 Softmax 函数计算得到模型字典中所有单词的得分，再通过 top 取值方法即可得到预测的单词。整个过程如图 7-21 所示。

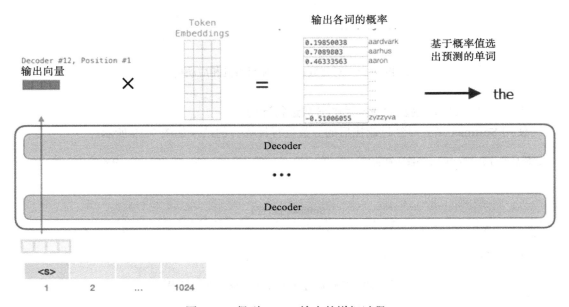

图 7-21 得到 GPT-2 输出的详细过程

注：图中 Decoder #12，Position #1 分别表示第 12 层 Decoder，第 1 个标识符的位置。

7.4.8 GPT 与 GPT-2 的异同

在前面简单介绍过，GPT 与 GPT-2 在架构上没有大的变化，只是在规模、数据量等略有不同，它们之间的异同具体体现在如下方面。

1）结构基本相同，都采用 LM 模型，使用 Transformer 的 Decoder。

2）不同点主要有以下几点。

❑ GPT-2 的规模更大，层数更大。

❑ GPT-2 数据量更大、数据类型更多，这些有利于增强模型的通用性，并对数据做了更多质量过滤和控制。

❑ GPT 对不同的下游任务采用有监督学习方式，修改输入格式，并添加一个全连接层，如图 7-22 所示。而 GPT-2 对下游采用无监督学习方式，不改变不同下游任务的参数及模型（即所谓的 Zero-Shot Setting）。

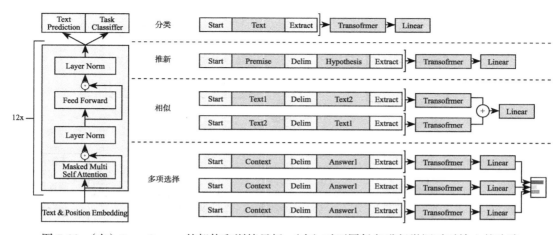

图 7-22　（左）Transformer 的架构和训练目标，（右）对不同任务进行微调时对输入的改造

那么，GPT 是如何改造下游任务的呢？在微调时，针对不同的下游任务，主要改动 GPT 的输入格式，先将不同任务通过数据组合，代入 Transformer 模型，然后在模型输出的数据后加全连接层（Linear）以适配标注数据的格式，具体说明如下：

1）分类问题，如果改动很少，只要加上一个起始和终结符号即可；

2）句子关系判断问题，比如 Entailment，两个句子中间再加个分隔符即可；

3）文本相似性判断问题，把两个句子顺序颠倒下做出两个输入即可，这是为了告诉模型句子顺序不重要；

4）多项选择问题，多路输入，每一路将文章和答案选项拼接起来作为一个输入即可。

从图 7-22 可以看出，不同任务只需要在输入部分改造即可，非常方便。接下来介绍 GPT-3，它与 GPT、GPT-2 可以看作同一系列的不同版本。

7.5　GPT-3 简介

GPT-3 依旧延续 GPT 的单向语言模型训练方式，只是把模型尺寸增大到了 1750 亿，并且使用 45TB 数据进行训练。同时，GPT-3 主要聚焦于更通用的 NLP 模型，在一系列基准测试和特定领域的自然语言处理任务（从语言翻译到生成新闻）中达到最新的 SOTA 结果。与 GPT-2 相比，GPT-3 的图像生成功能更成熟，不需微调，就可以在不完整的图像样本基础上补全完整的图像。GPT-3 意味着从一代到三代的跨越实现了两个转变：

1）从语言到图像的转变；

2）使用更少的领域数据，甚至不经过微调步骤去解决问题。

1. 预训练模型一般流程

预训练模型（如 ELMo、BERT 等）的一般流程如图 7-23 所示，其中微调是一个重要环节。

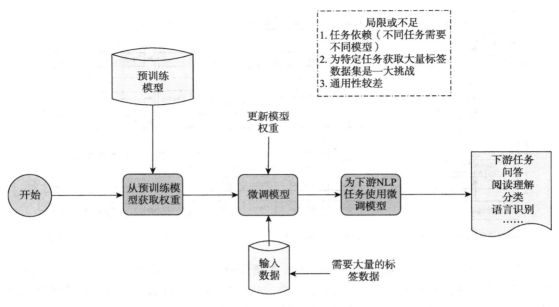

图 7-23 预训练模型的一般流程

2. GPT-3 与 BERT 的区别

在一般预训练模型中微调是一个重要环节，但 GPT-3 却无须微调，它与一般预训练模型（这里以 BERT 为例）还有很多不同之处，具体可参考图 7-24。

架构	规模	学习
1. GPT-3 由 Transformer 的 Decoder 模块构成，而 BERT 由 Transformer 的 Encoder 模块构成。 2. GPT-3 由自回归语言模型训练，而 BERT 通过 Masked 语言模型和 NSP 训练得到。 3. GPT-3 使用 Masked Self-Attention，而 BERT 采用 Self-Attention。	1. 参数 　BERT Large 模型有 3.4 亿个参数； 　GPT-3 Large 模型有 1750 亿个参数。 2. 训练数据 　BERT Large 模型基于 25 亿标识符的语料库； 　GPT-3 基于 4990 亿标识符的语料库。	1. BERT 对不同下游 NLP 任务，可在自定义数据上进一步微调。 2. GPT-3 对所有下游任务只用一个模型，而且无须微调。 3. GPT-3 通过零示例、单个示例、少量示例方法学习样例。

图 7-24 GPT-3 与 BERT 的区别

3. GPT-3 与传统微调的区别

对下游任务的设置大致有以下四类：

1）微调。FT 利用成千上万的下游任务标注数据来更新预训练模型中的权重以获得强大的性能。但是，该方法不仅导致每个新的下游任务都需要大量的标注语料，还导致模型在样本外的预测能力很弱。虽然 GPT-3 从理论上支持 FT，但实际并没有采用这种方法。

2）少量示例（Few-Shot）。模型在推理阶段可以得到少量的下游任务示例作为限制条件，但是不允许更新预训练模型中的权重。

3）单个示例（One-Shot）。模型在推理阶段仅得到 1 个下游任务示例。

4）零示例（Zero-Shot）。模型在推理阶段仅得到一段以自然语言描述的下游任务说明。

GPT-3 与传统预训练模型对下游任务的处理方法的区别，可参考图 7-25。

图 7-25　GPT-3 与传统微调用的设置方法的比较

4. GPT-3 示例

GPT-3 在许多 NLP 数据集上具有不错的性能，包括翻译、问答、纠错和文本填空等任务，甚至包括一些需要即时推理的任务。由于篇幅有限，这里仅列举一个在语句纠错方面的应用示例。图 7-26 为使用 GPT-3 进行文本纠错的实例，从纠错结果来看，效果还不错。

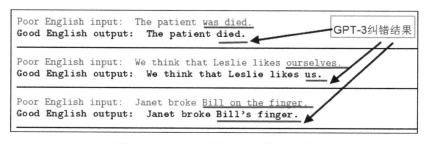

图 7-26　GPT-3 进行文本纠错的实例

7.6　小结

基于 Transformer 的 Encoder 模块得到 BERT 预训练模型，基于 Transformer 的 Decoder 得到 GPT 系列预训练模型。BERT 采用 MLM，而 GPT 系列采用 LM，它们各有优势，都在很多领域取得很好的效果。当然，两者也都有不足之处，接下来我们将介绍 BERT 的几种优化方法。

第 8 章 *Chapter 8*

BERT 的优化方法

BERT 采用双向语言模型，从而真正实现了双向学习的目标，在特征提取方面采用 Transformer 中的 Encoder，所以在长期依赖、并行处理方面都取得了很好的效果。但 BERT 也存在一些缺点，主要体现在如下几个方面。

1）训练方法与测试方法不一致。因训练时把输入序列的 15% 随机置换为 MASK 标记，但这个标记在测试或微调时是不存在的，因为会影响模型性能。

2）对被置换的 MASK 标记，BERT 的损失函数使用约等号，也就是假设那些被标记的词在给定非标记的词的条件下是独立的。但是我们前面分析过，这个假设并不（总是）成立。

下面我们通过一个例子来说明。比如"New York is a city"，假设我们标记"New"和"York"两个词，那么给定"is a city"的条件下"New"和"York"并不独立，因为"New York"是一个实体，看到"New"后面出现"York"的概率要比"Old"后面出现"York"的概率大得多。

当然还有其他一些待改进的地方，如模型参数量比较庞大时，自然语言理解任务效果较好，但自然语言生成任务效果欠佳，段与段之间缺乏依赖关系等。

针对这些缺点，人们又提出了很多新的模型。例如 XLNet、ALBERT、ELECTRA 等模型，这些模型均从不同角度对 BERT 进行了优化。

本章主要包括如下内容：

❑ 可视化 XLNet 原理；
❑ ALBERT 方法；
❑ ELECTRA 方法。

8.1　可视化 XLNet 原理

针对 BERT 的缺点，XLNet 提出了一种让自回归语言模型从双向上下文中学习的新方法，以避免 Mask 方法在自编码语言模型中的缺点。

为了保留 BERT 模型双向学习的优点，同时改进因随机重置输入序列的 15% 的标注为 [MASK] 导致训练与测试阶段不一致以及没有考虑这些被 [MASK] 标注的序列之间的依赖关系等问题，XLNet 采用排列语言模型（Permutation Language Modeling，PLM）来解决；采用了 Transformer-XL 的架构来解决段之间关联不足的问题。那么，XLNet 具体是如何实现的呢？为便于理解，接下来通过一些图形进行说明。

8.1.1　排列语言模型简介

假设有一个输入序列 $[x_1, x_2, x_3, x_4]$，根据排列语言模型，输入序列可以分解为多种排列方式，这样使用自回归模型预测 x_3 时，就可以同时看到其上文（x_1, x_2）和下文（x_4），如图 8-1 所示。

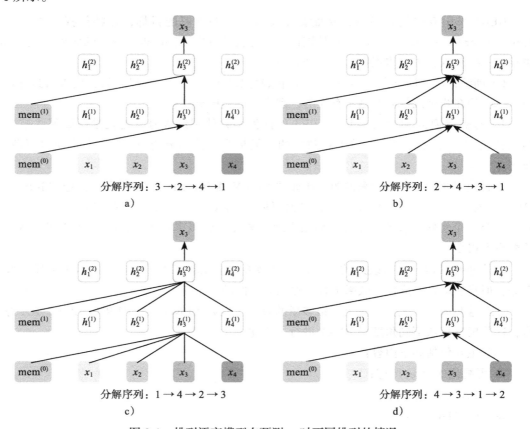

图 8-1　排列语言模型在预测 x_3 时不同排列的情况

在图 8-1a 中，对应的分解方式是 $3 \rightarrow 2 \rightarrow 4 \rightarrow 1$，因此预测 x_3 时不能关注（attend to）其他任何词，只能根据之前的隐状态来预测。对图 8-1b，分解方式是 $2 \rightarrow 4 \rightarrow 3 \rightarrow 1$，说明可以根据 x_2、x_4 来预测 x_3 等。所以为预测 x_3，用到了 x_3 左边的词，也用到了右边的词。对图 8-1c，分解方式是 $1 \rightarrow 4 \rightarrow 2 \rightarrow 3$，说明预测 x_3 时，可以根据其他 3 个词进行预测。

如果序列的元素比较多，那么其完全排序的计算量将非常大。假设有 10 个元素，那么就有 10!=3628800 种排序方法。因此在实际使用时，往往随机选择部分采样序列进行排列。

8.1.2　使用双流自注意力机制

如果采用标准的 Transformer 来构建排列语言模型，会出现没有目标位置信息的问题。问题的关键是模型并不知道要预测的到底是哪个位置的词，从而导致部分排列下的 PLM 在预测不同目标词时的概率是相同的。

为解决这个问题，XLNet 引入了双流自注意力机制（Two-Stream Self-Attention）。图 8-2 展示了双流自注意力机制的计算过程。

❑ 查询流（Query）。为了预测当前词，只包含位置信息，不包含词的内容信息。

❑ 内容流（Content）。为查询流提供其他词的内容向量，包含位置信息和内容信息。

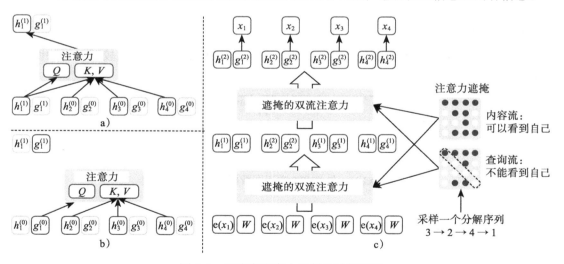

图 8-2　双流自注意力机制的计算过程

图 8-2 的右边是完整的计算过程，我们从下往上看，首先 h 和 g 分别被初始化为 $e(x_i)$ 和 W，然后由内容遮掩（Content Mask）和查询遮掩（Query Mask）计算第一层的输出 $h(1)$ 和 $g(1)$，接着计算第二层、第三层等。

对于最右边的内容遮掩和查询遮掩，我们先看内容遮掩。它的第一行全是红点（图中显示为深色点），表示第一个词可以关注所有的词（根据 $3 \rightarrow 2 \rightarrow 4 \rightarrow 1$），第二个词可以关注到它自己和第三个词。而查询遮掩和内容遮掩的区别就是不能关注自己，因此对角线都是白点。

图 8-2 的左上方是内容流注意力的计算，假设排列为 $3 \rightarrow 2 \rightarrow 4 \rightarrow 1$，我们现在预测第 1 个位置的词的概率。根据排列，可以参考所有 4 个词的信息，因此 KV = $[h_1^0, h_2^0, h_3^0, h_4^0]$，$Q = h_1^0$。左下方是查询流的计算，因为不能参考自己的内容，所以 KV = $[h_2^0, h_3^0, h_4^0]$，而 $Q = g_1^0$。

8.1.3　融入 Transformer-XL 的理念

1）引入 Transformer-XL 的循环机制（Recurrence Mechanism）。

❑ 前一个段计算的表示（representation）被修复并缓存，以便在模型处理下一个新段时作为扩展上下文重新利用。

❑ 最大可能依赖关系长度增加了 N 倍，其中 N 表示网络的深度。

❑ 解决了上下文碎片问题，为新段前面的标识符提供必要的上下文。

❑ 由于不需要重复计算，Transformer-XL 在语言建模任务的评估期间比 vanilla Transformer 快 1800 多倍。

2）引入相对位置编码方案。每一个段都应该具有不同的位置编码，因此 Transformer-XL 采取了相对位置编码。

8.1.4　改进后的效果

与 BERT 相比，对涉及较长文档的下游任务，XLNet 的性能提升比较明显，如图 8-3 所示。

#	模型	RACE	SQuAD2.0 F1	EM	MNLI m/mm	SST-2
1	BERT-Base	64.3	76.30	73.66	84.34/84.65	92.78
2	DAE + Transformer-XL	65.03	79.56	76.80	84.88/84.45	92.60
3	XLNet-Base ($K = 7$)	66.05	**81.33**	**78.46**	**85.84/85.43**	92.66
4	XLNet-Base ($K = 6$)	66.66	80.98	78.18	85.63/85.12	**93.35**

图 8-3　XLNet 与 BERT 在不同数据集上的性能比较

这部分实验采用和 BERT 一样的训练数据。以 BERT 为基础，将 BERT 的主干网络从 Transformer 换成 Transformer-XL 后，在需要建模较长上下文的阅读理解任务 RACE 和 SQuAD2.0 时均有比较明显的提升（对比 1 和 2 行）。而引入排列语言模型后，在所有任务上都有不同程度的提升。

8.2　ALBERT 方法

BERT、GPT 等模型都有不同的版本。在很多情况下，如果语料库充足，模型规模越大，性能会越好，但有些情况却恰恰相反，即模型规模越大、参数越多，性能反而越低，这种现象被人们称为模型退化（Model Degradation）。最近有研究人员试图通过增加 BERT 规模来提升性能，把 BERT 扩充为 BERT-xlarge，但令人惊讶的是，无论是在语言建模任务上，还是在阅读理解测试（RACE）上，性能反而不及 BERT-large，在 RACE 上的性能更是由73.9% 下降到 54.3%，如图 8-4 所示。

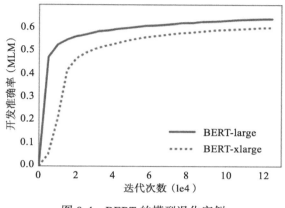

图 8-4　BERT 的模型退化实例

其实，这种情况在传统机器学习、视觉处理领域也是屡见不鲜的。那么，如何在降低模型复杂度的同时保持性能不变，甚至提升性能呢？ALBERT 在这方面取得了很好的效果。

ALBERT 模型来自 Google 最近公布的论文 *ALBERT: A Lite Bert for Self-Supervised Learning of Language Representations*，从名字就可以看出 ALBERT 是 BERT 的"改进版"，其改进之处，一言以蔽之，就是用更少的参数，取得更好的效果。

ALBERT 的主要创新表现在以下几个方面：
❑ 分解 Vocabulary Embedding 矩阵；
❑ 跨层共享参数；
❑ 修正了句子预测。

8.2.1　分解 Vocabulary Embedding 矩阵

输入端的嵌入（单词、标识符等）为上下文无关的表示形式，而隐藏层嵌入为上下文相关的表示形式。因此，可以对输入矩阵进行因子分解，把嵌入矩阵分解为两个较小维度的矩阵，如图 8-5 所示，仅凭这一步骤，ALBERT 就能将投影块的参数减少 80％，而性能却只有很小的下降。

ALBERT 通过将隐藏层的大小与词汇嵌入的大小分开，在不显著增加词汇表嵌入参数大小的情况下增加隐藏层大小，进而减少对性能的影响，如图 8-6 所示。

从网络结构来看 ALBERT 的矩阵分解，可得到更具体的描述，如图 8-7 所示。

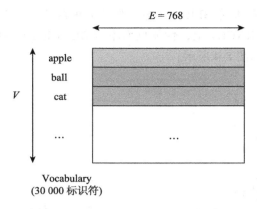

图 8-5　Vocabulary Embedding 矩阵

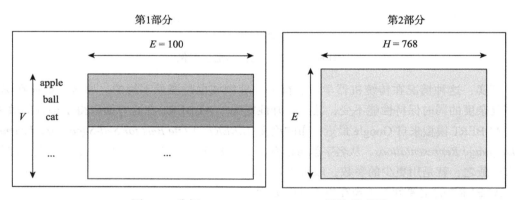

图 8-6　分解 Vocabulary Embedding 矩阵示意图

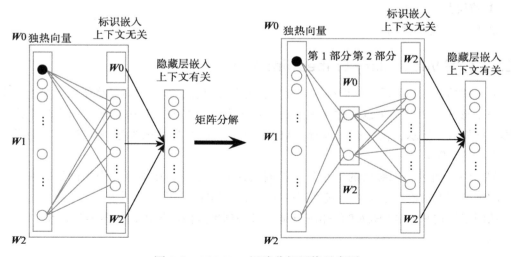

图 8-7　ALBERT 矩阵分解网络示意图

上述矩阵分解过程通过以下代码能看得更透彻，详细代码如下：

```
class Embeddings(nn.Module):
    "嵌入模块来自词、位置、标识符类型嵌入"
    def __init__(self, cfg):
        super().__init__()
        # 原来BERT Embedding的代码
        # self.tok_embed = nn.Embedding(cfg.vocab_size, cfg.hidden) # token embedding

        # 分解embedding矩阵
        self.tok_embed1 = nn.Embedding(cfg.vocab_size, cfg.embedding)
        self.tok_embed2 = nn.Linear(cfg.embedding, cfg.hidden)

        self.pos_embed = nn.Embedding(cfg.max_len, cfg.hidden) # position embedding
        self.seg_embed = nn.Embedding(cfg.n_segments, cfg.hidden) # segment(token
        type) embedding
```

8.2.2　跨层共享参数

BERT 各层的参数不同，但在各个层中操作是类似的，故可以通过跨层共享参数的方式，大大降低这种参数冗余。虽然共享各层参数会稍微降低精度，但通过参数共享，可以使注意力前馈块的参数减少 90%（总体减少了 70%）。为了说明这一点，我们来看一个基于 12 层 BERT 的模型的示例，如图 8-8 所示。我们仅学习第一个块的参数而在其余 11 层中重用该块，而不是学习 12 个层中每一层的唯一参数。

图 8-8　ALBERT 跨层共享参数

跨层共享参数用 PyTorch 代码实现如下：

```
class Transformer(nn.Module):
    """ Transformer的Self-Attentive 部分"""
    def __init__(self, cfg):
        super().__init__()
        self.embed = Embeddings(cfg)
        # 原来BERT没有使用共享参数策略
        # self.blocks = nn.ModuleList([Block(cfg) for _ in range(cfg.n_layers)])

        # 使用共享参数策略
        self.n_layers = cfg.n_layers
        self.attn = MultiHeadedSelfAttention(cfg)
        self.proj = nn.Linear(cfg.hidden, cfg.hidden)
        self.norm1 = LayerNorm(cfg)
```

```
        self.pwff = PositionWiseFeedForward(cfg)
        self.norm2 = LayerNorm(cfg)
        # self.drop = nn.Dropout(cfg.p_drop_hidden)

    def forward(self, x, seg, mask):
        h = self.embed(x, seg)

        for _ in range(self.n_layers):
            # h = block(h, mask)
            h = self.attn(h, mask)
            h = self.norm1(h + self.proj(h))
            h = self.norm2(h + self.pwff(h))
        return h
```

8.2.3　用 SOP 代替 NSP 方法

考虑到 BERT 模型中 NSP（Next-Sentence Prediction Loss，下一句预测损失）过于简单，我们使用 SOP（Sentence Order Prediction，句子序列预测）对 NSP 方法进行了改良。SOP 的正样本构造和 NSP 相同，负样本则由"从不同文档选"变成"同一个文档中两个逆序的句子"，这样模型更能学习到语料的连贯性。图 8-9 是 BERT 模型中使用 NSP 方法的实现过程。

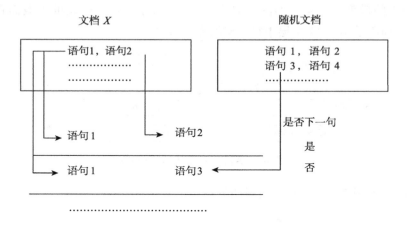

图 8-9　BERT 中 NSP 示意图

ALBERT 使用 SOP 代替 NSP 方法，原理比较简单，下一句就是第一句颠倒一下，具体实现如图 8-10 所示。

NSP 与 SOP 的性能比较示意图如图 8-11 所示。

次序是否正确

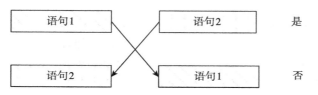

图 8-10　ALBERT 使用 SOP 示意图

句子预测任务	内在任务			下游任务					
	MLM	NSP	SOP	SQuAD1.1	SQuAD2.0	MNLI	SST-2	RACE	Avg
None	54.9	52.4	53.3	88.6/81.5	78.1/75.3	81.5	89.9	61.7	79.0
NSP	54.5	90.5	52.0	88.4/81.5	77.2/74.6	81.6	91.1	62.3	79.2
SOP	54.0	78.9	86.5	89.3/82.3	80.0/77.1	82.0	90.3	64.0	80.1

图 8-11　NSP 与 SOP 性能比较

用 PyTorch 实现 SOP 的示例代码如下：

```
is_next = rand() < 0.5 # whether token_b is next to token_a or not

tokens_a = self.read_tokens(self.f_pos, len_tokens, True)
seek_random_offset(self.f_neg)
#f_next = self.f_pos if is_next else self.f_neg
f_next = self.f_pos # f_next指向下一句
tokens_b = self.read_tokens(f_next, len_tokens, False)

if tokens_a is None or tokens_b is None: #文件结尾
self.f_pos.seek(0, 0) # reset file pointer
return

# SOP
instance = (is_next, tokens_a, tokens_b) if is_next \
else (is_next, tokens_b, tokens_a)
```

8.2.4　其他优化方法

除上述介绍的三种优化方法外，还有一些其他优化方法，举例如下。

1）由 BERT 直接对字进行掩码，改为 n-gram 掩码，其中 n 取值为 1 ~ 3，这样在一定程度上可避免 [MASK] 之间的独立问题。对中文进行分词，对词的掩码运算的性能会比对字的掩码运算的性能有一定的提升。

2）删除 dropout。因 BERT 在训练的时候并没有出现过拟合的现象，故删除 dropout。

8.3　ELECTRA 方法

现有的预训练方法通常分为两类。第一类是语言模型（LM），例如，ELMo、GPT、GPT-2 等，该类方法按照从左到右（或从右到左）的顺序处理输入文本，然后在给定先前上下文的情况下，预测下一个单词。另一类是掩码语言模型（MLM），例如，BERT 和 ALBERT，这类模型分别预测输入中已被屏蔽的少量单词内容。

相比 LM，MLM 具有双向预测的优点，因为它可以看到要预测的单词左侧和右侧的文本。但 MLM 模型预测也有缺点，这些模型的预测仅限于输入标识符很小的子集（输入序列的 15%），从而减少了它们从每个句子中获得信息的量，增加了计算成本。此外，因测试部分没有 MASK 标注，可能导致训练与测试阶段不一致等问题，影响模型的性能。

关于如何克服 MLM 的缺点，发挥其优点，人们也想了很多方法，如 XLNet 使用排列语言模型取得了比较好的效果，但 XLNet 由于预训练的每一轮都是按掩码矩阵的行、列排列，而微调阶段是普通的 Transformer 处理。

接下来我们将从另一个视角介绍如何对 BERT 进行优化，即引入视觉处理中生成对抗网络（GAN）思想的 ELECTRA。

8.3.1　ELECTRA 概述

ELECTRA 预训练模型是由斯坦福 SAIL 实验室 Manning 小组和谷歌大脑研究团队提出的，涉及论文名称为 *ELECTRA: Pre-training Text Encoders as Discriminators Rather Than Generators*。作为一种新的文本预训练模型，ELECTRA 因新颖的设计思路、更少的计算资源消耗和更少的参数，迅速吸引了大批关注者。

ELECTRA 模型（BASE 版本）本质是换一种方法来训练 BERT 模型的参数，它受视觉处理中生成对抗网络（GAN）的启发，但不同的是，ELECTRA 模型采用的是最大似然而非对抗学习，利用的是生成器和判别器思想，所以 ELECTRA 的预训练可以分为两部分：生成器（Generator）部分和判别器（Discriminator）部分。

在生成器部分，ELECTRA 模型仍然采用 MLM，结构与 BERT 类似，利用这个模型对挖掉的 15% 的词进行预测，并对其进行替换，若替换的词不是原词，则打上被替换的标签，语句的其他词会打上没有替换的标签。

在判别器部分，训练一个判别模型对所有位置的词进行替换识别，预测生成器输出的每个标识是不是原来的，从而高效地更新 Transformer 的各个参数，加快模型的熟练速度。此时预测模型转换成了一个二分类模型。这个转换可以带来效率的提升，对所有位置的词进行预测，收敛速度会快得多。损失函数是利用生成器部分的损失和判别器的损失函数以一个比例数相加的。模型在微调时，丢弃生成器，只使用判别器。

8.3.2　RTD 结构

ELECTRA 创新性地提出了 RTD（Replaced Token Detection，替换标记探测）这种新的预训练任务（可以判断每个样例的所有词汇是不是被替换过，加快训练速度），其结构示意图如图 8-12 所示。

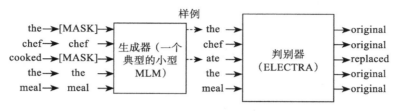

图 8-12　RTD 结构示意图

模型由两部分组成：生成器和判别器。两者都是 Transformer 的 Encoder 结构，只是大小不同。

1. 生成器

生成器即一个小的 MLM（通常是 1/4 的判别器的大小），通常采用经典的 BERT 的 MLM 方式。首先随机选取 15% 的标识符，替换为 [MASK] 标识符。取消了 BERT 的 80%[MASK]，10% 不变，10% 随机替换的操作，因为我们微调时使用的是判别器，不需要用到这种操作。

使用生成器去训练模型，使得模型预测被遮掩的标识符（masked token），得到损坏的标记（corrupted token）。生成器的目标函数和 BERT 一样，都是希望被遮掩的标识符能够被还原成原本标记（original token）。

如图 8-12 所示，the 和 cooked 被随机遮掩，然后由生成器预测得到损坏的标识符，变成 the 和 ate。

2. 判别器

判别器的接收被生成器改写后的输入，判别器的作用是分辨输入的每一个标识符是原来的还是被替换的，注意：如果生成器生成的标识符和原始标识符一致，那么这个标识符仍然是原来的。所以，对于每个标识符，判别器都会进行一个二分类运算，最后获得损失值（Loss）。

8.3.3　损失函数

与 GAN 网络不同，在 ELECTRA 中，G 使用最大似然的方式训练，而非对抗训练。由于在文本任务中 D 的损失不便于传给 G，所以 D 和 G 的训练是分开的，联合训练的损失函数如下：

$$\min_{\theta_G,\,\theta_D}\sum_{x\in\chi}\mathcal{L}_{\mathrm{MLM}}(x,\theta_G)+\lambda\mathcal{L}_{\mathrm{Disc}}(x,\theta_D) \tag{8.1}$$

因为判别器的任务相对来说容易些，RTD 的损失相对 MLM 的损失会很小，因此加上一个超参数 λ，ELECTRA 的作者在训练时令 λ 为 50。

8.3.4 ELECTRA 与 GAN 的异同

ELECTRA 采用了类似 GAN 的原理，但与 GAN 又不完全相同，两者的异同可用表 8-1 概括。

表 8-1 ELECTRA 与 GAN 的异同

比较项	GAN	ELECTRA
输入	随机噪声	真实文本
目标	让生成器尽可能欺骗判别器，判别器尽量区分图片的真假	生成器学习语言模型，判别器学习区分真假文本
反向传播	梯度可以从 D 传到 G	梯度无法从 D 传到 G
特殊情况	生成的都是假图片	生成真实文本，但却标为正例

8.3.5 评估

研究人员将 ELECTRA 与其他最新的 NLP 模型进行了比较，发现在给定相同计算预算的情况下，ELECTRA 有实质性的改进，当性能与 RoBERTa、XLNet 相当时，它使用的计算量却不到 RoBERTa、XLNet 的 1/4，如图 8-13 所示。

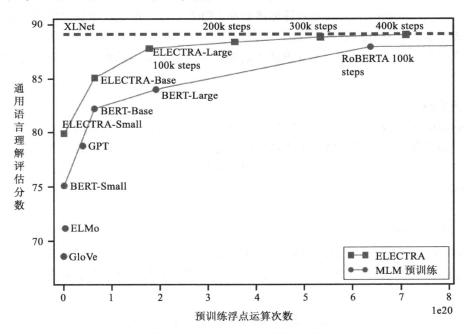

图 8-13 ELECTRA 的评估结果

从图 8-13 可以看到，同等量级的 ELECTRA 一直高于 BERT，而且在训练更长的步数之后，达到了当时的 SOTA 模型——RoBERTa 的效果。

8.4　小结

BERT 使用 MLM 作为训练模型，其优点是可以同时关注左右两个方向的词来预测哪些词被掩盖了，但它也有不少缺点。本章主要讲解了从多个方面去弥补 BERT 这些缺点的方法。

Chapter 9　第 9 章

推荐系统

近几年，随着机器学习，尤其是深度学习的快速发展，作为互联网增长引擎的推荐系统在很多领域取得了长足进步。这主要归功于推荐系统中成功地融入了深度学习算法，如卷积神经网络、循环神经网络、强化学习、对抗学习、Transformer、多种预训练模型等。

推荐系统是一种建立在数据挖掘算法基础上的信息过滤平台，可以帮助用户从巨大信息量中过滤出有用的信息。与搜索引擎截然不同的是，推荐系统不需要用户提供明确的需求，甚至当用户自己都不明确自己的需求时，推荐系统可以通过分析用户的历史行为建立用户兴趣模型，为用户推荐感兴趣的物品或信息。

本章将介绍如下内容：

❏ 推荐系统概述；

❏ 协同过滤；

❏ 深度学习在推荐系统中的应用。

9.1　推荐系统概述

一个好的推荐系统不仅能为用户提供个性化的服务，还能与用户建立密切关系，让用户对推荐产生依赖。推荐系统现已广泛应用于很多领域，其中最典型并具有良好的发展和应用前景的领域就是电子商务领域。同时，学术界对推荐系统的研究热度一直很高，这使其逐步成为一门独立的学科。

9.1.1　推荐系统的一般流程

推荐系统的一般流程如图 9-1 所示。

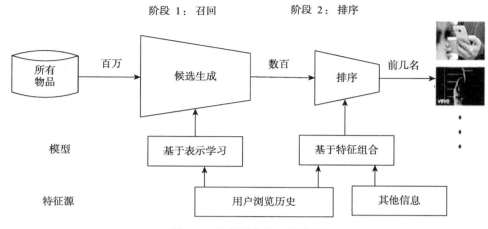

图 9-1　推荐系统的一般流程

首先是召回阶段，主要根据用户部分特征，从海量的物品库里快速找回一小部分用户潜在感兴趣的物品，然后交给排序阶段；排序阶段可以融入较多特征，使用复杂模型来精准地进行个性化推荐。召回强调大而快，排序强调小而准。

9.1.2　常用推荐算法

推荐系统历史悠久，通过多年的发展和完善，日渐成熟。在推荐系统的各种算法中，协调过滤、关联算法、矩阵分解等都起到了巨大的推动作用。随着数据量爆炸式的增长、数据类型的日新月异，一些传统的算法越来越力不从心了，取而代之的就是深度学习算法以及 Embedding 向量表示法。

推荐系统的算法很多，发展也很快，这里我们介绍其中的一些主要算法。

1. 基于内容的推荐

基于内容的推荐（Content-Based Recommendation）是信息过滤技术的延续与发展，它是在项目的内容信息上做出推荐，而不需要根据用户对项目的评价，更多的是需要用机器学习方法从关于内容的特征描述的事例中得到关于用户兴趣的资料。在基于内容的推荐系统中，项目或对象是通过相关特征的属性来定义的，系统基于用户评价对象的特征，学习用户的兴趣，考察用户资料与待预测项目的匹配程度。用户的资料模型取决于所用学习方法，常用的有决策树、神经网络和基于向量的表示方法等。基于内容的用户资料需要有用户的历史数据，用户资料模型可能随着用户的偏好改变而发生变化。

2. 协同过滤

协同过滤（Collaborative Filtering，CF）简单来说就是根据已有用户偏好来估计其对未接触物品的喜好程度。它利用某个兴趣相投、拥有共同经验的群体的喜好来向使用者推荐感兴趣的资讯，收集使用者的回应（如评分）并记录下来以达到过滤的目的，进而帮助用户筛选资讯。注意，回应不一定局限于特别感兴趣的，特别不感兴趣的回应也非常重要。在日常生活中，人们实际上经常使用这种方法，例如，你突然想看一部电影，但不知道具体看哪部，你会怎么做？大部分人会问周围的朋友，因为我们一般更倾向于从兴趣或观点相近的朋友那里得到推荐。这也是协同过滤的思想。换句话说，协同过滤就是借鉴与你相关的人群的观点来进行推荐。

3. 基于模型的推荐方法

基于模型的推荐算法比较多，主要包括关联算法、聚类算法、分类算法、回归算法、矩阵分解、神经网络、图模型等。

9.2 协同过滤

协同过滤有两种主流方法：基于用户的协同过滤和基于物品的协同过滤。协同过滤常被应用于推荐系统，旨在补充用户—商品关联矩阵中缺失的部分。

用户对物品或者信息的偏好，根据应用本身的不同，可能包括用户对物品的评分、用户查看物品的记录、用户的购买记录等。其实这些用户的偏好信息可以分为两类：

1）显式的用户反馈。这类信息是用户在网站上自然浏览或者使用网站以外，显式提供的反馈信息，例如用户对物品的评分或者对物品的评论。

2）隐式的用户反馈。这类信息是用户在使用网站时产生的数据，隐式地反映了用户对物品的喜好，例如用户购买了某物品，用户查看了某物品的信息等。

显式的用户反馈能准确地反映用户对物品的真实喜好，但需要用户付出额外的代价；而隐式的用户行为，通过一些分析和处理，也能反映用户的喜好，只是数据不是很精确，有些行为的分析存在较大的噪声。但只要选择正确的行为特征，隐式的用户反馈也能得到很好的效果，只是可能在不同的应用中行为特征的选择有很大不同，例如在电子商务网站上，购买行为就是一个能很好表现用户喜好的隐式反馈。

推荐引擎根据不同的推荐机制可能用到数据源中的部分数据，然后根据这些数据，分析出一定的规则或者直接将用户对其他物品的喜好进行预测计算。这样推荐引擎就可以在用户进入时向他推荐他可能感兴趣的物品。

9.2.1 基于用户的协同过滤

基于用户的协同过滤的基本思想相当简单，即基于用户对物品的偏好找到相邻邻居用户，然后将邻居用户喜欢的物品推荐给当前用户。在计算时，就是将一个用户对所有物品的偏好（行数据）作为一个向量来计算用户之间的相似度，找到 K 邻居后，根据邻居的相似度权重以及他们对物品的偏好，预测当前用户没有偏好的未涉及物品，计算得到一个排序的物品列表作为推荐。下面给出了一个例子，对于用户 A，根据用户的历史偏好，这里只计算得到一个邻居——用户 C，然后将用户 C 喜欢的物品 D 推荐给用户 A，如图 9-2 所示。

用户 / 物品	物品	物品 B	物品 C	物品 D
用户 A	√		√	推荐
用户 B		√		
用户 C	√		√	√

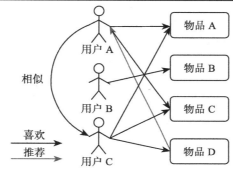

图 9-2　基于用户的推荐系统示意图

9.2.2　基于物品的协同过滤

基于物品的协同过滤的实现原理和基于用户的协同过滤类似，只是在计算邻居时是站在物品本身的角度，而不是用户的角度，即基于用户对物品的偏好找到相似的物品，然后根据用户的历史偏好，推荐相似的物品给他。从计算的角度看，就是将所有用户对某个物品的偏好（列数据）作为一个向量来计算物品之间的相似度，得到物品的相似物品后，根据用户的历史偏好预测当前用户还没有表示偏好的物品，计算得到一个排序的物品列表作为推荐。下面给出了一个例子，对于物品 A，根据所有用户的历史偏好，喜欢物品 A 的用户都喜欢物品 C，得出物品 A 和物品 C 比较相似，而用户 C 喜欢物品 A，那么可以推断出用户 C 可能也喜欢物品 C，整个过程可用图 9-3 表示。

这两种方法没有本质的区别，一般基于数据来选择：如果物品多，用户少，则选择基于用户；如果物品少，但用户多，则选择基于物品。

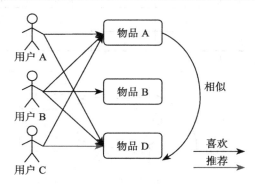

用户 / 物品	物品 A	物品 B	物品 C
用户 A	√		√
用户 B	√	√	√
用户 C	√		推荐

图 9-3　基于物品的推荐算法示意图

9.3　深度学习在推荐系统中的应用

推荐系统经过了机器学习阶段多年的发展后，目前已进入了深度学习阶段。与传统机器学习模型相比，深度学习模型具有更强的学习能力和表达能力，模型结构也更灵活，更贴合业务场景。

9.3.1　协同过滤中与神经网络结合

前面我们介绍了协同过滤，协同过滤比较简单，因为它基于矩阵分解模型，利用潜在特征（latent feature）的内积进行推荐，而内积属于线性变换，其特征的表现有限。为解决这个问题，新加坡国立大学何向南教授提出一种解决方案（见论文 *Neural Collaborative Ffiltering*（简称 NCF）），论文的核心是用神经网络取代这个内积部分的技术，以学到特征之间任意的函数关系。NCF 的架构如图 9-4 所示。

输入是用户的独热编码以及物品的独热编码，Embedding 层把独热编码变成更加稠密的用户潜在向量和物品潜在向量，这些潜在向量实际上就是嵌入向量，把这些嵌入向量送入多层网络结构，最后得到预测的分数。

为了引入额外的非线性能力，何教授在论文中提出了一种新的神经矩阵分解模型（Neural Matrix Factorization Model，NeuMF）。NeuMF 除了有广义矩阵分解（GMP）层外，还包括一个多层感知器（MLP）模块，它同时拥有 MF 的线性建模优势和 MLP 的非线性优势。NeuMF 的架构图如图 9-5 所示。

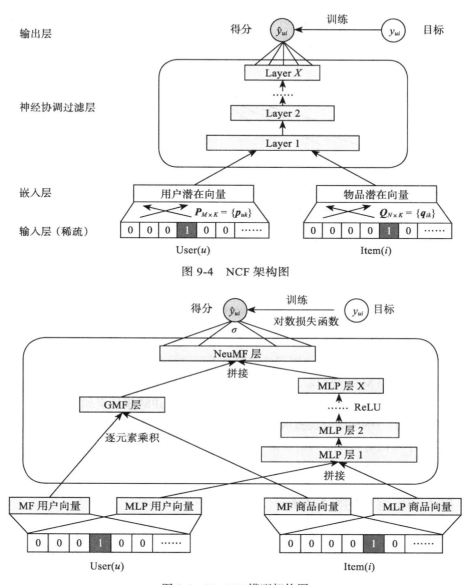

图 9-4　NCF 架构图

图 9-5　NeuMF 模型架构图

从图 9-5 可以看出,为更好地对复杂的用户 – 商品交互建模,NeuMF 采用共享 GMF 和 MLP 的嵌入层,然后将这两个部分处理后的结果进行组合输出。

9.3.2　融入多层感知机的推荐系统

多层感知机是简洁高效的模型,它广泛应用于很多领域,尤其是工业界。多层前馈网络能够让任意可测函数接近任意期望精度,它也是很多高级模型的基础。2017 年哈工大与华为诺亚方舟实验室发表的论文 *DeepFM: A Factorization-Machine based Neural Network for CTR Prediction* 中提出了 DeepFM，其架构如图 9-6 所示。

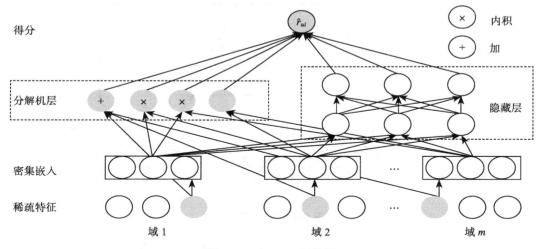

图 9-6　DeepFM 架构图

DeepFM 整合了 FM 和 MLP。其中，FM 能够自动构建特征间的低阶关联，MLP 能够建模特征间的高阶关联，有效地将因子分解机与神经网络的优点结合在一起。

图 9-6 的左侧为 FM 的结构层，右侧为 Deep NN 部分，两者公用相同的特征嵌入，最底层是经过独热编码之后的多个列向量（即 Field i）。DeepFM 模型有如下特点：

1）因使用 FM、DNN 等特征提取方法，整个架构不需要人工特征工程；

2）能同时学习低阶和高阶的组合特征；

3）FM 模块和 Deep NN 模块共享特征嵌入部分，可以提高训练效率及模型性能。

9.3.3　融入卷积网络的推荐系统

用户对商品评价数据（如评论、摘要或概要等）的稀疏性是影响推荐系统质量的主要因素之一，以往通常以词袋模型（Bag-of-Word Model）处理类似数据，但因词袋模型固有的一些局限性，在有效利用文档的上下文信息方面存在困难，导致对文档的理解较浅。

Donghyun Kim 提出了一种文档上下文感知推荐模型——卷积矩阵分解（ConvMF），对应论文是 *Convolutional Matrix Factorization for Document Context-Aware Recommendation*。

在推荐系统中融入卷积神经网络，主要是想利用卷积网络强大的特征提取功能。ConvMF 使用 CNN 来学习高阶商品特征表示，然后作用到商品 V 矩阵，其架构如图 9-7 所示。

在图 9-7 中，各部分说明如下。

❏ 1 代表 ConvMF 的概率图模型，它集成了概率矩阵分解（PMF）模型；

❑ 2 代表卷积神经网络（CNN）模型；

❑ 3 代表 CNN 模型利用项目描述文档的详细架构，由四层组成：嵌入层（Embedding Layer）、卷积层（Convolutional Layer）、池化层（Pooling Layer）、输出层（Output Layer）。

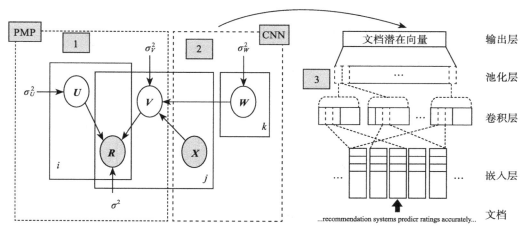

图 9-7　ConvMF 架构图

在 PMP 部分，假设现在有 N 个用户，M 个物品，寻找用户 – 物品之间的潜在模型（即 $U \in k*N; V \in k*M$），最后，通过 U、V 重建出得分矩阵 R。

在 CNN 部分，W 为 CNN 权重矩阵，X 是物体的描述文档集。

9.3.4　融入 Transformer 的推荐系统

前面我们介绍了 Transformer，它使用自注意力机制，具有强大的特征提取功能，更重要的是它可以实现对大数据的并行处理，充分发挥 GPU 的潜力，而不像循环神经网络那样只能从右到左或从左到右顺序处理，因此，目前 Transformer 广泛应用于自然语言处理、视觉处理、推荐排序中。

本节将介绍一个把 Transformer 融入推荐系统中的典型案例，该案例源自京东和百度的研究人员于 2020 年发表在 CIKM2020 上的一篇论文 *Deep Multifaceted Transformers for Multi-Objective Ranking in Large-Scale Ecommerce Recommender Systems*，论文将融入 Transformer 的推荐系统简称为 DMT（Deep Multifaceted Transformer），系统中融合了兴趣建模、多任务学习、偏置学习等几部分，目前，DMT 已经部署在京东的推荐系统中，其架构如图 9-8 所示。

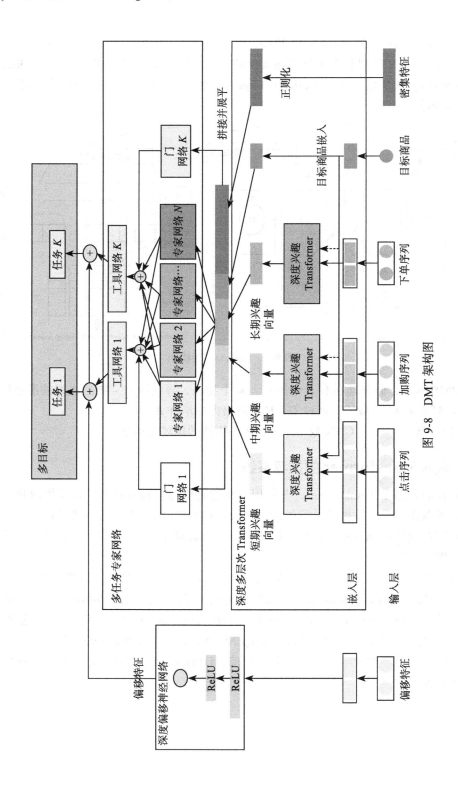

图 9-8 DMT 架构图

整个 DMT 包含以下 4 部分。

1. 输入嵌入层（Input and Embedding Layer）

输入层具有离散特征和连续特征。离散特征主要包括目标商品特征，以及用户多样的行为序列对应的特征等；连续特征包括用户画像特征、商品画像特征等，对连续特征进行标准化处理。

2. 深度多层次 Transformer（Deep Multifaceted Transformer）

这部分主要是对用户不同类型的行为序列进行建模，对于点击（click）、加购（cart）、下单（order）三个行为序列，分别使用三个单独的深度兴趣 Transformer 进行建模。

3. 多任务专家网络（Multi-Task Mixture-of-Expert）

电商推荐系统往往需要预测多个目标，如点击率（CTR）、转化率（CVR）等，这里使用了多任务学习框架。

4. 偏移深度神经网络（Bias Deep Neural Network）

推荐系统中的偏置有很多种，比较常见的有位置偏置和近邻偏置。DMT 使用单独的偏移深度神经网络对偏置进行建模。这一部分输入的主要是一些偏移特征（Bias Feature）。

图 9-8 中的深度兴趣 Transformer 的架构与典型 Transformer 结构类似，不过在实现位置嵌入（Positional Embedding）的方法上有些不同。典型的 Transformer 采用固定的 sin-cos 函数值，而深度兴趣 Transformer 采用在训练中不断学习的方式。论文中对这两种方法进行了比较，结果表明后者性能要好于前者，具体如表 9-1 所示。

表 9-1　比较位置嵌入的两种实现方式

模型	行为	位置嵌入	点击 AUC	下单 AUC
DMT	click + cart + order	no	0.6435	0.6279
DMT	click + cart + order	pos_sincos	0.6396	0.6344
DMT	click + cart + order	pos_learn	0.6458	0.6397

9.4　小结

近些年随着深度学习的不断发展，尤其是嵌入技术的广泛应用，以及 Transformer、BERT 等新技术的出现，视觉处理、自然语言处理、推荐、排序等领域又掀起了一波发展高潮。作为互联网的推动者——推荐系统，往往比一般系统更早尝试各种新技术、新方法，如嵌入技术在推荐系统的广泛应用，Transformer、BERT 等最新技术在多个推荐系统中落地等就是最好的证明。

Embedding 应用实例

第 10 章

用 Embedding 表现分类特征

以往通常使用传统机器学习方法对结构化数据进行分析，近些年，随着神经网络及相关算法的不断成熟，再加上数据量的爆炸式增长，利用神经网络来分析结构化数据的情况越来越多。利用神经网络或深度学习的方法处理结构化数据时，特征处理是需要重点关注的问题。

本章主要针对这个问题而设立，详细介绍了对各种特征的处理方法，以及如何用 TensorFlow 2 版本来实现这些方法，具体包括如下内容：

❑ 项目背景介绍

❑ TensorFlow 2 详细实现

10.1 项目背景

本项目使用克利夫兰心脏病诊断数据集，介绍如何对不同特征采用不同的处理方法，并重点介绍如何将一些分类值较大的特征转换为 Embedding 的方法。

10.1.1 项目概述

本项目包括以下内容：

1）用 Pandas 导入 CSV 文件。

2）用 tf.data 建立了一个输入流水线（pipeline），用于对行进行分批（batch）和随机排序（shuffle）。

3）用特征列将 CSV 中的列映射到用于训练模型的特征中。使用 Embedding 处理分类列（或分类特征），对数值列进行分桶或数值化处理，并对一些特征进行组合，最后合并这些特征。具体处理过程如图 10-1 所示。

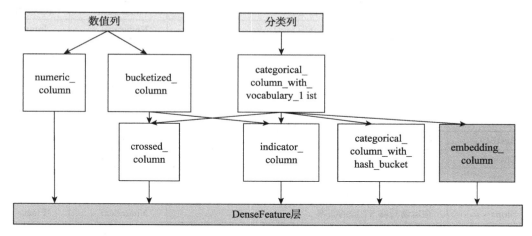

图 10-1　特征处理过程

4）用 tf.Keras 构建、训练并评估模型。对应的网络结构如图 10-2 所示，输出一个节点，激活函数为 Sigmoid。

Layer (type)	Output Shape	Param #
dense_features_7	multiple	24
dense (Dense)	multiple	131840
dense_1 (Dense)	multiple	16512
dense_2 (Dense)	multiple	129

图 10-2　搭建的模型结构

10.1.2　数据集说明

克利夫兰心脏病诊断数据集是由克利夫兰心脏病诊所基金会（Cleveland Clinic Foundation for Heart Disease）提供的。首先导入 CSV 文件。它包含几百行数据，每行描述一个病人（patient），每列描述一个属性（attribute）。我们将使用这些信息来预测一位病人是否患有心脏病，属于在该数据集上的二分类任务。

表 10-1 展示了克利夫兰心脏病诊断数据集的描述信息。注意，该数据集中有数值（Numeric）和类别（Categorical）类型的列。

表 10-1　克利夫兰心脏病诊断数据集描述信息

列名	描述	特征类型	数据类型
Age	年龄以年为单位	Numerical	Integer
Sex	（1＝男；0＝女）	Categorical	Integer
CP	胸痛类型（0，1，2，3，4）	Categorical	Integer
Trestbpd	静息血压（入院时，以 mmHg 计）	Numerical	Integer
Chol	血清胆固醇（mg/dl）	Numerical	Integer
FBS	（空腹血糖＞120 mg/dl）（1＝true；0＝false）	Categorical	Integer
RestECG	静息心电图结果（0，1，2）	Categorical	Integer
Thalach	达到的最大心率	Numerical	Integer
Exang	运动诱发心绞痛（1＝是；0＝否）	Categorical	Integer
Oldpeak	与休息时相比，由运动引起的 ST 段下降	Numerical	Integer
Slope	在运动高峰 ST 段的斜率	Numerical	Float
CA	荧光透视法染色的大血管动脉（0～3）的数量	Numerical	Integer
Thal	3＝正常；6＝固定缺陷；7＝可逆缺陷	Categorical	String
Target	心脏病诊断（1＝true；0＝false）	Classification	Integer

10.2　TensorFlow 2 详细实现

本节主要介绍如何使用 TensorFlow 2 实现各种特征的处理、如何构建网络，以及如何训练模型等。

10.2.1　导入 TensorFlow 和其他库

本节的实例主要使用了 pandas、numpy、sklearn、tensorflow.keras 等库，先导入它们。

```
import numpy as np
import pandas as pd

import tensorflow as tf

from tensorflow import feature_column
from tensorflow.keras import layers
from sklearn.model_selection import train_test_split

#屏蔽警告信息
import os
os.environ["TF_CPP_MIN_LOG_LEVEL"] = "2"
```

10.2.2　导入数据集并创建 dataframe

克利夫兰心脏病诊断数据集的数据量很小，可以直接从网上下载，代码如下。

```
URL = 'https://storage.googleapis.com/applied-dl/heart.csv'
dataframe = pd.read_csv(URL)
dataframe.head()
```

运行结果，如图 10-3 所示。

	age	sex	cp	trestbps	chol	fbs	restecg	thalach	exang	oldpeak	slope	ca	thal	target
0	63	1	1	145	233	1	2	150	0	2.3	3	0	fixed	0
1	67	1	4	160	286	0	2	108	1	1.5	2	3	normal	1
2	67	1	4	120	229	0	2	129	1	2.6	2	2	reversible	0
3	37	1	3	130	250	0	0	187	0	3.5	3	0	normal	0
4	41	0	2	130	204	0	2	172	0	1.4	1	0	normal	0

图 10-3　导入数据集

10.2.3　将 dataframe 拆分为训练、验证和测试集

由于下载的数据集是一个 CSV 文件，所以需要将其拆分为训练、验证和测试集。

```
train, test = train_test_split(dataframe, test_size=0.2)
train, val = train_test_split(train, test_size=0.2)
print(len(train), 'train examples')
print(len(val), 'validation examples')
print(len(test), 'test examples')
```

拆分结果如下：

```
193 train examples
49 validation examples
61 test examples
```

10.2.4　用 tf.data 创建输入流水线

这里我们定义一个函数 df_to_dataset，把 dataframe 数据转换为 Tensorflow 格式数据，将 dataframe 中的列映射到用于训练模型的特征中，并批次处理。如果 CSV 文件比较大（非常大以至于不能放入内存），可以使用 tf.data 直接从磁盘读取它。

```
def df_to_dataset(dataframe, shuffle=True,repeat=False,batch_size=32):
    dataframe = dataframe.copy()
    # target字段是确诊是否罹患心脏病的数据，取出来作为标注数据
    labels = dataframe.pop('target')
    # 生成Dataset
    ds = tf.data.Dataset.from_tensor_slices((dict(dataframe), labels))
    if shuffle:
        # 是否需要乱序
        ds = ds.shuffle(buffer_size=len(dataframe))
    if repeat:
        ds=ds.repeat()
    # 设置每批次的记录数量
```

```
    ds = ds.batch(batch_size)
    return ds
batch_size = 32 # 小批量大小用于演示
train_ds = df_to_dataset(train, batch_size=batch_size)
val_ds = df_to_dataset(val, shuffle=False, batch_size=batch_size)
test_ds = df_to_dataset(test, shuffle=False, batch_size=batch_size)
```

查看转换后 tran_ds 的结构。

```
for feature_batch, label_batch in train_ds.take(1):
  print('Every feature:', list(feature_batch.keys()))
  print('A batch of ages:', feature_batch['age'])
  print('A batch of targets:', label_batch )
```

运行结果如下：

```
Every feature: ['age', 'sex', 'cp', 'trestbps', 'chol', 'fbs', 'restecg',
    'thalach', 'exang', 'oldpeak', 'slope', 'ca', 'thal']
A batch of ages: tf.Tensor([64 40 65 45 60], shape=(5,), dtype=int32)
A batch of targets: tf.Tensor([0 0 1 0 0], shape=(5,), dtype=int32)
```

由此可知，数据集返回了一个字典，该字典的关键字对应 dataframe 的列名，字典的值对应 dataframe 列的值。

10.2.5 TensorFlow 提供的几种处理特征列的方法

接下来，将使用 TensorFlow 提供的多种处理特征列方法对数据进行转换，然后把转换后的数据传入 TensorFlow 的 layers.DenseFeatures 层，并将该层作为神经网络的输入层。

我们先来了解 TensorFlow 提供的几种处理特征列的方法。

1. 取出部分数据

首先取出部分数据用于演示说明：

```
# 我们将使用该批数据演示几种特征列
example_batch = next(iter(train_ds))[0]
```

这个批次的部分数据如下所示：

```
{'age': <tf.Tensor: id=87, shape=(5,), dtype=int32, numpy=array([47, 53, 53, 59, 62])>,
...........................................................
 'thal': <tf.Tensor: id=97, shape=(5,), dtype=string, numpy=
array([b'normal', b'normal', b'reversible', b'fixed', b'normal'], dtype=object)>}
```

2. 定义一个查看经过 layers.DenseFeatures 处理后的数据 demo 函数

```
# 创建一个特征列并转换一个批次数据的实用程序方法
def demo(feature_column):
    feature_layer = layers.DenseFeatures(feature_column)
    print(feature_layer(example_batch).numpy())
```

3. 处理数值列

通过上面定义的 demo 函数，我们将能准确地看到 dataframe 中每列的转换方式。数值列（Numeric Column）是最简单的列类型，用于表示实数特征。使用此列时，模型将从 dataframe 中接收未更改的列值。

```
age = feature_column.numeric_column("age")
demo(age)
```

运行结果：

```
[[47.]
 [53.]
 [53.]
 [59.]
 [62.]]
```

4. 对数值列进行分桶（或分段）

我们一般不希望将数字直接输入模型，而是根据数值范围将其值分成不同的类别。以一个人的年龄为例，我们可以用分桶列（Bucketized Column）方法将年龄分成几个分桶（bucket），而不是将年龄表示成数值列。分段后经过 DenseFeatures（密集特征）层将其变为独热编码。

```
age_buckets = feature_column.bucketized_column(age, boundaries=[18, 25, 30, 35,
    40, 45, 50, 55, 60, 65])
demo(age_buckets)
```

运行结果如下：

```
[[0. 0. 0. 0. 0. 0. 1. 0. 0. 0. 0.]
 [0. 0. 0. 0. 0. 0. 0. 1. 0. 0. 0.]
 [0. 0. 0. 0. 0. 0. 0. 1. 0. 0. 0.]
 [0. 0. 0. 0. 0. 0. 0. 0. 1. 0. 0.]
 [0. 0. 0. 0. 0. 0. 0. 0. 0. 1. 0.]]
```

5. 处理分类列

在此数据集中，字段 thal 的值为字符串（如 'fixed', 'normal' 或 'reversible'）。考虑到我们无法直接将字符串提供给模型，所以首先需要将它们映射到数值。分类词汇列（Categorical Vocabulary Column）提供了一种用 one-hot 向量表示字符串的方法。词汇表可以用 categorical_column_with_vocabulary_list 作为 list 传递，或者用 categorical_column_with_vocabulary_file 从文件中加载。

```
#把分类字段转换为分类列(categorical_column)
thal = feature_column.categorical_column_with_vocabulary_list(
    'thal', ['fixed', 'normal', 'reversible'])

#把分类列(categorical_column)转换为独热编码
```

```
thal_one_hot = feature_column.indicator_column(thal)
demo(thal_one_hot)
```

运行结果：

```
[[0. 1. 0.]
 [0. 1. 0.]
 [0. 0. 1.]
 [1. 0. 0.]
 [0. 1. 0.]]
```

一般，数据集中的很多列都是分类列。在处理分类数据时，特征列最有价值。尽管在该数据集中只有一列分类列，但我们将使用它来演示在处理其他数据集时可以使用的几种重要的转换方法。feature_column 的更多信息可参考 TensorFlow 官网（https://www.tensorfFow.org/api_docs/python/tf/feature_column）。

6. 使用 Embedding 处理分类列

假设我们不是只有几个可能的字符串，而是每个类别有数千（或更多）值。由于多种原因，随着类别数量的增加，使用独热编码训练神经网络变得不可行。此时可以使用嵌入列来克服此限制。嵌入列（Embedding Column）将数据表示为一个低维度密集向量，而非多维的独热向量，该低维度密集向量可以包含任何数，而不仅仅是 0 或 1。嵌入的大小（在下面的示例中为 8）是必须调整的参数。注意：当分类列具有许多可能的值时，最好使用嵌入列。我们在这里使用嵌入列是为了方便演示，类似方法也可用于其他数据集。

```
# 注意嵌入列的输入是我们之前创建的类别列
thal_embedding = feature_column.embedding_column(thal, dimension=8)
demo(thal_embedding)
```

运行结果：

```
[[-0.34863454 -0.30269626 -0.46925494  0.31163093  0.01260155 -0.31821153
   0.22603929 -0.1570794 ]
 [-0.34863454 -0.30269626 -0.46925494  0.31163093  0.01260155 -0.31821153
   0.22603929 -0.1570794 ]
 [ 0.12153319  0.37201008 -0.4721048  -0.31468096 -0.62527615  0.16459835
  -0.2799887   0.19178092]
 [-0.02939529 -0.02541047 -0.0191548   0.10025691  0.49624655  0.04122929
  -0.04043907  0.6418098 ]
 [-0.34863454 -0.30269626 -0.46925494  0.31163093  0.01260155 -0.31821153
   0.22603929 -0.1570794 ]]
```

7. 经过哈希处理的特征列

如果分类列的类别很多，也可以使用 categorical_column_with_hash_bucket 方法。该特征列计算输入的一个哈希值，然后选择一个 hash_bucket_size 分桶来编码字符串。使用此列时，不需要提供词汇表，并且可以选择使 hash_buckets 的数量远远小于实际类别的数量以节省空间。

不过这种方法可能存在冲突，即不同的字符串可能被映射到同一个范围。实际上，无论如何，经过哈希处理的特征列对某些数据集都有效。这里还是以分类字段 thal 为例。

```
thal_hashed = feature_column.categorical_column_with_hash_bucket(
    'thal', hash_bucket_size=1000)
demo(feature_column.indicator_column(thal_hashed))
```

运行结果：

```
[[0. 0. 0. ... 0. 0. 0.]
 [0. 0. 0. ... 0. 0. 0.]
 [0. 0. 0. ... 0. 0. 0.]
 [0. 0. 0. ... 0. 0. 0.]
 [0. 0. 0. ... 0. 0. 0.]]
```

8. 组合的特征列

将多个特征组合到一个特征中，称为特征组合（Feature Cross）。通过特征组合，模型可以为每种特征组合学习单独的权重。此处，我们将创建一个 age 和 thal 组合的新特征。构成组合特征是特征工程中的一项重要技巧，恰当的组合能提升模型性能。这里使用 crossed_column 方法，但是该方法并不会构建所有可能组合的完整列表（可能非常大），而是可以选择表的大小，由 hashed_column 提供支持。

```
crossed_feature = feature_column.crossed_column([age_buckets, thal],
    hash_bucket_size=1000)
demo(feature_column.indicator_column(crossed_feature))
```

10.2.6　选择特征

前面介绍了如何使用 TensorFlow 中的 feature_column 处理特征列的几种方法。现在将使用这些方法进行特征预处理，然后把处理后的列拼接在一起作为神经网络的一个输入层。这里我们任意选择了几列来训练我们的模型，有兴趣的读者还可尝试其他方法。如遇到更大的数据集，可以考虑使用这些特征转换，分析评估对模型性能的影响。

```
feature_columns = []

# 选择数值列
for header in ['age', 'trestbps', 'chol', 'thalach', 'oldpeak', 'slope', 'ca']:
feature_columns.append(feature_column.numeric_column(header))

# 对age列进行分段
age_buckets = feature_column.bucketized_column(age, boundaries=[18, 25, 30, 35,
    40, 45, 50, 55, 60, 65])
feature_columns.append(age_buckets)

# 将分类列转换为独热编码
thal = feature_column.categorical_column_with_vocabulary_list(
    'thal', ['fixed', 'normal', 'reversible'])
```

```
thal_one_hot = feature_column.indicator_column(thal)
feature_columns.append(thal_one_hot)

#使用Embedding方法处理分类列
thal_embedding = feature_column.embedding_column(thal, dimension=8)
feature_columns.append(thal_embedding)

# 组合列
crossed_feature = feature_column.crossed_column([age_buckets, thal], hash_bucket_
    size=1000)
crossed_feature = feature_column.indicator_column(crossed_feature)
feature_columns.append(crossed_feature)
```

10.2.7　创建网络的输入层

现在我们已经定义了特征列，下面将使用 DenseFeatures 层封装我们选择的各特征列，然后把它作为 Keras 模型的输入层。

```
feature_layer = tf.keras.layers.DenseFeatures(feature_columns)
```

前面我们使用了一个小批量来演示特征列如何运转。这里我们将创建一个新的更大批量的输入流水线。

```
batch_size = 32
train_ds = df_to_dataset(train, batch_size=batch_size)
val_ds = df_to_dataset(val, shuffle=False, batch_size=batch_size)
test_ds = df_to_dataset(test, shuffle=False, batch_size=batch_size)
```

【 DenseFeatures 函数说明 】

tf.keras.layers.DenseFeatures 函数格式：

```
tf.keras.layers.DenseFeatures(feature_columns, trainable=True, name=None, **kwargs)
```

其中各参数的说明如下。

❑ feature_columns：包含用作模型输入的 FeatureColumns 的 iterable。所有项都应该是从 DenseColumn 派生的类的实例，例如 numeric_column、embedding_column、bucketized_column、indicator_column。如果有分类功能，则可以用嵌入列或指示符列包装它们。

❑ trainable：布尔值，表示在训练期间是否通过梯度下降更新层的变量，默认值为 True。

❑ name：为 DenseFeatures 命名。

更多信息，可参考 TensorFlow 官网：（https://www.tensorflow.org/api_docs/python/tf/keras/layers/DenseFeatures）。

10.2.8　创建、编译和训练模型

创建、编译和训练模型，代码如下。

```
model = tf.keras.Sequential([
feature_layer,
layers.Dense(128, activation='relu'),
layers.Dense(128, activation='relu'),
layers.Dense(1, activation='sigmoid')
])

model.compile(optimizer='adam',
              loss='binary_crossentropy',
              metrics=['accuracy'],
run_eagerly=True)

history =model.fit(train_ds,
validation_data=val_ds,
          epochs=10)
```

以下是最后 5 次迭代的运行结果：

```
Epoch 6/10
7/7 [==============================] - 1s 165ms/step - loss: 0.6157 - accuracy:
    0.7098 - val_loss: 0.6317 - val_accuracy: 0.6327
Epoch 7/10
7/7 [==============================] - 1s 163ms/step - loss: 1.0140 - accuracy:
    0.5492 - val_loss: 1.5707 - val_accuracy: 0.6735
Epoch 8/10
7/7 [==============================] - 1s 163ms/step - loss: 1.0267 - accuracy:
    0.7565 - val_loss: 0.5165 - val_accuracy: 0.7755
Epoch 9/10
7/7 [==============================] - 1s 169ms/step - loss: 0.4308 - accuracy:
    0.7565 - val_loss: 0.4990 - val_accuracy: 0.8163
Epoch 10/10
7/7 [==============================] - 1s 166ms/step - loss: 0.4653 - accuracy:
    0.7824 - val_loss: 0.5034 - val_accuracy: 0.7551
```

10.2.9　可视化训练过程

可视化程序在 Jupyter Notebook 运行时，记得加上 %matplotlib inline。%matplotlib inline 是 Python 面向行的一个魔法函数（Magic Function），其功能是将图表嵌入 Jupyter Notebook 中，并且可以省略掉 plt.show() 这一步。该魔法函数是 IPython 的内置函数，在 PyCharm、IDLE 中不支持。

```
%matplotlib inline
%config InlineBackend.figure_format = 'svg'
import matplotlib.pyplot as plt
def plot_metric(history, metric):
train_metrics = history.history[metric]
val_metrics = history.history['val_'+metric]
    epochs = range(1, len(train_metrics) + 1)
plt.plot(epochs, train_metrics, 'bo--')
plt.plot(epochs, val_metrics, 'ro-')
```

```
plt.title('Training and validation '+ metric)
plt.xlabel("Epochs")
plt.ylabel(metric)
plt.legend(["train_"+metric, 'val_'+metric])
plt.show()

plot_metric(history,"accuracy")
```

训练结果如图 10-4 所示。

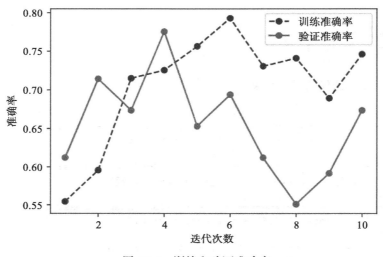

图 10-4　训练和验证准确率

由图 10-4 可知，这里使用的数据集虽然比较小，但验证准确率接近 70%，效果还不错。如果能扩大数据集，性能的提升空间还很大。

10.2.10　测试模型

利用测试集，测试模型。

```
loss, accuracy = model.evaluate(test_ds)
print("Accuracy", accuracy)
```

运行结果：

```
2/2 [==============================] - 0s 93ms/step - loss: 0.6706 - accuracy: 0.7049
Accuracy 0.704918
```

本数据集较小，如果使用更大、更复杂的数据集进行深度学习，应该会有更好的结果。使用这样的小数据集时，一般建议使用决策树或随机森林作为强有力的基准。本教程的目的不是训练一个准确的模型，而是演示处理结构化数据的机制，这样，在将来使用自己的数据集时，很容易举一反三。

10.3　小结

对结构化数据使用神经网络或深度学习架构进行分析时，首先需要对连续特征、类别特征进行处理。处理的方式很多：对连续特征一般进行分段或分桶处理，当然也可不做处理；对分类特征则可以将其转换为数字、独热编码或 Embedding。如果类别粒度很粗，建议转换为独热编码；如果粒度较细，建议转换为 Embedding。最后拼接这些数据作为网络的输入层。

第 11 章

用 Embedding 提升机器学习性能

本章将使用不同算法对相同数据集进行训练,并比较它们的训练结果。这里选了传统机器学习中的经典算法(如 XGBoost)和多层神经网络进行比较。除了对不同算法进行比较之外,对同一种算法,本章对其是否使用 Embedding 的效果也进行了比较。结果显示,采用了 Embedding 方法的算法都好于没有使用 Embedding 方法的算法,证明了使用 Embedding 能提升模型性能。

本章具体涉及如下内容:

- ❑ 项目概述;
- ❑ 使用 Embedding 提升神经网络性能;
- ❑ 构建 XGBoost 模型;
- ❑ 使用 Embedding 数据的 XGBoost 模型;
- ❑ 可视化 Embedding 数据。

11.1 项目概述

采用 Embedding 提升模型性能,对传统机器学习算法,如典型的 XGBoost 算法,采用相同数据集、相同算法,但对输入数据预处理的方式不同:一种是通常的处理方法,另一种应用 Embedding。同样对神经网络也进行比较,使用相同模型结构,但对输入数据采用不同的策略:一种是对分类特征进行独热编码,另一种是采用 Embedding 处理。这些算法的比较结果如表 11-1 所示。

由表 11-1 可以看出,神经网络 NN 的性能优于传统机器学习,使用 EE(Entity Embedding)的算法优于不使用 EE 的模型,整个项目的网络结构请参考第 1 章的图 1-23。

表 11-1　各种算法性能比较

算法	RMSE	RMSE（应用 EE）
XGBoost	0.176	0.098
NN	0.101	0.095

11.1.1　数据集简介

本章使用的数据集为 1115 家德国罗斯曼商店的历史销售数据。任务是预测测试集的"销售"列。数据集中的某些商店已暂时关闭以进行翻新，涉及的数据文件如下。

❑ rain.csv：历史数据（包括销售）；

❑ test.csv：历史数据（不包括销售）；

❑ sample_submission.csv：格式正确的样本提交文件；

❑ store.csv：有关商店的补充信息。

涉及的字段信息如下。

❑ ID：代表测试集中的（存储，日期）二元组的 ID。

❑ Store：每个商店的唯一 ID。

❑ Sales：任意一天的营业额（这就是你的预期）。

❑ Customers：特定日期的客户数量。

❑ Open：商店是否营业的指示器，0 = 营业，1 = 营业。

❑ StateHoliday：指示州假日。通常，所有商店都在州法定假日关闭。请注意，所有学校在公共假日和周末都关闭。a = 公共假期，b = 复活节假期，c = 圣诞节，0 = 无。

❑ SchoolHoliday：指示（商店，日期）是否受到公立学校关闭的影响。

❑ StoreType：区分 4 种不同的商店模型，如 a、b、c、d。

❑ Assortment：描述分类级别，a = 基本，b = 额外，c = 扩展。

❑ CompetitionDistance：距离最近的竞争对手商店的距离（以米为单位）。

❑ CompetitionOpenSince [Month / Year]：给出最近的竞争对手开放的大概时间。

❑ Promo：表示商店当天是否在进行促销。

❑ Promo2：表示某些商店是否参与连续促销，0 表示商店不参与，1 表示商店正在参与促销。

❑ Promo2Since [年 / 周]：描述商店开始参与 Promo2 的年份和日历周。

❑ PromoInterval：描述启动 Promo2 的连续间隔，并命名重新开始促销的月份。例如，"二月、五月、八月、十一月"表示该商店的每一轮促销始于任何一年的二月、五月、八月、十一月。

11.1.2 导入数据

1）导入 train.csv, store.csv, store_states.csv 等文件。

```
#导入必要的库
import pickle   #把内存信息序列化写入磁盘
import csv
```

2）定义两个函数，csv2dicts 用于把 csv 文件转换为字典，set_nan_as_string 函数用于填充空值（用 0 ）。

```
#把csv文件转换为字典
def csv2dicts(csvfile):
    data = []
    keys = []
    for row_index, row in enumerate(csvfile):
            #把第一行标题打印出来
            if row_index == 0:
                keys = row
                print(row)
                continue

data.append({key: value for key, value in zip(keys, row)})
    return data

#如果值为空，则用0填充
def set_nan_as_string(data, replace_str='0'):
    for i, x in enumerate(data):
        for key, value in x.items():
                if value == '':
                    x[key] = replace_str
        data[i] = x
```

3）导入数据。

```
train_data = r".\data\train.csv"
store_data = r".\data\store.csv"
store_states = r'.\data\store_states.csv'

#把处理后的训练数据写入文件
with open(train_data) as csvfile:
    data = csv.reader(csvfile, delimiter=',')
    with open('train_data.pickle', 'wb') as f:
        data = csv2dicts(data)
        #头尾倒过来
        data = data[::-1]
        #序列化，把数据保存到文件中
        pickle.dump(data, f, -1)
        print(data[:3])
```

train.csv 转换后的数据样例：

```
['Store', 'DayOfWeek', 'Date', 'Sales', 'Customers', 'Open', 'Promo', 'StateHoliday',
```

```
                    'SchoolHoliday']
[{'Store': '1115', 'DayOfWeek': '2', 'Date': '2013-01-01', 'Sales': '0',
'Customers': '0', 'Open': '0', 'Promo': '0', 'StateHoliday': 'a',
'SchoolHoliday': '1'}, {'Store': '1114', 'DayOfWeek': '2', 'Date': '2013-01-01',
'Sales': '0', 'Customers': '0', 'Open': '0', 'Promo': '0', 'StateHoliday': 'a',
'SchoolHoliday': '1'}, {'Store': '1113', 'DayOfWeek': '2', 'Date': '2013-01-01',
'Sales': '0', 'Customers': '0', 'Open': '0', 'Promo': '0', 'StateHoliday': 'a',
'SchoolHoliday': '1'}]
```

4）处理 store_data、store_states 数据。

```
#把处理后的store_data, store_states数据写入文件store_data.pickle
with open(store_data) as csvfile, open(store_states) as csvfile2:
    data = csv.reader(csvfile, delimiter=',')
    state_data = csv.reader(csvfile2, delimiter=',')
    with open('store_data.pickle', 'wb') as f:
        data = csv2dicts(data)
        state_data = csv2dicts(state_data)
        set_nan_as_string(data)
        #把state加到store_data数据集中，然后保存生成的数据
        for index, val in enumerate(data):
            state = state_data[index]
            val['State'] = state['State']
            data[index] = val
        pickle.dump(data, f, -1)
        print(data[:2])
```

处理后的数据样例如下：

```
['Store', 'StoreType', 'Assortment', 'CompetitionDistance',
    'CompetitionOpenSinceMonth', 'CompetitionOpenSinceYear', 'Promo2',
    'Promo2SinceWeek', 'Promo2SinceYear', 'PromoInterval']
['Store', 'State']
[{'Store': '1', 'StoreType': 'c', 'Assortment': 'a', 'CompetitionDistance':
    '1270', 'CompetitionOpenSinceMonth': '9', 'CompetitionOpenSinceYear':
    '2008', 'Promo2': '0', 'Promo2SinceWeek': '0', 'Promo2SinceYear': '0',
    'PromoInterval': '0', 'State': 'HE'}, {'Store': '2', 'StoreType': 'a',
    'Assortment': 'a', 'CompetitionDistance': '570', 'CompetitionOpenSinceMonth':
    '11', 'CompetitionOpenSinceYear': '2007', 'Promo2': '1', 'Promo2SinceWeek':
    '13', 'Promo2SinceYear': '2010', 'PromoInterval': 'Jan,Apr,Jul,Oct',
    'State': 'TH'}]
```

11.1.3　预处理数据

1）导入需要的库。

```
from datetime import datetime
from sklearn import preprocessing
import numpy as np
import random
random.seed(42)
```

2）使用 pickle 读取 pickle 文件数据。

```
#读取pickle文件
with open('train_data.pickle', 'rb') as f:
    train_data = pickle.load(f)
    num_records = len(train_data)
with open('store_data.pickle', 'rb') as f:
    store_data = pickle.load(f)
```

3）对销售时间字段进行拆分和转换。

```
#对时间特征进行拆分和转换，是否促销promo等特征转换为整数
def feature_list(record):
    dt = datetime.strptime(record['Date'], '%Y-%m-%d')
    store_index = int(record['Store'])
    year = dt.year
    month = dt.month
    day = dt.day
    day_of_week = int(record['DayOfWeek'])
    try:
        store_open = int(record['Open'])
    except:
        store_open = 1

    promo = int(record['Promo'])
    #同时返回state对应的简称
    return [store_open,
            store_index,
            day_of_week,
            promo,
            year,
            month,
            day,
            store_data[store_index - 1]['State']
            ]
```

4）对 train_data 进行一些简单清理或过滤操作。

```
#生成训练数据
train_data_X = []
train_data_y = []

for record in train_data:
    if record['Sales'] != '0' and record['Open'] != '':
        fl = feature_list(record)
        train_data_X.append(fl)
        train_data_y.append(int(record['Sales']))
print("销售记录数: ", len(train_data_y))

print("最小销售量:{}, 最大销售量:{}".format(min(train_data_y), max(train_data_y)))
```

运行结果：

```
销售记录数：  844338
最小销售量:46，最大销售量:41551
```

5）数值化各特征，把结果保存到文件 feature_train_data.pickle 中。

```python
full_X = np.array(train_data_X)
#full_X = np.array(full_X)
train_data_X = np.array(train_data_X)
les = []
#对每列进行处理，把类别转换为数值
for i in range(train_data_X.shape[1]):
    le = preprocessing.LabelEncoder()
    le.fit(full_X[:, i])
    les.append(le)
    train_data_X[:, i] = le.transform(train_data_X[:, i])

#处理后的数据写入pickle文件
with open('les.pickle', 'wb') as f:
    pickle.dump(les, f, -1)

#把训练数据转换为整数
train_data_X = train_data_X.astype(int)
train_data_y = np.array(train_data_y)

#保存数据到feature_train_data.pickle文件
with open('feature_train_data.pickle', 'wb') as f:
    pickle.dump((train_data_X, train_data_y), f, -1)
    print(train_data_X[0], train_data_y[0])
```

数据样例：

```
[  0 109   1   0   0   0   0   7] 5961
```

11.1.4　定义公共函数

要定义公共函数，主要分为以下几个步骤。

1）首先导入必要的库或模块。

```python
import numpy
import pickle
numpy.random.seed(123)

from sklearn.preprocessing import StandardScaler
import xgboost as xgb
from sklearn import neighbors
from sklearn.preprocessing import Normalizer
from sklearn.preprocessing import OneHotEncoder


from tensorflow.keras.models import Sequential
from tensorflow.keras.models import Model as KerasModel
from tensorflow.keras.layers import Input, Dense, Activation, Reshape,Flatten
```

```
from tensorflow.keras.layers import Concatenate
from tensorflow.keras.layers import Embedding
from tensorflow.keras.callbacks import ModelCheckpoint

#屏蔽警告信息
import warnings
warnings.filterwarnings("ignore")
```

2）设置一些超参数。

```
train_ratio = 0.9
shuffle_data = False
one_hot_as_input = False
embeddings_as_input = False
save_embeddings = True
saved_embeddings_fname = "embeddings.pickle"  # set save_embeddings to True to
    create this file
```

3）定义几个公共函数。

```
f = open('feature_train_data.pickle', 'rb')
(X, y) = pickle.load(f)

num_records = len(X)
train_size = int(train_ratio * num_records)

if shuffle_data:
    print("Using shuffled data")
    sh = numpy.arange(X.shape[0])
    numpy.random.shuffle(sh)
    X = X[sh]
    y = y[sh]

if embeddings_as_input:
    print("Using learned embeddings as input")
    X = embed_features(X, saved_embeddings_fname)

if one_hot_as_input:
    print("Using one-hot encoding as input")
    enc = OneHotEncoder(sparse=False)
    enc.fit(X)
    X = enc.transform(X)

def sample(X, y, n):
    '''random samples'''
    num_row = X.shape[0]
    indices = numpy.random.randint(num_row, size=n)
    return X[indices, :], y[indices]

def evaluate_models(models, X, y):
    assert(min(y) > 0)
    guessed_sales = numpy.array([model.guess(X) for model in models])
    mean_sales = guessed_sales.mean(axis=0)
```

```
    relative_err = numpy.absolute((y - mean_sales) / y)
    result = numpy.sum(relative_err) / len(y)
    return result

#分别取出各特征,取出X中前8列数据(除第1列)
def split_features(X):
    X_list = []
    #获取X第2列数据
    store_index = X[..., [1]]
    X_list.append(store_index)
    #获取X第3列数据,以下类推
    day_of_week = X[..., [2]]
    X_list.append(day_of_week)

    promo = X[..., [3]]
    X_list.append(promo)

    year = X[..., [4]]
    X_list.append(year)

    month = X[..., [5]]
    X_list.append(month)

    day = X[..., [6]]
    X_list.append(day)

    State = X[..., [7]]
    X_list.append(State)

    return X_list
```

11.2　使用 Embedding 提升神经网络性能

　　接下来我们构建一个神经网络,根据输入数据格式的不同,选用不同的处理方式,一种只对分类特征进行独热编码转换,另一种对分类特征使用 Embedding 处理,然后比较两种方式的模型性能。

11.2.1　基于独热编码的模型

　　1)对训练数据集进行独热编码转换,并对原数据进行划分、采样等操作。

```
#将特征转换为独热编码
one_hot_as_input=True
if one_hot_as_input:
    print("Using one-hot encoding as input")
    enc = OneHotEncoder(sparse=False)
    enc.fit(X)
    X = enc.transform(X)
```

```
X_train = X[:train_size]
X_val = X[train_size:]
y_train = y[:train_size]
y_val = y[train_size:]


X_train, y_train = sample(X_train, y_train, 200000)  # Simulate data sparsity
print("Number of samples used for training: " + str(y_train.shape[0]))
```

2）构建神经网络。

```
class Model(object):

    def evaluate(self, X_val, y_val):
        assert(min(y_val) > 0)
        guessed_sales = self.guess(X_val)
        relative_err = numpy.absolute((y_val - guessed_sales) / y_val)
        result = numpy.sum(relative_err) / len(y_val)
        return result


class NN(Model):

    def __init__(self, X_train, y_train, X_val, y_val):
        super().__init__()
        self.epochs = 10
        self.checkpointer = ModelCheckpoint(filepath="best_model_weights.hdf5",
            verbose=1, save_best_only=True)
        self.max_log_y = max(numpy.max(numpy.log(y_train)), numpy.max(numpy.log(y_val)))
        self.__build_keras_model()
        self.fit(X_train, y_train, X_val, y_val)

    def __build_keras_model(self):
        self.model = Sequential()
        self.model.add(Dense(1000, kernel_initializer="uniform", input_dim=1183))
        #self.model.add(Dense(1000, kernel_initializer="uniform", input_dim=8))
        self.model.add(Activation('relu'))
        self.model.add(Dense(500, kernel_initializer="uniform"))
        self.model.add(Activation('relu'))
        self.model.add(Dense(1))
        self.model.add(Activation('sigmoid'))

        self.model.compile(loss='mean_absolute_error', optimizer='adam')

    def _val_for_fit(self, val):
        val = numpy.log(val) / self.max_log_y
        return val

    def _val_for_pred(self, val):
        return numpy.exp(val * self.max_log_y)

    def fit(self, X_train, y_train, X_val, y_val):
```

```
            self.model.fit(X_train, self._val_for_fit(y_train),
                            validation_data=(X_val, self._val_for_fit(y_val)),
                            epochs=self.epochs, batch_size=128,
                            # callbacks=[self.checkpointer],
                            )
            # self.model.load_weights('best_model_weights.hdf5')
            print("Result on validation data: ", self.evaluate(X_val, y_val))

    def guess(self, features):
        result = self.model.predict(features).flatten()
        return self._val_for_pred(result)
```

3）训练模型。

```
models = []
print("Fitting NN...")
for i in range(2):
    models.append(NN(X_train, y_train, X_val, y_val))
```

4）评估模型。

```
print("Evaluate combined models...")
print("Training error...")
r_train = evaluate_models(models, X_train, y_train)
print(r_train)

print("Validation error...")
r_val = evaluate_models(models, X_val, y_val)
print(r_val)
```

运行结果如下：

```
Evaluate combined models...
Training error...
0.027937487329290835
Validation error...
0.10169659670565763
```

11.2.2　基于 Embedding 的模型

1）生成用于含 Embedding 层的神经网络数据。

```
#重新获取训练数据
f = open('feature_train_data.pickle', 'rb')
(X, y) = pickle.load(f)

num_records = len(X)
train_size = int(train_ratio * num_records)
```

2）对数据进行划分和采样。

```
#划分数据
X_train = X[:train_size]
```

```
X_val = X[train_size:]
y_train = y[:train_size]
y_val = y[train_size:]

X_train, y_train = sample(X_train, y_train, 200000)  # Simulate data sparsity
print("Number of samples used for training: " + str(y_train.shape[0]))
```

3）构建含 Embedding 层的神经网络。

```
class NN_with_EntityEmbedding(Model):

    def __init__(self, X_train, y_train, X_val, y_val):
        super().__init__()
        self.epochs = 10
        self.checkpointer = ModelCheckpoint(filepath="best_model_weights.hdf5",
            verbose=1, save_best_only=True)
        self.max_log_y = max(numpy.max(numpy.log(y_train)), numpy.max(numpy.log(y_val)))
        self.__build_keras_model()
        self.fit(X_train, y_train, X_val, y_val)

    def preprocessing(self, X):
        X_list = split_features(X)
        return X_list

    def __build_keras_model(self):
        input_store = Input(shape=(1,))
        output_store = Embedding(1115, 10, name='store_embedding')(input_store)
        output_store = Reshape(target_shape=(10,))(output_store)

        input_dow = Input(shape=(1,))
        output_dow = Embedding(7, 6, name='dow_embedding')(input_dow)
        output_dow = Reshape(target_shape=(6,))(output_dow)

        input_promo = Input(shape=(1,))
        output_promo = Dense(1)(input_promo)

        input_year = Input(shape=(1,))
        output_year = Embedding(3, 2, name='year_embedding')(input_year)
        output_year = Reshape(target_shape=(2,))(output_year)

        input_month = Input(shape=(1,))
        output_month = Embedding(12, 6, name='month_embedding')(input_month)
        output_month = Reshape(target_shape=(6,))(output_month)

        input_day = Input(shape=(1,))
        output_day = Embedding(31, 10, name='day_embedding')(input_day)
        output_day = Reshape(target_shape=(10,))(output_day)

        input_germanstate = Input(shape=(1,))
        output_germanstate = Embedding(12, 6, name='state_embedding')(input_germanstate)
        output_germanstate = Reshape(target_shape=(6,))(output_germanstate)

        input_model = [input_store, input_dow, input_promo,
```

```
                            input_year, input_month, input_day, input_germanstate]

        output_embeddings = [output_store, output_dow, output_promo,
                             output_year, output_month, output_day, output_germanstate]

        output_model = Concatenate()(output_embeddings)
        output_model = Dense(1000, kernel_initializer="uniform")(output_model)
        output_model = Activation('relu')(output_model)
        output_model = Dense(500, kernel_initializer="uniform")(output_model)
        output_model = Activation('relu')(output_model)
        output_model = Dense(1)(output_model)
        output_model = Activation('sigmoid')(output_model)

        self.model = KerasModel(inputs=input_model, outputs=output_model)

        self.model.compile(loss='mean_absolute_error', optimizer='adam')

    def _val_for_fit(self, val):
        val = numpy.log(val) / self.max_log_y
        return val

    def _val_for_pred(self, val):
        return numpy.exp(val * self.max_log_y)

    def fit(self, X_train, y_train, X_val, y_val):
        self.model.fit(self.preprocessing(X_train), self._val_for_fit(y_train),
                       validation_data=(self.preprocessing(X_val), self._val_for_
                           fit(y_val)),
                       epochs=self.epochs, batch_size=128,
                       # callbacks=[self.checkpointer],
                       )
        # self.model.load_weights('best_model_weights.hdf5')
        print("Result on validation data: ", self.evaluate(X_val, y_val))

    def guess(self, features):
        features = self.preprocessing(features)
        result = self.model.predict(features).flatten()
        return self._val_for_pred(result)
```

4）训练模型。

```
models = []

print("Fitting NN_with_EntityEmbedding...")
for i in range(5):
    models.append(NN_with_EntityEmbedding(X_train, y_train, X_val, y_val))
```

5）评估模型。

```
print("Evaluate combined models...")
print("Training error...")
r_train = evaluate_models(models, X_train, y_train)
print(r_train)
```

```
print("Validation error...")
r_val = evaluate_models(models, X_val, y_val)
print(r_val)
```

运行结果：

```
Evaluate combined models...
Training error...
0.062487139710410665
Validation error...
0.09575525157323411
```

6）保存生成的 Embedding 数据。

```
save_embeddings = True
if save_embeddings:
    model = models[0].model
    store_embedding = model.get_layer('store_embedding').get_weights()[0]
    dow_embedding = model.get_layer('dow_embedding').get_weights()[0]
    year_embedding = model.get_layer('year_embedding').get_weights()[0]
    month_embedding = model.get_layer('month_embedding').get_weights()[0]
    day_embedding = model.get_layer('day_embedding').get_weights()[0]
    german_states_embedding = model.get_layer('state_embedding').get_weights()[0]
    with open(saved_embeddings_fname, 'wb') as f:
        pickle.dump([store_embedding, dow_embedding, year_embedding,
                     month_embedding, day_embedding, german_states_embedding], f, -1)
```

7）定义获取 Embedding 数据的函数。

```
#从训练结果读取各特征的Embedding向量，并把这些向量作为输入值
def embed_features(X, saved_embeddings_fname):
    # f_embeddings = open("embeddings_shuffled.pickle", "rb")
    f_embeddings = open(saved_embeddings_fname, "rb")
    embeddings = pickle.load(f_embeddings)

    #因store_open、promo这两列至多只有两个值，没有进行Embedding，故需排除在外
    index_embedding_mapping = {1: 0, 2: 1, 4: 2, 5: 3, 6: 4, 7: 5}
    X_embedded = []

    (num_records, num_features) = X.shape
    for record in X:
        embedded_features = []
        for i, feat in enumerate(record):
            feat = int(feat)
            if i not in index_embedding_mapping.keys():
                embedded_features += [feat]
            else:
                embedding_index = index_embedding_mapping[i]
                embedded_features += embeddings[embedding_index][feat].tolist()

        X_embedded.append(embedded_features)

    return numpy.array(X_embedded)
```

11.3　构建 XGBoost 模型

1）生成培训数据。这里对特征只进行数值化处理，不做独热编码转换。

```
#重新获取训练数据
f = open('feature_train_data.pickle', 'rb')
(X, y) = pickle.load(f)

num_records = len(X)
train_size = int(train_ratio * num_records)
```

2）划分数据并进行数据采样。独热编码通常适用于利用向量空间度量的算法，无序型分类变量的独热编码可以避免向量距离计算导致的偏序性。而对于树模型，通常不用独热编码，对分类变量进行标签化就行。这里我们也不对分类特征进行独热编码转换。

```
#划分数据
X_train = X[:train_size]
X_val = X[train_size:]
y_train = y[:train_size]
y_val = y[train_size:]

X_train, y_train = sample(X_train, y_train, 200000)  # Simulate data sparsity
print("Number of samples used for training: " + str(y_train.shape[0]))
```

3）构建 XGBoost 模型。

```
class XGBoost(Model):

    def __init__(self, X_train, y_train, X_val, y_val):
        super().__init__()
        dtrain = xgb.DMatrix(X_train, label=numpy.log(y_train))
        evallist = [(dtrain, 'train')]
        param = {'nthread': -1,
                 'max_depth': 7,
                 'eta': 0.02,
                 'silent': 1,
                 'objective': 'reg:linear',
                 'colsample_bytree': 0.7,
                 'subsample': 0.7}
        num_round = 3000
        self.bst = xgb.train(param, dtrain, num_round, evallist)
        print("Result on validation data: ", self.evaluate(X_val, y_val))

    def guess(self, feature):
        dtest = xgb.DMatrix(feature)
        return numpy.exp(self.bst.predict(dtest))
```

4）训练模型。

```
models = []
print("Fitting XGBoost...")
models.append(XGBoost(X_train, y_train, X_val, y_val))
```

5）评估模型。

```
print("Evaluate combined models...")
print("Training error...")
r_train = evaluate_models(models, X_train, y_train)
print(r_train)

print("Validation error...")
r_val = evaluate_models(models, X_val, y_val)
print(r_val)
```

运行结果：

```
Evaluate combined models...
Training error...
0.11262781078707171
Validation error...
0.17633094240281574
```

11.4　使用 Embedding 数据的 XGBoost 模型

1）把 Embedding 作为输入 XGBoost 模型的数据。

```
embeddings_as_input=True
if embeddings_as_input:
    print("Using learned embeddings as input")
    X = embed_features(X, saved_embeddings_fname)

X_train = X[:train_size]
X_val = X[train_size:]
y_train = y[:train_size]
y_val = y[train_size:]
```

2）训练模型。

```
models = []
print("Fitting XGBoost...")
models.append(XGBoost(X_train, y_train, X_val, y_val))
```

3）评估模型。

```
print("Evaluate combined models...")
print("Training error...")
r_train = evaluate_models(models, X_train, y_train)
print(r_train)

print("Validation error...")
r_val = evaluate_models(models, X_val, y_val)
print(r_val)
```

评估结果如下所示：

```
Evaluate combined models...
Training error...
0.0631171387140202
Validation error...
0.09852076399349817
```

11.5　可视化 Embedding 数据

1）导入需要的库。

```
import pickle
from sklearn import manifold
import matplotlib.pyplot as plt
import numpy as np
%matplotlib inline

#屏蔽警告信息
import warnings
warnings.filterwarnings('ignore')
```

2）读取 Embedding 数据。

```
with open("embeddings.pickle", 'rb') as f:
    [store_embedding, dow_embedding, year_embedding,
month_embedding, day_embedding, german_states_embedding] = pickle.load(f)
```

3）读取主要特征数据。

```
#装载主要特征信息
with open("les.pickle", 'rb') as f:
    les = pickle.load(f)
le_store = les[1]
le_dow = les[2]
le_month = les[5]
le_day = les[6]
le_state = les[7]
```

4）用中文表示各州名称。

```
states_names = ["柏林","巴登·符腾堡","拜仁","下萨克森","黑森","汉堡","北莱茵·威斯特法伦州
","莱茵兰·普法尔茨州","石勒苏益格荷尔斯泰因州","萨克森州","萨克森安哈尔特州","图林根州"]
```

5）可视化各州的信息。

```
plt.rcParams['font.sans-serif']=['SimHei'] ##显示中文
plt.rcParams['axes.unicode_minus']=False   ##防止坐标轴上的–号变为方块
tsne = manifold.TSNE(init='pca', random_state=0, method='exact')
Y = tsne.fit_transform(german_states_embedding)
plt.figure(figsize=(8,8))
plt.scatter(-Y[:, 0], -Y[:, 1])
for i, txt in enumerate(states_names):
```

```
plt.annotate(txt, (-Y[i, 0],-Y[i, 1]), xytext = (-20, 8), textcoords = 'offset points')
plt.savefig('state_embedding.pdf')
```

对各州信息的可视化结果如图 11-1 所示。

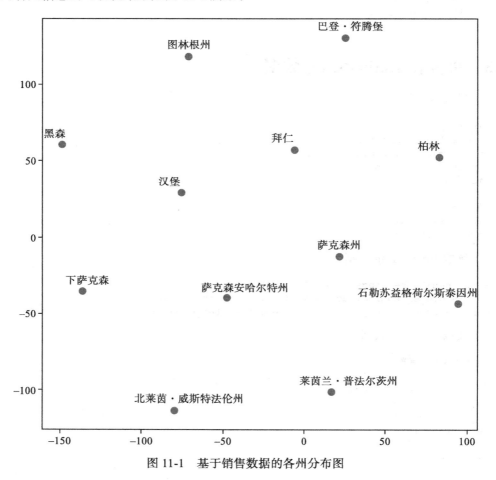

图 11-1　基于销售数据的各州分布图

6）可视化销售星期日信息。

```
tsne = manifold.TSNE(init='pca', random_state=0, method='exact')
Y = tsne.fit_transform(dow_embedding)
names = ['Mon', 'Tue', 'Wed', 'Thu', 'Fri', 'Sat','Sun']
plt.figure(figsize=(8,8))
plt.scatter(-Y[:, 0], -Y[:, 1])
for i, txt in enumerate(names):
plt.annotate(txt, (-Y[i, 0],-Y[i, 1]), xytext = (-5, 8), textcoords = 'offset points')
plt.savefig('dow_embedding.png')
```

各销售数据的可视化结果如图 11-2 所示。

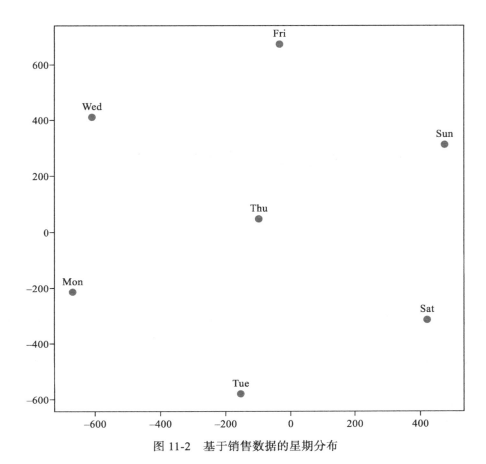

图 11-2　基于销售数据的星期分布

11.6　小结

本章从两个方面的比较说明了使用 Embedding 的神经网络模型优于传统机器学习模型。一是模型相同，但数据表现方式不同；二是数据表现方式相同，但模型不同。

用 Transformer 实现英译中

在第 5 章我们详细介绍了 Transformer，并用 PyTorch 实现，它是一种 Encoder-Decoder 模型，正好可以用来进行语言翻译。本章我们使用 TensorFlow 2 来构建 Transformer，然后用 newscommentary_v14 数据集训练评估模型，并用测试数据测试模型，具体包括如下内容：

❑ TensorFlow 2+ 实例概述
❑ 预处理数据
❑ 构建 Transformer 模型
❑ 定义损失函数
❑ 定义优化器
❑ 训练模型
❑ 评估预测模型
❑ 可视化注意力权重

12.1 TensorFlow 2+ 实例概述

本章实例使用 Transformer 这个强大的特征提取工具，把英文翻译成中文。具体步骤是先构建 Transformer 模型，然后训练模型、评估模型，最后使用几个英文语句测试模型效果。

本章的重点是通过数据预处理使输入数据满足 Transformer 输入格式，具体会使用 TensorFlow 2 构建模型。

为便于训练，这里的训练数据仅使用 TensorFlow 2 上的 wmt19_translate/zh-en 数据集中的新闻评论部分（newscommentary_v14），整个 zh-en 数据集有 2GB 左右。表 12-1 为样例数据。

表 12-1　训练样例数据

英文	中文
Making Do With More	多劳应多得
If the Putins, Erdoğans, and Orbáns of the world want to continue to benefit economically from the open international system, they cannot simply make up their own rules.	如果普京、埃尔多安和欧尔班希望继续享有开放国际体系提供的经济利益，就不能简单地制定自己的规则

12.2　预处理数据

如何把输入或目标输入语句转换为 Transformer 模型的格式？假设这里有两对语句。输入语句最大长度为 8，不足的语句用 0 填补。目标语句的最大长度为 10，不足的语句用 0 填补。英文输入语句的 BOS、EOS 对应索引为 8135 和 8136。目标输入语句的 BOS、EOS 对应索引为 4201 和 4202，批次大小为 2，具体信息可参考图 12-1。

It is important	➡	8135	105	10	1304	7925	8136	0	0	
The numbers speak for themselves	➡	8135	17	3905	6013	12	2572	7925	8136	

这很重要	➡	4201	10	241	80	27	3	4202	0	0	0
数字证明了一切	➡	4201	162	467	421	189	14	7	553	3	4202

图 12-1　Transformer 模型输入数据格式

把源数据转换为图 12-1 格式的数据的主要步骤如下。

1）使用 TensorFlow 的 tensorflow_datasets（下文简称为 tfds）模块下载、预处理数据集。可以 pip 方式安装该模块，更多信息可参考官网（https://www.tensorflow.org/datasets）。

```
pip install tensorflow-datasets
```

2）使用 tfds.features.text.SubwordTextEncoder 对语料库进行分词，并分别构建对应的词典。

3）添加语句开始（BOS）、结束符（EOS）对应索引，统一语句长度，不足的用 0 填充。

4）转换为 tf.Tensor 格式。

5）构建数据处理的管道，同时创建训练和验证集。

12.2.1　下载数据

1）导入需要的库。

```
import os
import time
import numpy as np
import matplotlib as mpl
import matplotlib.pyplot as plt
from pprint import pprint
from IPython.display import clear_output

import tensorflow as tf
import tensorflow_datasets as tfds
```

2）设置输出日志级别。

为了避免 TensorFlow 输出不必要的信息，这里将改变 logging 等级。因为在 TensorFlow 2 里 tf.logging 被弃用，所以可以直接用 logging 模块来完成这件事情。

```
import logging
logger = tf.get_logger()
logger.setLevel(logging.ERROR)
#使numpy不显示科学记号
np.set_printoptions(suppress=True)
```

3）定义保存数据路径、字典存放文件等信息。

```
output_dir = "nmt"
en_vocab_file = os.path.join(output_dir, "en_vocab")
zh_vocab_file = os.path.join(output_dir, "zh_vocab")
checkpoint_path = os.path.join(output_dir, "checkpoints")
log_dir = os.path.join(output_dir, 'logs')
download_dir = "tensorflow-datasets/downloads"

if not os.path.exists(output_dir):
    os.makedirs(output_dir)
```

4）下载数据。

```
#这里我们使用wmt19_translate数据集
tmp_builder = tfds.builder("wmt19_translate/zh-en")
pprint(tmp_builder.subsets)
```

运行结果：

```
{NamedSplit('train'): ['newscommentary_v14',
                       'wikititles_v1',
                       'uncorpus_v1',
                       'casia2015',
                       'casict2011',
                       'casict2015',
                       'datum2015',
                       'datum2017',
                       'neu2017'],
NamedSplit('validation'): ['newstest2018']}
```

可以看到在 WMT2019 里中英对照的数据源并不少。zh-en 数据集包含如下数据源。

❑ 联合国数据：uncorpus_v1
❑ 维基百科标题：wikititles_v1
❑ 新闻评论：newscommentary_v14

虽然大量数据对训练神经网络很有帮助，但为了节省训练 Transformer 所需的时间，这里我们只选择一个数据源当作数据集。那么要选哪个数据源呢？联合国的数据非常庞大，而维基百科标题通常内容很短，所以新闻评论感觉是一个相对适合的选择。我们可以在 config 中指定新闻评论这个数据源并通过 TensorFlow 数据集下载。

5）定义下载配置文件。定义下载数据集的范围，并下载数据。

```
config = tfds.translate.wmt.WmtConfig(
    version=tfds.core.Version('0.0.3', experiments={tfds.core.Experiment.S3: False}),
    language_pair=("zh", "en"),
    subsets={
tfds.Split.TRAIN: ["newscommentary_v14"]
    }
)
builder = tfds.builder("wmt_translate", config=config)
builder.download_and_prepare(download_dir=download_dir)
```

其中 tfds 完成了如下工作：

1）下载包含原始数据的压缩档；
2）解压缩得到 CSV 档案；
3）逐行读取该 CSV 中的所有中英句子；
4）自动过滤不符合格式的 row；
5）Shuffle 数据；
6）将原数据转换成 TFRecord 数据以加速读取。

12.2.2　分割数据

虽然我们只下载了一个新闻评论的数据集，但该数据集还是有超过 30 万条的中英平行句子。为了减少训练所需的时间，使用 tfds.Split 定义一个 split 将此数据集切成多个部分。

1）使用 split 对数据集进行划分。

```
train_perc = 20
val_prec = 1
drop_prec = 100 - train_perc - val_prec

split = tfds.Split.TRAIN.subsplit([train_perc, val_prec, drop_prec])
split
```

2）生成训练和验证数据集。将前两个 split 拿来当作训练集以及验证集，其余暂不使用。

```
examples = builder.as_dataset(split=split, as_supervised=True)
```

```
train_examples, val_examples, _ = examples
```

3）查看数据结构。利用 numpy() 将这些 Tensors 实际储存的字符串取出并编译代码。

```
sample_examples = []
num_samples = 2
c=1
for en_t, zh_t in train_examples.take(num_samples):
  en = en_t.numpy().decode("utf-8")
  zh = zh_t.numpy().decode("utf-8")

  print('-' * 10 + '第'+str(c)+'对语句'+"-"*10)
  print(en)
  print(zh)
  c+=1

  # 这些数据将用来简单评估模型的训练情况
  sample_examples.append((en, zh))
```

运行结果：

```
----------第1对语句----------
Making Do With More
多劳应多得
----------第2对语句----------
If the Putins, Erdoğans, and Orbáns of the world want to continue to benefit
    economically from the open international system, they cannot simply make up
    their own rules.
如果普京、埃尔多安和欧尔班希望继续享有开放国际体系提供的经济利益，就不能简单地制定自己的规则。
```

12.2.3 创建英文语料字典

与大多数 NLP 项目相同，有了原始的中英句子，对单词进行分词，然后为其建立字典来将每个词汇转成索引（Index）。tfds.features.text 底下的 SubwordTextEncoder 提供了非常方便的 API，可以让我们导入整个训练数据集并建立字典，字典大小设置为 8192（即 2**13）。

1）从 en_vocab_file 读取数据。

```
try:
  subword_encoder_en = tfds.features.text.SubwordTextEncoder.load_from_file
    (en_vocab_file)
  print(f"导入已建立的字典：{en_vocab_file}")
except:
  print("没有已建立的字典，重新建立。")
  subword_encoder_en = tfds.features.text.SubwordTextEncoder.build_from_corpus(
    (en.numpy() for en, _ in train_examples),
    target_vocab_size=2**13) # 字典大小为8192

  # 保存字典资料，便于下次使用
  subword_encoder_en.save_to_file(en_vocab_file)
```

```
print(f"字典大小：{subword_encoder_en.vocab_size}")
print(f"前10个 subwords: {subword_encoder_en.subwords[:10]}")
```

运行结果：

```
导入已建立的字典：nmt/en_vocab
字典大小：8135
前10个subwords: [', ', 'the_', 'of_', 'to_', 'and_', 's_', 'in_', 'a_', 'that_', 'is_']
```

这里 subword_encoder_en 利用 GNMT 当初推出的词块（wordpiece）来进行断词，而其产生的子词（subword）介于这两者之间：用英文字母分隔的断词（character-delimited）与用空白分隔的断词（word-delimited）。在导入所有英文句子以后，subword_encoder_en 会建立一个有 8135 个子词的字典。我们可以用该字典来帮我们将一个英文句子转成对应的索引序列（index sequence）。

2）下面是使用 subword_encoder_en.encode 的一个简单示例。

```
sample_string = 'Shanghai is beautiful.'
indices = subword_encoder_en.encode(sample_string)
indices
```

运行结果：

```
[2467, 232, 3157, 7911, 10, 2942, 7457, 1163, 7925]
```

在第 2 章使用 tf.keras 中的 Tokenizer 也实现了相同的功能，即对语句分词然后索引化。接下来让我们将这些索引还原。

3）根据索引进行还原。

```
print("{0:10}{1:6}".format("Index", "Subword"))
print("-" * 15)
for idx in indices:
  subword = subword_encoder_en.decode([idx])
  print('{0:5}{1:6}'.format(idx, ' ' * 5 + subword))
```

运行结果：

```
Index      Subword
---------------
 2467      Sha
  232      ng
 3157      hai
 7911
   10      is
 2942      bea
 7457      uti
 1163      ful
 7925      .
```

当 subwordtokenizer 遇到字典里从没出现的词汇，会将该词拆成多个子词。比如上面句中的 beautiful 就被拆成 bea_uti_ful。这也是为何这种断词方法可以拆分没有在字典里出现过的字（out-of-vocabulary words）。另外请忽略这里为了对齐写的 print 语法。重点是我们可以用 subword_encoder_en 的 decode 函数再度将索引数字转回其对应的子词。

12.2.4　创建中文语料字典

创建中文语料字典与英文类似，不过在分词时需要指明每一个中文字就是字典的一个单位，通过设置 max_subword_length=1 来实现。具体代码如下：

```
try:
  subword_encoder_zh = tfds.features.text.SubwordTextEncoder.load_from_file
      (zh_vocab_file)
  print(f"导入已建立的字典：{zh_vocab_file}")
except:
  print("没有已建立的字典，重新开始。")
  subword_encoder_zh = tfds.features.text.SubwordTextEncoder.build_from_corpus(
      (zh.numpy() for _, zh in train_examples),
      target_vocab_size=2**13, # 有需要时可以调整字典大小
      max_subword_length=1) # 每一个中文字就是字典的一个单位

  # 保存字典便于下次使用
  subword_encoder_zh.save_to_file(zh_vocab_file)

print(f"字典大小：{subword_encoder_zh.vocab_size}")
print(f"前10个 subwords：{subword_encoder_zh.subwords[:10]}")
```

12.2.5　定义编码函数

在处理序列数据时我们时常会在一个序列的前后各加入一个特殊的标识符，以标记该序列的开始与结束，如前文多次提到的开始 / 结束标识符（BOS/EOS）。

这边我们定义了一个将被 tf.data.Dataset 使用的 encode 函数，它的输入是一笔包含 2 个 string Tensors 的例子，输出则是 2 个包含 BOS / EOS 的索引序列。

1）添加每个语句的开始、结束标识符。

```
def encode(en_t, zh_t):
  # 序列索引从0开始，
  # 我们可以使用 subword_encoder_en.vocab_size 这个值作为BOS的索引值
  # 用 subword_encoder_en.vocab_size + 1 作为EOS 的索引值
  en_indices = [subword_encoder_en.vocab_size] + subword_encoder_en.encode(
      en_t.numpy()) + [subword_encoder_en.vocab_size + 1]
  # 同理，使用中文字典的最后一个索引 + 1
  zh_indices = [subword_encoder_zh.vocab_size] + subword_encoder_zh.encode(
      zh_t.numpy()) + [subword_encoder_zh.vocab_size + 1]

  return en_indices, zh_indices
```

2）把 encode 的结果转换为 tf.Tensor 格式的数据。目前 tf.data.Dataset.map 函数里的计

算是在图模式（Graph Mode）下执行，而 Tensors 并不会有 Eager 模式执行时才有的 numpy 属性。因此，可以使用 tf.py_function 将我们刚刚定义的 encode 函数包转换成一个以 eager 模式执行的操作，即把 encode 的结果转换为 tf.Tensor 格式的数据。

```
def tf_encode(en_t, zh_t):
    # 在 `tf_encode` 函式的 `en_t` 与 `zh_t` 都不是 Eager Tensors,
    # 要到 `tf.py_funtion` 里才是
    # 另外，因为索引都是整数，所以使用 `tf.int64`
    return tf.py_function(encode, [en_t, zh_t], [tf.int64, tf.int64])

# `tmp_dataset` 为说明数据集，用于说明所有重要的 func，是临时数据集
# 重新建立一个正式的 `train_dataset`
tmp_dataset = train_examples.map(tf_encode)
en_indices, zh_indices = next(iter(tmp_dataset))
print(en_indices)
print(zh_indices)
```

运行结果：

```
tf.Tensor([8135 4682   19  717 7911  298 2701 7980 8136], shape=(9,), dtype=int64)
tf.Tensor([4201   48  557  116   48   81 4202], shape=(7,), dtype=int64)
```

12.2.6　过滤数据

为使训练 Transformer 更简单，这里将去掉所有长度超过 40 个标识符的序列。定义一个布尔函数，其输入为一个包含英文序列 en、中文序列 zh 的例子，并只在这两个序列的长度都小于 40 的时候回传真值（True）。

```
MAX_LENGTH = 40

def filter_max_length(en, zh, max_length=MAX_LENGTH):
    # en、zh 分别代表英文与中文的索引序列
    return tf.logical_and(tf.size(en) <= max_length,
tf.size(zh) <= max_length)

# tf.data.Dataset.filter(func) 只回传 func为真的例子
tmp_dataset = tmp_dataset.filter(filter_max_length)
```

12.2.7　创建训练集和验证集

padded_batch 函数能通过补 0 的方式帮我们将每个 batch 里的序列调整到跟当下 batch 中最长的序列一样长。比如英文 batch 中最长的序列为 34；而中文 batch 里最长的序列为 40（刚好是我们前面设定过的序列长度上限），此时通过 padded_batch 函数可将英文 batch 中的序列也调整到 40。现在我们从头建立训练集与验证集，顺便看看这些中英句子是如何被转换成它们的最终形态的。

```
BATCH_SIZE = 128
```

```
BUFFER_SIZE = 15000

#训练集
train_dataset = (train_examples  # 输出：(英文句子，中文句子)
                    .map(tf_encode) # 输出：(英文索引序列，中文索引序列)
                    .filter(filter_max_length) # 同上，且序列长度不超过40
                    .cache() # 便于更快读取数据
                    .shuffle(BUFFER_SIZE) # 打乱数据
                    .padded_batch(BATCH_SIZE, # 使batch中的句子保持一样的长度
padded_shapes=([-1], [-1]))
                    .prefetch(tf.data.experimental.AUTOTUNE)) # 加速
# 验证集
val_dataset = (val_examples
.map(tf_encode)
.filter(filter_max_length)
.padded_batch(BATCH_SIZE,
padded_shapes=([-1], [-1])))
```

这里在构建训练数据集时还添加了一些新的函数。它们多用于提高输入效率，并不会影响输出格式。如果你想深入了解这些函数的运作方式，可以参考 **tf.data** 的官方文档。现在让我们看看最后建立出来的数据集是什么样子。

```
en_batch, zh_batch = next(iter(train_dataset))
print("en_batch的形状:{},zh_batch的形状:{}".format(en_batch.shape,zh_batch.shape))
print("英文索引序列的 batch样例")
print(en_batch[:2])
print('-' * 20)
print("中文索引序列的 batch样例")
print(zh_batch[:2])
```

运行结果：

```
en_batch的形状:(128, 37),zh_batch的形状:(128, 40)
英文索引序列的 batch样例
tf.Tensor(
[[8135    17 7088 5507 2489 2188 2168 2542     8  649  997 1685  160 1882
  5261 7911    37 6309   59 7925 8136    0    0    0    0    0    0    0
     0     0     0     0     0     0     0     0    0]
 [8135 2699 3692 7445 7911 2833    33 6131 7911 3381 1394 7980 8136     0
     0     0     0     0     0     0     0    0    0    0    0    0    0
     0     0     0     0     0     0     0     0    0]], shape=(2, 37), dtype=int64)
--------------------
中文索引序列的 batch样例
tf.Tensor(
[[4201 4023 4010 4015 4029 4010  923  935  111    9  735    2  692  178
  2033  413  146   74  372   81  337  337  374    1  136  994    3 4202
     0    0    0    0    0    0    0    0    0    0    0    0]
 [4201   15  257  375  342  163   91    6    7   31  274  489  123  143
  4202    0    0    0    0    0    0    0    0    0    0    0    0    0
     0    0    0    0    0    0    0    0    0    0    0    0]],
shape=(2, 40), dtype=int64)
```

　　至此，数据预处理就完成了，这些数据满足 Transformer 的输入格式。接下来将构建 Transformer 模型。

12.3　构建 Transformer 模型

　　Transformer 是大多预训练模型的核心，其重要性就不言而喻了。为帮助大家更好理解，这里我们使用 TensorFlow 最新版（2+ 版本）进行数据预处理，并用它构建 Transformer，最后进行训练和评估。

12.3.1　Transformer 模型架构图

　　Transformer 的原理在第 5 章已详细介绍过，这里不再赘述，只简单提供其核心架构，如图 12-2 所示。

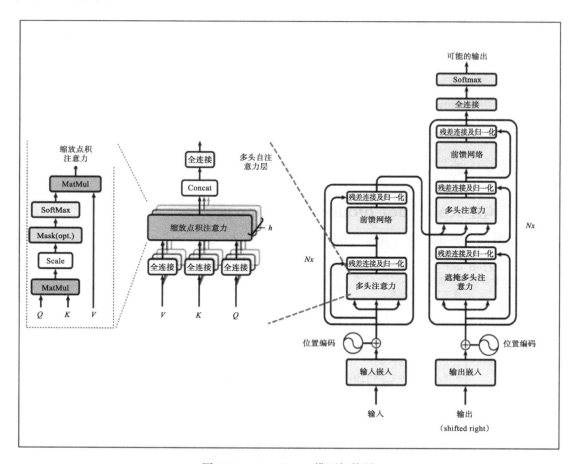

图 12-2　Transforme 模型架构图

12.3.2　架构说明

从图 12-2 不难看出，Transformer 由一个编码器（Encoder）和一个解码器（Decoder）构成，而 Encoder 又由 N 个 Encoder Layer 构成，Decoder 又由 N 个 Decoder Layer 构成。这些模块之间的逻辑关系如下，后面我们就按照这个逻辑关系来构建 Transformer 模型。

```
Transformer的结构
    Encoder
        输入 Embedding
        位置 Encoding
        N 个 Encoder layers
            sub-layer 1: Encoder 自注意力机制
                MultiHeadAttention
                scaled_dot_product_attention
                layernorm1
            sub-layer 2: Feed Forward
    Decoder
        输出 Embedding
        位置 Encoding
        N 个 Decoder layers
            sub-layer 1: Decoder 自注意力机制
                MultiHeadAttention
                scaled_dot_product_attention
                layernorm1
            sub-layer 2: Decoder-Encoder 注意力机制
                MultiHeadAttention
                scaled_dot_product_attention
                layernorm1
            sub-layer 3: Feed Forward
    Final Dense Layer
```

12.3.3　构建 scaled_dot_product_attention 模块

构建图 12-2 中的注意力权重核心模块——scaled_dot_product_attention。

```python
def scaled_dot_product_attention(q, k, v, mask):
    """计算注意力权重.
    q、k、v 必须有匹配的维度.
    参数:
      q: query shape == (..., seq_len_q, depth)
      k: key shape == (..., seq_len_k, depth)
      v: value shape == (..., seq_len_v, depth_v)
      mask: Float tensor with shape broadcastable
            to (..., seq_len_q, seq_len_k). Defaults to None.

    返回值:
      output, attention_weights
    """
    # 将q与k做点积，再缩放
    matmul_qk = tf.matmul(q, k, transpose_b=True)  # (..., seq_len_q, seq_len_k)
```

```
dk = tf.cast(tf.shape(k)[-1], tf.float32)  # 获取seq_k序列长度
scaled_attention_logits = matmul_qk / tf.math.sqrt(dk)  # scale by sqrt(dk)

# 将掩码加入logits
if mask is not None:
  scaled_attention_logits += (mask * -1e9)

# 使用Softmax 激活函数
attention_weights = tf.nn.softmax(scaled_attention_logits, axis=-1)
# (..., seq_len_q, seq_len_k)

# 对v做加权平均(weighted average)
output = tf.matmul(attention_weights, v)  # (..., seq_len_q, depth_v)

return output, attention_weights
```

12.3.4　构建 MultiHeadAttention 模块

对 q、k、v 输入一个前馈神经网络，然后在 scaled_dot_product_attention 模块的基础上构建多头注意力模块。

```
# 初始化时指定输出维度及多头注意数目（d_model与num_heads），
# 运行时输入 v、k、q 以及mask
# 输出与scaled_dot_product_attention函数一样，有两个：
# output.shape          == (batch_size, seq_len_q, d_model)
# attention_weights.shape == (batch_size, num_heads, seq_len_q, seq_len_k)
class MultiHeadAttention(tf.keras.layers.Layer):
  # 初始化相关参数
  def __init__(self, d_model, num_heads):
    super(MultiHeadAttention, self).__init__()
    self.num_heads = num_heads  # 指定要将d_model拆成几个head
    self.d_model = d_model # 在split_heads之前的维度

    assert d_model % self.num_heads == 0  # 确保能整除或平分

    self.depth = d_model // self.num_heads  # 每个head里子词新的维度

    self.wq = tf.keras.layers.Dense(d_model)  # 分别给q、k、v 做线性转换
    self.wk = tf.keras.layers.Dense(d_model)  # 这里并没有指定激活函数
    self.wv = tf.keras.layers.Dense(d_model)

    self.dense = tf.keras.layers.Dense(d_model)  # 多头拼接后做线性转换

  # 划分成多头机制
  def split_heads(self, x, batch_size):
    """将最后一个维度拆分为(num_heads, depth).
    转置后的形状为 (batch_size, num_heads, seq_len, depth)
    """
    x = tf.reshape(x, (batch_size, -1, self.num_heads, self.depth))
    return tf.transpose(x, perm=[0, 2, 1, 3])
```

```
#遮掩多头注意力的实际执行流程，注意参数顺序
def call(self, v, k, q, mask):
  batch_size = tf.shape(q)[0]

    # 对输入的q、k、v都各自做一次线性转换到d_model维空间
    q = self.wq(q)  # (batch_size, seq_len, d_model)
    k = self.wk(k)  # (batch_size, seq_len, d_model)
    v = self.wv(v)  # (batch_size, seq_len, d_model)

    #将最后一个d_model维度拆分成num_heads个depth维度
    q = self.split_heads(q, batch_size)  # (batch_size, num_heads, seq_len_q, depth)
    k = self.split_heads(k, batch_size)  # (batch_size, num_heads, seq_len_k, depth)
    v = self.split_heads(v, batch_size)  # (batch_size, num_heads, seq_len_v, depth)

    # 利用广播机制(broadcasting)让每个句子的每个head的 q、k、v都各自实现注意力机制
    # 输出多一个表示num_heads的维度
    scaled_attention, attention_weights = scaled_dot_product_attention(
        q, k, v, mask)
    # scaled_attention.shape == (batch_size, num_heads, seq_len_q, depth)
    # attention_weights.shape == (batch_size, num_heads, seq_len_q, seq_len_k)

    # 与split_heads相反，先做转换再做重塑
    # 将num_heads个depth维度拼接成原来的d_model维度
    scaled_attention = tf.transpose(scaled_attention, perm=[0, 2, 1, 3])
    # (batch_size, seq_len_q, num_heads, depth)
    concat_attention = tf.reshape(scaled_attention,
                                    (batch_size, -1, self.d_model))
    # (batch_size, seq_len_q, d_model)

    # 实现最后一个线性转换
    output = self.dense(concat_attention)  # (batch_size, seq_len_q, d_model)

    return output, attention_weights
```

12.3.5 构建 point_wise_feed_forward_network 模块

构建 Encoder 及 Decoder 中的前馈神经网络（point_wise_feed_forward_network）模块。

```
# 创建Transformer 中的Encoder / Decoder Layer 都用到的FeedForward组件
def point_wise_feed_forward_network(d_model, dff):

    # 这里FFN 对输入做两个线性转换，中间加一个ReLU激活函数
    return tf.keras.Sequential([
tf.keras.layers.Dense(dff, activation='relu'),  # (batch_size, seq_len, dff)
tf.keras.layers.Dense(d_model)  # (batch_size, seq_len, d_model)
    ])
```

12.3.6 构建 EncoderLayer 模块

使用 MHA、dropout、norm 及 FFN 构成一个 EncoderLayer 模块。

```
# Encoder有N个 EncoderLayer模块，而每个EncoderLayer模块又有两个sub-layer，即MHA & FFN
class EncoderLayer(tf.keras.layers.Layer):
  # dropout rate设为0.1
  def __init__(self, d_model, num_heads, dff, rate=0.1):
    super(EncoderLayer, self).__init__()

    self.mha = MultiHeadAttention(d_model, num_heads)
    self.ffn = point_wise_feed_forward_network(d_model, dff)

    # 一个sub-layer使用一个LayerNorm
    self.layernorm1 = tf.keras.layers.LayerNormalization(epsilon=1e-6)
    self.layernorm2 = tf.keras.layers.LayerNormalization(epsilon=1e-6)

    # 一个sub-layer使用一个Dropout层
    self.dropout1 = tf.keras.layers.Dropout(rate)
    self.dropout2 = tf.keras.layers.Dropout(rate)

  # Dropout层在训练以及测试的作用有所不同
  def call(self, x, training, mask):
    # 除了attn，其他张量的形状都为(batch_size, input_seq_len, d_model)
    # attn.shape == (batch_size, num_heads, input_seq_len, input_seq_len)

    # sub-layer 1: MHA
    # Encoder利用注意力机制关注自己当前的序列，
    # 因此，需要用填充遮掩方式来遮住输入序列中的<pad>标识符
    attn_output, attn = self.mha(x, x, x, mask)
    attn_output = self.dropout1(attn_output, training=training)
    out1 = self.layernorm1(x + attn_output)

    # sub-layer 2: FFN
    ffn_output = self.ffn(out1)
    ffn_output = self.dropout2(ffn_output, training=training)
    out2 = self.layernorm2(out1 + ffn_output)

    return out2
```

12.3.7　构建 Encoder 模块

定义输入嵌入（Embedding）及位置编码（pos_encoding），连接 N 个 EncoderLayer 模块构成 Encoder 模块。

```
class Encoder(tf.keras.layers.Layer):
  # 参数num_layers：确定有几个EncoderLayer模块
  # 参数input_vocab_size：用来把索引转换为词嵌入(Embedding)向量
  def __init__(self, num_layers, d_model, num_heads, dff, input_vocab_size,
               rate=0.1):
    super(Encoder, self).__init__()

    self.d_model = d_model

    self.embedding = tf.keras.layers.Embedding(input_vocab_size, d_model)
```

```
        self.pos_encoding = positional_encoding(input_vocab_size, self.d_model)

        # 创建num_layers个EncoderLayer模块
        self.enc_layers = [EncoderLayer(d_model, num_heads, dff, rate)
                           for _ in range(num_layers)]

        self.dropout = tf.keras.layers.Dropout(rate)

    def call(self, x, training, mask):
      # 输入的 x.shape == (batch_size, input_seq_len)
      # 以下各层的输出都是(batch_size, input_seq_len, d_model)
      input_seq_len = tf.shape(x)[1]

      # 将2维的索引序列转成3维的词嵌入张量，并乘上sqrt(d_model)
      # 再加上对应长度的位置编码
      x = self.embedding(x)
      x *= tf.math.sqrt(tf.cast(self.d_model, tf.float32))
      x += self.pos_encoding[:, :input_seq_len, :]

      x = self.dropout(x, training=training)

      # 通过N个EncoderLayer模块构建Encoder模块
      for i, enc_layer in enumerate(self.enc_layers):
        x = enc_layer(x, training, mask)

      return x
```

12.3.8　构建 DecoderLayer 模块

DecoderLayer 由 MHA、Encoder 输出的 MHA 及 FFN 构成。

```
# Decoder有N个DecoderLayer模块
# 而每个DecoderLayer模块有3个sub-layer: 自注意的MHA、Encoder输出的MHA及FFN
class DecoderLayer(tf.keras.layers.Layer):
  def __init__(self, d_model, num_heads, dff, rate=0.1):
    super(DecoderLayer, self).__init__()

    # 3 个sub-layer
    self.mha1 = MultiHeadAttention(d_model, num_heads)
    self.mha2 = MultiHeadAttention(d_model, num_heads)
    self.ffn = point_wise_feed_forward_network(d_model, dff)

    # 每个sub-layer使用的LayerNorm
    self.layernorm1 = tf.keras.layers.LayerNormalization(epsilon=1e-6)
    self.layernorm2 = tf.keras.layers.LayerNormalization(epsilon=1e-6)
    self.layernorm3 = tf.keras.layers.LayerNormalization(epsilon=1e-6)

    # 定义每个sub-layer使用的Dropout
    self.dropout1 = tf.keras.layers.Dropout(rate)
    self.dropout2 = tf.keras.layers.Dropout(rate)
    self.dropout3 = tf.keras.layers.Dropout(rate)
```

```python
def call(self, x, enc_output, training,
        combined_mask, inp_padding_mask):
    # 所有sub-layer的主要输出皆为 (batch_size, target_seq_len, d_model)
    # enc_output为Encoder输出序列，其形状为 (batch_size, input_seq_len, d_model)
    # attn_weights_block_1 形状为 (batch_size, num_heads, target_seq_len, target_seq_len)
    # attn_weights_block_2 形状为 (batch_size, num_heads, target_seq_len, input_seq_len)

    # sub-layer 1:Decoder layer需要前瞻遮掩（look ahead mask）以及对输出序列的填充遮掩
    #（padding mask），以此来避免前面已生成的子词关注到未来的子词以及 <pad> 标记符
    attn1, attn_weights_block1 = self.mha1(x, x, x, combined_mask)
    attn1 = self.dropout1(attn1, training=training)
    out1 = self.layernorm1(attn1 + x)

    # sub-layer 2: Decoder layer关注Encoder 的最后输出
    # 同样需要对Encoder的输出使用用padding mask以避免关注到 <pad>
    attn2, attn_weights_block2 = self.mha2(
        enc_output, enc_output, out1, inp_padding_mask)  # (batch_size, target_
            seq_len, d_model)
    attn2 = self.dropout2(attn2, training=training)
    out2 = self.layernorm2(attn2 + out1)  # (batch_size, target_seq_len, d_model)

    # sub-layer 3: FFN 部分跟 Encoder layer 完全一样
    ffn_output = self.ffn(out2)  # (batch_size, target_seq_len, d_model)

    ffn_output = self.dropout3(ffn_output, training=training)
    out3 = self.layernorm3(ffn_output + out2)  # (batch_size, target_seq_len, d_model)


    return out3, attn_weights_block1, attn_weights_block2
```

12.3.9　构建 Decoder 模块

Decoder Layer 与 Encoder layer 的区别在于少了 1 个 MHA。在 Decoder 中我们只需要建立一个专门为中文提供的词嵌入层以及位置编码即可。在使用每个 Decoder Layer 时需要顺便把其注意权重存下来，以方便我们了解模型训练完后是怎么做翻译的。

```python
class Decoder(tf.keras.layers.Layer):
    #初始化参数与Encoder基本相同，
    #不同的是使用target_vocab_size而非inp_vocab_size
    def __init__(self, num_layers, d_model, num_heads, dff, target_vocab_size,
                rate=0.1):
        super(Decoder, self).__init__()

        self.d_model = d_model

        #为中文（即目标语言）构建词嵌入层
        self.embedding = tf.keras.layers.Embedding(target_vocab_size, d_model)
        self.pos_encoding = positional_encoding(target_vocab_size, self.d_model)
```

```
        self.dec_layers = [DecoderLayer(d_model, num_heads, dff, rate)
                          for _ in range(num_layers)]
        self.dropout = tf.keras.layers.Dropout(rate)

    # 调用的参数与DecoderLayer相同
    def call(self, x, enc_output, training,
            combined_mask, inp_padding_mask):

        tar_seq_len = tf.shape(x)[1]
        attention_weights = {}   # 用于存放每个DecoderLayer 的注意力权重

        # 这与Encoder做的事情完全一样
        x = self.embedding(x)   # (batch_size, tar_seq_len, d_model)
        x *= tf.math.sqrt(tf.cast(self.d_model, tf.float32))
        x += self.pos_encoding[:, :tar_seq_len, :]
        x = self.dropout(x, training=training)


        for i, dec_layer in enumerate(self.dec_layers):
          x, block1, block2 = dec_layer(x, enc_output, training,
                                      combined_mask, inp_padding_mask)

          # 将从每个 DecoderLayer 获取的注意力权重全部存下来回传，方便后续观察
          attention_weights['decoder_layer{}_block1'.format(i + 1)] = block1
          attention_weights['decoder_layer{}_block2'.format(i + 1)] = block2

        # x.shape == (batch_size, tar_seq_len, d_model)
        return x, attention_weights
```

12.3.10　构建 Transformer 模型

构建 Transformer 模型，它由 Encoder 和 Decoder 构成。

```
# Transformer 之上没有其他层，我们使用tf.keras.Model构建模型
class Transformer(tf.keras.Model):
  # 初始化参数包括Encoder和Decoder模块涉及的超参数以及中英字典数目等
  def __init__(self, num_layers, d_model, num_heads, dff, input_vocab_size,
              target_vocab_size, rate=0.1):
    super(Transformer, self).__init__()

    self.encoder = Encoder(num_layers, d_model, num_heads, dff,
                          input_vocab_size, rate)

    self.decoder = Decoder(num_layers, d_model, num_heads, dff,
                          target_vocab_size, rate)
    # 这个FFN 输出跟中文字典一样大的logits值，通过Softmax函数计算后表示每个中文字出现的概率
    self.final_layer = tf.keras.layers.Dense(target_vocab_size)

  # enc_padding_mask 跟 dec_padding_mask 都是英文序列的 padding mask，
  # 只是一个供Encoder Layer的MHA使用，一个供Decoder Layer 的MHA 2使用
  def call(self, inp, tar, training, enc_padding_mask,
          combined_mask, dec_padding_mask):
```

```
enc_output = self.encoder(inp, training, enc_padding_mask)  # (batch_size,
    inp_seq_len, d_model)

# dec_output.shape == (batch_size, tar_seq_len, d_model)
dec_output, attention_weights = self.decoder(
    tar, enc_output, training, combined_mask, dec_padding_mask)

# Decoder 输出通过最后一个全连接层(linear layer)
final_output = self.final_layer(dec_output)  # (batch_size, tar_seq_len,
    target_vocab_size)

return final_output, attention_weights
```

输入 Transformer 的多个 2 维英文张量 inp 会一路通过 Encoder 的词嵌入层、位置编码以及 N 个 Encoder Layer 后被转换成 Encoder 输出 enc_output，对应的中文序列 tar 则会在 Decoder 经历相同流程并在每一层的 Decoder Layer 利用 MHA 2 关注 Encoder 的输出 enc_output，最后被 Decoder 输出。

而 Decoder 的输出 dec_output 则会通过最后的全连接层转成进入 Softmax 函数前的 logits final_output，其 logit 的数目与中文字典里的子词数相同。

因为 Transformer 把 Decoder 封装起来了，现在我们不需要考虑 Encoder 的输出 enc_output，只要把英文（来源）以及中文（目标）的索引序列 batch 丢入 Transformer，Transformer 就会输出最后一维为中文字典大小的张量。第 2 维是输出序列，其中每一个位置的向量就代表该位置的中文字的概率分布（事实上要通过 Softmax 计算才是，这样说是为了方便理解）：

输入：英文序列：（batch_size，inp_seq_len）

中文序列：（batch_size，tar_seq_len）

输出：生成序列：（batch_size，tar_seq_len，target_vocab_size）

下面让我们构建一个 Transformer 模型，并假设我们已经准备好用 demo 数据来训练它完成英文到中文的翻译任务。

12.3.11 定义掩码函数

为更好理解如何生成掩码，从一个简单实例开始。

1）生成样例数据。

```
demo_examples = [
    ("It is important.", "这很重要。"),
    ("The numbers speak for themselves.", "数字证明了一切。"),
]
print(demo_examples)
```

2）生成 Transformer 格式数据。

```
batch_size = 2
demo_examples = tf.data.Dataset.from_tensor_slices((
    [en for en, _ in demo_examples], [zh for _, zh in demo_examples]
))

#将两个句子通过之前定义的字典转换成子词的序列（sequence of subword）
# 并添加 padding token：<pad>来确保 batch里的句子有一样长度
demo_dataset = demo_examples.map(tf_encode)\
.padded_batch(batch_size, padded_shapes=([-1], [-1]))

# 取出这个 demo 数据作为一个batch
inp, tar = next(iter(demo_dataset))
print('inp:', inp)
print('' * 10)
print('tar:', tar)
```

运行结果：

```
inp: tf.Tensor(
[[8135  105   10 1304 7925 8136    0    0]
 [8135   17 3905 6013   12 2572 7925 8136]], shape=(2, 8), dtype=int64)

tar: tf.Tensor(
[[4201   10  241   80   27    3 4202    0    0    0]
 [4201  162  467  421  189   14    7  553    3 4202]], shape=(2, 10),
dtype=int64)
```

3）定义生成掩码函数。

```
def create_padding_mask(seq):
    # 填充遮掩就是把索引序列中为 0 的位置设为 1
    mask = tf.cast(tf.equal(seq, 0), tf.float32)
    return mask[:, tf.newaxis, tf.newaxis, :] # broadcasting

inp_mask = create_padding_mask(inp)
inp_mask
```

运行结果：

```
<tf.Tensor: id=437865, shape=(2, 1, 1, 8), dtype=float32, numpy=
array([[[[0., 0., 0., 0., 0., 0., 1., 1.]]], [[[0., 0., 0., 0., 0., 0., 0., 0.]]]],
    dtype=float32)>
```

4）把输入数据转换为 Embedding 向量。

```
# + 2 是因为我们额外加了 <start> 以及 <end> 标识符
vocab_size_en = subword_encoder_en.vocab_size + 2
vocab_size_zh = subword_encoder_zh.vocab_size + 2

# 为了方便演示，将词汇转换到一个4维的词嵌入空间
d_model = 4
embedding_layer_en = tf.keras.layers.Embedding(vocab_size_en, d_model)
embedding_layer_zh = tf.keras.layers.Embedding(vocab_size_zh, d_model)
```

```
emb_inp = embedding_layer_en(inp)
emb_tar = embedding_layer_zh(tar)
emb_inp, emb_tar
```

5）定义对目标输入的掩码函数。

```
# 建立一个2 维矩阵，维度为 (size, size)，
# 参数mask为一个右上角的三角形
def create_look_ahead_mask(size):
    mask = 1 - tf.linalg.band_part(tf.ones((size, size)), -1, 0)
    return mask  # (seq_len, seq_len)

seq_len = emb_tar.shape[1] # 注意这次我们用中文的词嵌入张量emb_tar
look_ahead_mask = create_look_ahead_mask(seq_len)
print("emb_tar:", emb_tar)
print("-" * 20)
print("look_ahead_mask", look_ahead_mask)
```

6）定义配置编码函数。

```
# 以下直接参考 TensorFlow 官方文档
def get_angles(pos, i, d_model):
  angle_rates = 1 / np.power(10000, (2 * (i//2)) / np.float32(d_model))
  return pos * angle_rates

def positional_encoding(position, d_model):
  angle_rads = get_angles(np.arange(position)[:, np.newaxis],
                          np.arange(d_model)[np.newaxis, :],
                          d_model)

  # apply sin to even indices in the array; 2i
  sines = np.sin(angle_rads[:, 0::2])

  # apply cos to odd indices in the array; 2i+1
  cosines = np.cos(angle_rads[:, 1::2])

  pos_encoding = np.concatenate([sines, cosines], axis=-1)

  pos_encoding = pos_encoding[np.newaxis, ...]

  return tf.cast(pos_encoding, dtype=tf.float32)
```

7）根据以上生成的简单样例数据，测试 Transformer 模型。

```
#定义几个超参数
num_layers = 1
d_model = 4
num_heads = 2
dff = 8

# + 2 为添加<start>&<end> 标识符
input_vocab_size = subword_encoder_en.vocab_size + 2
output_vocab_size = subword_encoder_zh.vocab_size + 2
```

```
# 预测时用前一个字预测后一个字
tar_inp = tar[:, :-1]
tar_real = tar[:, 1:]

# 使用源输入、目标输入的掩码，这里使用 comined_mask 合并目标语言的两种掩码
inp_padding_mask = create_padding_mask(inp)
tar_padding_mask = create_padding_mask(tar_inp)
look_ahead_mask = create_look_ahead_mask(tar_inp.shape[1])
combined_mask = tf.math.maximum(tar_padding_mask, look_ahead_mask)

# 初始化第一个Transformer
transformer = Transformer(num_layers, d_model, num_heads, dff,
input_vocab_size, output_vocab_size)

# 导入英文、中文序列，查看Transformer 预测下个中文的结果
predictions, attn_weights = transformer(inp, tar_inp, False, inp_padding_mask,
combined_mask, inp_padding_mask)

print("tar:", tar)
print("-" * 20)
print("tar_inp:", tar_inp)
print("-" * 20)
print("tar_real:", tar_real)
print("-" * 20)
print("predictions:", predictions)
```

12.4 定义损失函数

这里基于交叉熵定义损失函数，先定义一个含交叉熵的对象，然后定义损失函数使用该对象。

1. 定义一个损失对象

基于一个交叉熵，创建一个损失对象。

```
loss_object = tf.keras.losses.SparseCategoricalCrossentropy(
from_logits=True, reduction='none')

# 假设我们要处理一个二分类binary classifcation， 0 、1 为标签值
real = tf.constant([1, 1, 0], shape=(1, 3), dtype=tf.float32)
pred = tf.constant([[0, 1], [0, 1], [0, 1]], dtype=tf.float32)
loss_object(real, pred)
```

2. 定义损失函数

有了损失对象（loss_object）之后，还需要另外一个函数来建立掩码并加总到序列中，这里暂不包含 token 位置的损失，后续将加上。

```
def loss_function(real, pred):
```

```
# 将序列中不等于0的位置视为1，其余为0
mask = tf.math.logical_not(tf.math.equal(real, 0))
# 计算所有位置的交叉熵，但不汇总
loss_ = loss_object(real, pred)
mask = tf.cast(mask, dtype=loss_.dtype)
loss_ *= mask  # 只计算非<pad> 位置的损失

return tf.reduce_mean(loss_)
```

3. 定义两个评估指标

定义两个评估指标：train_loss 和 train_accuracy。

```
train_loss = tf.keras.metrics.Mean(name='train_loss')
train_accuracy = tf.keras.metrics.SparseCategoricalAccuracy(
    name='train_accuracy')
```

12.5　定义优化器

在优化器中，学习率参数非常重要，这里我们采用一种动态变化的学习率。

1. 定义一些超参数

定义 Encoder 或 Decoder 层数、输入向量维度、FNN 隐含层节点数等超参数。

```
num_layers = 4
d_model = 128
dff = 512
num_heads = 8

input_vocab_size = subword_encoder_en.vocab_size + 2
target_vocab_size = subword_encoder_zh.vocab_size + 2
dropout_rate = 0.1  # 初始值

print("input_vocab_size:", input_vocab_size)
print("target_vocab_size:", target_vocab_size)
```

2. 定义优化器

动态调整学习率，并采用自适应优化器 Adam。

```
class CustomSchedule(tf.keras.optimizers.schedules.LearningRateSchedule):
  # 预设值warmup_steps= 4000
  def __init__(self, d_model, warmup_steps=4000):
    super(CustomSchedule, self).__init__()

    self.d_model = d_model
    self.d_model = tf.cast(self.d_model, tf.float32)

    self.warmup_steps = warmup_steps
```

```
  def __call__(self, step):
    arg1 = tf.math.rsqrt(step)
    arg2 = step * (self.warmup_steps ** -1.5)

    return tf.math.rsqrt(self.d_model) * tf.math.minimum(arg1, arg2)
```

```
#将定制后的学习率输入Adam优化器中
learning_rate = CustomSchedule(d_model)
optimizer = tf.keras.optimizers.Adam(learning_rate, beta_1=0.9, beta_2=0.98,
                                     epsilon=1e-9)
```

3. 查看学习率的变化情况

这里的学习率参数不是固定不变，而是随着迭代次数而动态调整的。

```
d_models = [128, 256, 512]
warmup_steps = [1000 * i for i in range(1, 4)]

schedules = []
labels = []
colors = ["blue", "red", "black"]
for d in d_models:
  schedules += [CustomSchedule(d, s) for s in warmup_steps]
  labels += [f"d_model: {d}, warm: {s}" for s in warmup_steps]

for i, (schedule, label) in enumerate(zip(schedules, labels)):
  plt.plot(schedule(tf.range(10000, dtype=tf.float32)),
           label=label, color=colors[i // 3])

plt.legend()
plt.ylabel("Learning Rate")
plt.xlabel("Train Step")
```

运行结果如图 12-3 所示。

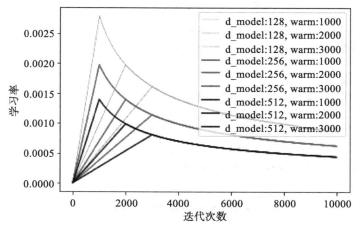

图 12-3　可视化学习率的变化情况

12.6　训练模型

由于数据量比较大，有条件的话，建议使用含 GPU 的服务器进行训练。

12.6.1　实例化 Transformer

根据前面定义的超参数，实例化 Transformer 类。

```
transformer = Transformer(num_layers, d_model, num_heads, dff,
input_vocab_size, target_vocab_size, dropout_rate)

print(f"""这Transformer 有 {num_layers} 层 Encoder / Decoder layers
d_model: {d_model}
num_heads: {num_heads}
dff: {dff}
input_vocab_size: {input_vocab_size}
target_vocab_size: {target_vocab_size}
dropout_rate: {dropout_rate}""")
```

运行结果：

```
这Transformer 有4层 Encoder / Decoder layers
d_model: 128
num_heads: 8
dff: 512
input_vocab_size: 8137
target_vocab_size: 4201
dropout_rate: 0.1
```

12.6.2　设置 checkpoint

设置 checkpoint 来定期存储 / 读取模型及优化器。

```
# 方便比较不同实验/ 不同超参数设顶的结果
run_id = f"{num_layers}layers_{d_model}d_{num_heads}heads_{dff}dff_{train_perc}train_perc"
checkpoint_path = os.path.join(checkpoint_path, run_id)
log_dir = os.path.join(log_dir, run_id)

# tf.train.Checkpoint 可以对想要存下来的信息进行整合，方便存储和读取
# 保存模型及优化器（optimizer）的状态
ckpt = tf.train.Checkpoint(transformer=transformer,
                           optimizer=optimizer)

# ckpt_manager 将查看checkpoint_path 是否有 ckpt 里定义的信息
# 只保存最近5次checkpoints，其他自动删除
ckpt_manager = tf.train.CheckpointManager(ckpt, checkpoint_path, max_to_keep=5)

# 如果在checkpoint上发现有内容将读取
if ckpt_manager.latest_checkpoint:
  ckpt.restore(ckpt_manager.latest_checkpoint)
```

```
    # 用来确定之前的训练循环次数
    last_epoch = int(ckpt_manager.latest_checkpoint.split("-")[-1])
    print(f'已读取最新的checkpoint，模型已训练 {last_epoch} epochs。')
else:
    last_epoch = 0
    print("没有找到 checkpoint，重新开始训练。")
```

12.6.3　生成多种掩码

定义一个简单函数来生成所有的掩码。

```
def create_masks(inp, tar):
    #为编码层（EncoderLayer）定义padding mask在自注意力计算中，不希望有效词的注意力集中
    #在这些没有意义的位置上，因此使用了padding mask方式
    enc_padding_mask = create_padding_mask(inp)

    # 为解码层（Decoderlayer）定义padding mask
    # 关注Encoder 输出序列
    dec_padding_mask = create_padding_mask(inp)

    #通过Decoder Layer 的 MHA1 实现自注意力机制
    # combined_mask是中文句子的 padding mask 跟 look ahead mask 的叠加
    look_ahead_mask = create_look_ahead_mask(tf.shape(tar)[1])
    dec_target_padding_mask = create_padding_mask(tar)
    combined_mask = tf.maximum(dec_target_padding_mask, look_ahead_mask)

    return enc_padding_mask, combined_mask, dec_padding_mask
```

12.6.4　定义训练模型函数

定义训练模型 Train_step 函数。

```
@tf.function  # 使用TensorFlow 的 eager code优化模式
def train_step(inp, tar):
    # 用去尾的原始序列预测下一个字的序列
    tar_inp = tar[:, :-1]
    tar_real = tar[:, 1:]

    # 建立3个掩码
    enc_padding_mask, combined_mask, dec_padding_mask = create_masks(inp, tar_inp)

    # 记录Transformer 的所有运算过程，以方便之后的梯度计算
    with tf.GradientTape() as tape:
        # 注意是导入tar_inp，并把training参数设置为True
        predictions, _ = transformer(inp, tar_inp,
                                     True,
                                     enc_padding_mask,
                                     combined_mask,
                                     dec_padding_mask)
        # 计算损失值
        loss = loss_function(tar_real, predictions)
```

```
# 使用Adam优化器更新Transformer中的参数
gradients = tape.gradient(loss, transformer.trainable_variables)
optimizer.apply_gradients(zip(gradients, transformer.trainable_variables))

# 将损失值以及训练的准确率等信息保存到TensorBoard上
train_loss(loss)
train_accuracy(tar_real, predictions)
```

12.6.5　训练模型

训练模型，并保存训练结果。

```
#定义训练的循环次数
EPOCHS = 30
last_epoch=0
print(f"已训练 {last_epoch} epochs。")
print(f"剩余 epochs: {min(0, last_epoch - EPOCHS)}")


# 写入TensorBoard
summary_writer = tf.summary.create_file_writer(log_dir)

# 还要训练多少次
for epoch in range(last_epoch, EPOCHS):
  start = time.time()

  # 重置TensorBoard的指标
  train_loss.reset_states()
  train_accuracy.reset_states()

  # 一个循环(epoch)就是训练完整个训练集
  for (step_idx, (inp, tar)) in enumerate(train_dataset):

    # 将数据导入Transformer，并计算损失值
    train_step(inp, tar)

  # 每完成一次循环就存一次
  if (epoch + 1) % 1 == 0:
    ckpt_save_path = ckpt_manager.save()
    print ('Saving checkpoint for epoch {} at {}'.format(epoch+1,
                                              ckpt_save_path))

  # 将loss以及accuracy写入TensorBoard
  with summary_writer.as_default():
    tf.summary.scalar("train_loss", train_loss.result(), step=epoch + 1)
    tf.summary.scalar("train_acc", train_accuracy.result(), step=epoch + 1)

  print('Epoch {} Loss {:.4f} Accuracy {:.4f}'.format(epoch + 1,
                                          train_loss.result(),
                                          train_accuracy.result()))
  print('Time taken for 1 epoch: {} secs\n'.format(time.time() - start))
```

12.7　评估预测模型

这里使用自定义的评估函数评估模型，具体请看如下详细代码。

12.7.1　定义评估函数

定义评估模型的函数。

```python
# 给定一个英文句子，输出预测的中文索引序列及注意力权重字典
def evaluate(inp_sentence):

    #在英文句子前后分别加上<start>、<end>标识符
    start_token = [subword_encoder_en.vocab_size]
    end_token = [subword_encoder_en.vocab_size + 1]

    # inp_sentence 是字符串，用SubwordTokenizer 将其变成子词的索引序列
    # 在前后加上 BOS / EOS标识符
    inp_sentence = start_token + subword_encoder_en.encode(inp_sentence) + end_token
    encoder_input = tf.expand_dims(inp_sentence, 0)

    # Decoder中首先输入的是一个只包含一个中文 <start> 标识符的序列
    decoder_input = [subword_encoder_zh.vocab_size]
    output = tf.expand_dims(decoder_input, 0)  # 增加 batch维度

    # 一次生成一个中文字并将预测作为输入导入Transformer
    for i in range(MAX_LENGTH):
      # 每生成一个字就得产生新的掩码
      enc_padding_mask, combined_mask, dec_padding_mask = create_masks(
          encoder_input, output)

      # predictions.shape == (batch_size, seq_len, vocab_size)
      predictions, attention_weights = transformer(encoder_input,
                                                   output,
                                                   False,
                                                   enc_padding_mask,
                                                   combined_mask,
                                                   dec_padding_mask)


      # 取出序列中的最后一个分布(distribution) ，将其中最大的当作模型最新的预测字
      predictions = predictions[: , -1:, :]   # (batch_size, 1, vocab_size)

      predicted_id = tf.cast(tf.argmax(predictions, axis=-1), tf.int32)

      # 遇到 <end> 标识符就停止回传，表示模型已生成
      if tf.equal(predicted_id, subword_encoder_zh.vocab_size + 1):
        return tf.squeeze(output, axis=0), attention_weights

      #将Transformer新预测的中文索引加到输出序列中，使Decoder可以产生
      # 下个中文字的时候关注到最新的predicted_id
      output = tf.concat([output, predicted_id], axis=-1)
```

```
# 将batch的维度去掉后回传预测的中文索引序列
return tf.squeeze(output, axis=0), attention_weights
```

12.7.2　测试翻译几个简单语句

使用新数据（一句英文）对模型进行英译汉的测试。

```
# 输入英文句子
sentence = "China, India, and others have enjoyed continuing economic growth."

# 获取预测中文索引序列
predicted_seq, _ = evaluate(sentence)

# 过滤掉 <start>&<end> 标识符并用中文的 SubwordTokenizer将索引序列还原成中文句子
target_vocab_size = subword_encoder_zh.vocab_size
predicted_seq_without_bos_eos = [idx for idx in predicted_seq if idx<target_
vocab_size]
predicted_sentence = subword_encoder_zh.decode(predicted_seq_without_bos_eos)

print("sentence:", sentence)
print("-" * 20)
print("predicted_seq:", predicted_seq)
print("-" * 20)
print("predicted_sentence:", predicted_sentence)
```

运行结果：

```
sentence: China, India, and others have enjoyed continuing economic growth.
--------------------
predicted_seq: tf.Tensor(
[4201   16    4   37  386  101    8   34   32    4   33  110    5  104
 292  378   76   22   52  107   84    3], shape=(22,), dtype=int32)
--------------------
predicted_sentence: 中国、印度和其他国家都在持续推动经济增长。
```

12.8　可视化注意力权重

1）对模型在英译中的过程中形成的注意力权重可视化。

```
predicted_seq, attention_weights = evaluate(sentence)

# 这里自动选择最后一个DecoderLayer 的 MHA 2，也就是Decoder 关注Encoder 的MHA
layer_name = f"decoder_layer{num_layers}_block2"

print("sentence:", sentence)
print("-" * 20)
print("predicted_seq:", predicted_seq)
print("-" * 20)
print("attention_weights.keys():")
```

```
for layer_name, attn in attention_weights.items():
    print(f"{layer_name}.shape: {attn.shape}")
print("-" * 20)
print("layer_name:", layer_name)
```

2）定义可视化注意力权重函数。

```
import matplotlib as mpl
# 添加 matplotlib 显示中文字符集
zhfont = mpl.font_manager.FontProperties(fname='/home/wumg/data/simhei.ttf')
plt.style.use("seaborn-whitegrid")

# 对该函数将英文译为中文的注意力权重进行可视化
def plot_attention_weights(attention_weights, sentence, predicted_seq, layer_name,
    max_len_tar=None):

  fig = plt.figure(figsize=(17, 7))

  sentence = subword_encoder_en.encode(sentence)

  # 为简单起见，这里只显示中文序列前 max_len_tar 个字
  if max_len_tar:
    predicted_seq = predicted_seq[:max_len_tar]
  else:
    max_len_tar = len(predicted_seq)

  #将每一个特定 DecoderLayer 中的MHA1 或 MHA2 的注意权重拿出来并除去batch的维度
  attention_weights = tf.squeeze(attention_weights[layer_name], axis=0)
  # (num_heads, tar_seq_len, inp_seq_len)

  # 画出每个head的注意权重
  for head in range(attention_weights.shape[0]):
    ax = fig.add_subplot(2, 4, head + 1)

    # 为将长短不一的英文字词显示在y轴上，对主要权重做如下转换
    attn_map = np.transpose(attention_weights[head][:max_len_tar, :])
    ax.matshow(attn_map, cmap='viridis')  # (inp_seq_len, tar_seq_len)

    fontdict = {"fontproperties": zhfont}

    ax.set_xticks(range(max(max_len_tar, len(predicted_seq))))
    ax.set_xlim(-0.5, max_len_tar -1.5)

    ax.set_yticks(range(len(sentence) + 2))
    ax.set_xticklabels([subword_encoder_zh.decode([i]) for i in predicted_seq
                        if i < subword_encoder_zh.vocab_size],
                        fontdict=fontdict, fontsize=18)

    ax.set_yticklabels(
        ['<start>'] + [subword_encoder_en.decode([i]) for i in sentence] + ['<end>'],
        fontdict=fontdict)

    ax.set_xlabel('Head {}'.format(head + 1))
```

```
    ax.tick_params(axis="x", labelsize=12)
    ax.tick_params(axis="y", labelsize=12)

  plt.tight_layout()
  plt.show()
  plt.close(fig)
```

3）运行。

```
plot_attention_weights(attention_weights, sentence,predicted_seq, layer_name,
    max_len_tar=18)
```

运行结果如图 12-4 所示。

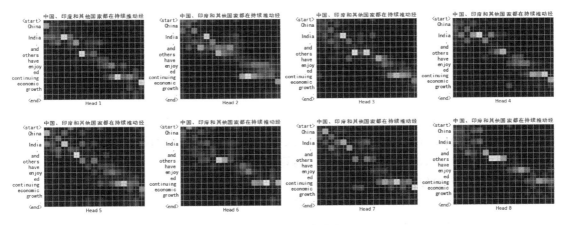

图 12-4　可视化注意力权重

12.9　小结

首先使用 TensorFlow 提供的数据预测模块进行数据处理，然后用它从零开始构建 Transformer 模型，训练模型采用动态调整学习率的方法。最后，基于中英新闻语料库对模型进行训练和评估。

第 13 章

Embedding 技术在推荐系统中的应用

本章通过几个典型推荐系统案例,详细介绍了 Embedding 技术在推荐系统中的应用。Embedding 作为数据存储和表示的重要载体,已成为推荐系统中的核心和基本操作。很多推荐系统会用到 Embedding 的组合、交叉运算,Attention 运算等。

本章涉及的内容包括:

❏ Embedding 在 Airbnb 推荐系统中的应用;

❏ Transformer 在阿里推荐系统中的应用;

❏ BERT 在美团推荐系统中的应用。

13.1 Embedding 在 Airbnb 推荐系统中的应用

本节结合 Airbnb 发表在 KDD 2018 的论文 *Real-time Personalization using Embeddings for Search Ranking at Airbnb* 来分析 Embedding 在 Airbnb 推荐系统的应用。

1. 背景介绍

Airbnb 作为全世界最大的短租网站,提供了一个连接房主和租客的平台,在这个平台上房主挂出短租房(listing)、租客输入地点、价位、关键词等信息,由 Airbnb 及时给出短租房的搜索推荐列表。租客可以搜索房源并预订,房主可以选择接受或拒绝预订。

基于这样的场景,利用几种交互方式产生的数据,Airbnb 构建了一个实时排序模型。为了捕捉到用户短期和长期的兴趣和特点,Airbnb 团队将用户行为、房主行为以及短租房等信息转换为 Embedding,把这些 Embedding 统一在一个向量空间,然后利用 Embedding 的结果构建出多种特征,以此作为搜索推荐模型的输入。那么具体是如何实现的呢?接下来将就此进行详细说明。

2. 使 Embedding 学习到客户的短期偏好

用户在 Airbnb 搜索房源时，相隔时间较短的、连续点击的房源往往是比较相似的，用户连续点击的房源序列构成点击会话（click session），这些点击序列往往隐含客户的短期偏好，如图 13-1 所示。点击会话中的点击房源序列类比看作 NLP 中的句子（sentence），其中的上下，就像一个语句的上下文（context），如果用户连续两次点击行为的间隔不超过 30 分钟，则作为一个句子，否则就会生成一个新的点击会话。这就可使用 word2vec 的 Skip-Gram 模型从点击会话中学习 Listing Embedding。

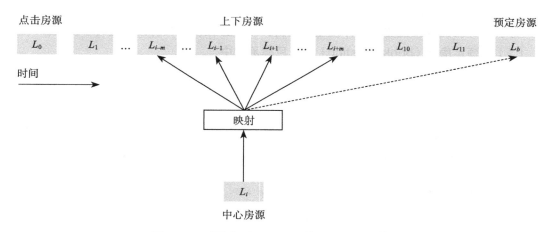

图 13-1　对租房 Embedding 的 Skip-Gram 模型

3. 使 Embedding 学习到客户的长期偏好

由用户的点击数据构建的短租房信息转换成的 Embedding，可以较好地反应客户当前短时的偏好，但该 Embedding 往往不能反应用户的长期兴趣信息。比如用户去年订了一个房屋，其中包含了该用户对于房屋价格、房屋类型等属性的长期偏好，因 Listing Embedding 只使用了会话级别的点击数据，从而明显丢失了用户的长期兴趣信息。那要如何捕获客户的长期偏好呢？

Airbnb 采用预定会话（booking session）序列的方法来捕捉用户的长期偏好。

比如用户 i 在过去两年依次预定过 6 次，那么其预定会话序列就可表示为：

$$s_i = (l_{j1}, l_{j2}, l_{j3}, l_{j4}, l_{j5}, l_{j6}) \tag{13.1}$$

房源预订比点击信息更明确，也更能反映用户偏好，同时用户房源预订的时间跨度往往较长（如半年或一年甚至多年），可以更好地捕捉用户"长期"偏好。与点击会话不同，使用 word2vec 从中直接学习 Embedding 则存在诸多挑战：

1）预订比点击的频次低很多；

2）有很多用户在过去只预订过一次，这种预订会话没有上下文信息，无法直接使用 word2vec 学习；

3）用户两次预订的间隔可能很长（如年、季度），这期间用户偏好可能发生了变化，比如因职业、年龄、环境、季节等变化而使一些偏好改变，如对租房类型、价格等偏好的改变。

对如此稀疏的数据直接使用 word2vec 模型进行学习，效果往往较差。为此，Airbnb 推荐系统开发团队想到一个较好的方法：先对用户和房源的属性（type）进行分桶，然后把用户和房源的原始 id 映射为 type_id，将 type_id 作为实体，学习 Embedding。

4. 使 Embedding 更贴近相关业务

为了使 Embedding 能更好地体现业务逻辑，Airbnb 团队对目标函数进行了修改。

（1）把预定房源（booked listing）放入目标函数中

Airbnb 的工程师在原始 word2vec Embedding 的基础上，针对其业务特点，把预定的信息引入 Embedding。这样做有利于使 Airbnb 的搜索排序列表和类似列表更倾向于推荐之前预测成功的租房信息。

从图 13-1 可知，每个预定序列中只有最后一个是预定房源，所以为了把这个行为引入目标函数中，不管这个 booked listing 是否在类似于 word2vec 的上下文滑动窗口中，都把它放入目标函数中。

（2）把房主拒绝用户的预订放入目标函数中

在 Airbnb，房主可以拒绝用户的预订，为了提升用户的预订成功率，Airbnb 开发团队将这个信号作为显式的负反馈加入目标函数，如图 13-2 所示。

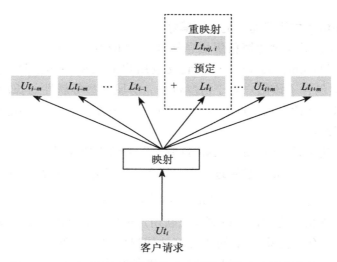

图 13-2　在生成目标函数时考虑到房东拒绝客户请求的情况

13.2　Transformer 在阿里推荐系统中的应用

本节结合阿里 2019 年搜索团队的文章 *Behavior Sequence Transformer for E-commerce Recommendation in Alibaba* 分析 Transformer 在阿里推荐系统的应用。

1. 背景介绍

基于深度学习的方法已经广泛用于工业推荐系统（Recommender System，RS）。以前的工作通常采用嵌入（Embedding）和 MLP 范式：原始特征嵌入低维向量中，然后将其输入 MLP 以获得最终的推荐结果。然而，大多数工作只是连接不同的特征，忽略了用户行为的连续性。2019 年阿里巴巴搜索推荐事业部发布了一项新研究，首次使用强大的 Transformer 模型捕获用户行为序列信息，供电子商务场景的推荐系统使用。该模型已经部署在淘宝线上，且实验结果表明，与两个基准线对比，在线点击率（Click-Through-Rate，CTR）均有显著提高。

2. 模型架构

阿里提出的模型称为 BST（Behavior Sequence Transformer），其整体架构如图 13-3 所示。

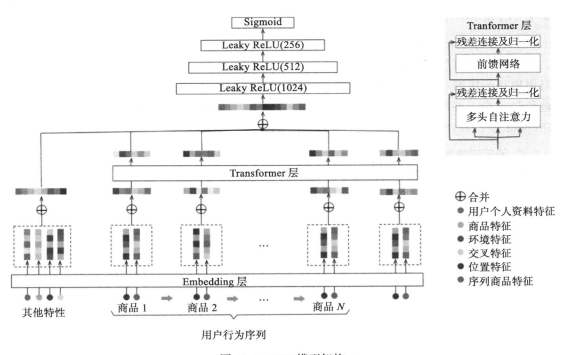

图 13-3　BST 模型架构

BST 架构的输入层与其他网络类似，主要有 Item Feature、用户画像、上下文特征以及其他特征等，这些输入经过 Embedding 层后拼接在一起。用户行为序列包含 Item ID 类特征及对应的 Position 信息等，进行 Embedding 处理后输入 Transformer 层捕获用户历史行为与 Target Item 之间的相互关系，从而得到用户行为兴趣表达，与其他特征 Embedding 向量拼接在一起，经过三层 MLP 层计算得到预测的点击率。下面分别介绍每个模块。

3. Embedding 层

第一层输入为 Embedding 层，用于将各个高维稀疏的 ID 类映射到的低维 Embedding 空间中，获得固定维度 Embedding Vector。从图 13-3 可知，BST 模型的 Embedding 层主要有用户特征（User Profile Feature）、序列商品特征（Sequence Item Feature）、上下文特征（Context Feature）、交叉特征（Cross Feature）、位置特征（Positional Feature）等。

在 Embedding 层，每个商品（Item）由序列商品特征和位置特征构成，其中位置特征就是位置嵌入（Positional Embedding）。序列商品特征用 Category_id 和 shop_id 等关键属性表示，用 id 表示可有效防止信息损失。

为了捕捉用户历史点击的序列信息，这里的商品 v_i 嵌入没有使用传统的 sin-cos 函数值，而是采用如下计算公式：

$$pos(v_i) = t(v_t) - t(v_i) \qquad (13.1)$$

其中 $t(v_t)$ 表示推荐时间，$t(v_i)$ 为用户点击商品 v_i 的时间戳。

4. Transformer 层

由图 13-3 可知，BST 架构主要使用 Transformer 的 Encoder 部分用来捕获 Target Item 与用户行为序列中 Item 的相关关系。BST 使用的 Encoder 架构与标准的基本相同，为了避免过拟合，并从层次上学习有意义的特征，阿里在 Self-Attention 和 FFN 中都使用了 Dropout 和 LeakyReLU。

5. 神经网络层及损失函数

接下来，将所有的 Embedding 拼接起来，再输入三层的神经网络中，并最终通过 Sigmoid 函数转换为 0 ~ 1 之间的值，代表用户点击目标商品的概率。这里使用交叉熵作为损失函数，具体计算公式如下：

$$\mathcal{L} = -\frac{1}{N} \sum_{(x,y) \in \mathcal{D}} (y \log p(x) + (1-y) \log(1-p(x))) \qquad (13.2)$$

其中 $\mathcal{D}$ 表示所有样本，$y \in (0, 1)$ 表示用户是否点击了候选商品，$p(x)$ 是该网络的预测输出，x，y 分别表示样本和标签。

13.3 BERT 在美团推荐系统中的应用

美团使用 BERT 及知识图谱等技术，以提升模型性能。

1. 背景说明

Transformer 作为 BERT 的核心，具有强大的文本特征提取能力，并已在多项 NLP 任务中得到了验证。美团搜索也基于 Transformer 升级了核心排序模型，取得了不错的研究成果。为进一步优化美团搜索排序结果的深度语义相关性，提升用户体验，美团搜索与 NLP 部算法团队从 2019 年年底开始基于 BERT 优化美团搜索排序相关性，已经将 MT-BERT 应用到搜索意图识别、细粒度情感分析、点评推荐理由、场景化分类等业务场景中。经过三个月的算法迭代优化，离线和线上业务都取得较好效果。

2. 把 BERT 应用到推荐、排序系统中

因美团搜索涉及多业务场景且不同场景差异较大，为解决多业务场景的排序问题，美团采用了基于分区模型的 BERT 和排序任务的联合训练模型，其模型结构如图 13-4 所示。

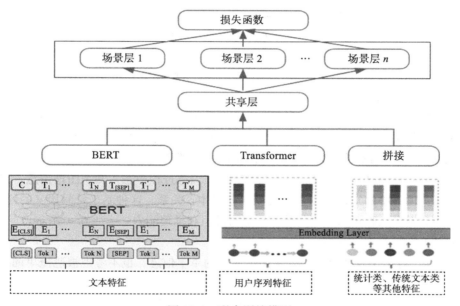

图 13-4　联合训练模型

❑ 输入层：模型输入是由文本特征向量、用户行为序列特征向量和其他特征向量等组成。其中对 POI 名称、品类名称、品牌名称等特征向量使用 BERT 进行抽取，对统计类特征、文本特征等特征分词后转换为 Embedding，对用户行为序列特征向量使用 Transformer 进行抽取。

❑ 共享层：底层网络参数为所有场景网络共享。

❑ 场景层：根据业务场景进行划分，每个业务场景单独设计网络结构，打分时只经过所在场景的那一路。

❑ 损失函数：搜索业务更关心排在页面头部结果的好坏，将更相关的结果排到头部，

用户会获得更好体验，因此选用优化 NDCG 的 Lambda 损失函数。

BERT 在自然语言理解任务上取得了巨大成功，但也会因其掩盖的随机的一些单词，导致一些常识的缺失。如全词训练，缺乏推理能力；如采取独立性假设，则没有考虑预测 [MASK] 之间的相关性，是对语言模型联合概率的有偏估计。

为尽力避免 BERT 这方面的不足，人们通常引入更丰富的知识信息，更精细的调参，更有价值的 MASK 策略等方法。

美团 BERT（MT-BERT）针对 BERT 的不足，采用了以下改进方法。

❑ 把知识图谱信息融入推荐系统；

❑ 引入掩蔽实体的方法。

（1）把知识图谱信息融入推荐系统

在人们的日常活动中，需要大量的常识作为认知基础，而 BERT 学习到的是样本空间的特征、表征，可以看作大型的文本匹配模型，但大量的背景常识是隐式且模糊的，很难在预训练数据中得到体现。另外，BERT 模型很难理解数据中蕴含的语义知识，更不用说推理能力了。

为弥补 BERT 模型的这些不足，美团在点评搜索场景中，需要对用户输入的 Query 进行意图识别，以确保召回结果的准确性。比如，对于"宫保鸡丁"和"宫保鸡丁酱料"两个 Query，二者的 BERT 语义表征非常接近，但是蕴含的搜索意图却截然不同。前者是菜品意图，即用户想去饭店消费，而后者则是商品意图，即用户想要从超市购买酱料。在这种场景下，BERT 模型很难像正常人一样做出正确的推理判断。

为了处理上述情况，美团尝试在 MT-BERT 预训练过程中融入知识图谱信息。知识图谱可以组织现实世界中的知识，描述客观概念、实体、关系。这种基于符号语义的计算模型，可以为 BERT 提供先验知识，使其具备一定的常识和推理能力。

（2）引入掩码实体的方法

BERT 在进行语义建模时，主要聚焦最原始的单字信息，也不考虑被遮掩单词之间的依赖关系，更不会考虑输入中的实体特性。为克服 BERT 的这个缺点，MT-BERT 引入了掩码实体的方法。图 13-5 左侧展示了 BERT 模型的 MLM 任务。输入句子是"全聚德做的烤鸭久负盛名"。其中，"聚""的""久"3 个字在输入时被随机遮掩，模型预训练过程中需要对这 3 个遮掩位做出预测。

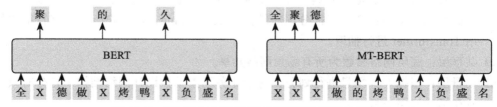

图 13-5　BERT 与 MT-BERT 采用实体掩码的示例图

BERT 模型通过字的搭配（比如"全 X 德"），很容易推测出被"掩盖"的字的信息（"德"），但这种做法只学习到了实体内单字之间的共现关系，并没有学习到实体的整体语义表示。因此，在随机"遮蔽"时，不再选择遮蔽单字，而是选择"遮蔽"实体对应的词。

为实现这点，需要在预训练之前对语料做分词，并将分词结果和图谱实体对齐。图 13-5 右侧展示了使用实体掩码的方法，"全聚德"被随机"遮蔽"。MT-BERT 需要根据"烤鸭""久负盛名"等信息，准确地预测出"全聚德"。通过这种方式，MT-BERT 可以学到"全聚德"这个实体的语义表示，以及它跟上下文其他实体之间的关联，增强了模型语义表征能力。这种方法运用在细粒度情感分析任务上也取得了显著效果。

13.4　小结

第 1 个实例说明通过设置目标函数，可以让模型学到更符合业务场景的 Embedding。第 2 个实例说明引入的 Transformer 可以作为处理 Embedding 运算的强有力工具。第 3 个实例讲解如何使用 BERT 提升模型性能。

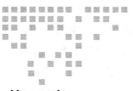

用 BERT 实现中文语句分类

BERT 以 Transformer 的 Encoder 为架构，以 MLM 为模型，在很多领域取得历史性的突破。这里以 Transformer 上基于中文语料库上训练的预训练模型 bert-base-chinese 为模型，以 bertForSequenceClassification 为下游任务模型，在一个中文数据集上进行语句分类。具体包括如下内容：

❑ 背景说明；
❑ 可视化 BERT 注意力权重；
❑ 用 BERT 预训练模型微调下游任务；
❑ 训练模型；
❑ 测试模型。

14.1 背景说明

本章使用预训练模型库 transformers 为自然语言理解（NLU）和自然语言生成（NLG）提供了最先进的通用架构（BERT、GPT、GPT-2、Transformer-XL、XLNet、XLM、T5 等），其中有超过 30 多个大类 100 多种语言的预训练模型，并同时支持 TensorFlow 2.0 和 PyTorch1.0 两大深度学习框架。可用 pip 安装 transformers 库。

```
pip install transformers
```

本章使用 BERT 模型的汉语版本：bert-base-chinese，包括简体和繁体汉字，共 12 层，768 个隐单元，12 个 Attention head，110MB 参数。中文 BERT 的字典大小约有 2.1 万个标识符，这些预训练模型可以从 Transformer 官网下载。

这里使用了可视化工具 BertViz，它的安装步骤如下：

1）下载 Bertviz，地址为 https://github.com/jessevig/bertviz；

2）解压到 Jupyter Notebook 当前目录下，即 bertviz-master。

14.1.1　查看中文 BERT 字典里的一些信息

1）导入需要的库。指定使用预训练模型 bert-base-chinese。

```
import torch
from transformers import BertTokenizer
from IPython.display import clear_output

# 指定繁简中文 BERT-Base预训练模型
PRETRAINED_MODEL_NAME = "bert-base-chinese"
# 获取预测模型所使用的tokenizer
tokenizer = BertTokenizer.from_pretrained(PRETRAINED_MODEL_NAME)
```

2）查看 tokenizer 的信息。

```
vocab = tokenizer.vocab
print("字典大小: ", len(vocab))
```

运行结果：

```
字典大小: 21128
```

3）查看分词的一些信息。

```
import random
random_tokens = random.sample(list(vocab), 5)
random_ids = [vocab[t] for t in random_tokens]

print("{0:20}{1:15}".format("token", "index"))
print("-" * 30)
for t, id in zip(random_tokens, random_ids):
    print("{0:15}{1:10}".format(t, id))
```

运行结果：

```
token                 index
------------------------------
##san                 10978
王                      4374
##and                  9369
蚀                      6008
60                     8183
```

BERT 使用 Google NMT 提出的词块标记法（WordPiece Tokenization），将原先的单词拆成更小粒度的词块，有效处理不在字典里头的词汇。中文的话就相当于单词级分词，而有 ## 前缀的标识符即为词块。

除了一般的词块以外，BERT 还有 5 个特殊标识符。

- ❑ [CLS]：在做分类任务时其最后一层的表示会被视为整个输入序列的表示。
- ❑ [SEP]：有两个句子的文本会被串接成一个输入序列，并在两句之间插入这个标识符作为分隔符。
- ❑ [UNK]：没出现在 BERT 字典里的字会被这个标识符取代。
- ❑ [PAD]：零填充掩码，将长度不一的输入序列补齐，方便后续的 batch 运算。
- ❑ [MASK]：未知掩码，仅在预训练阶段用到。

14.1.2　使用 tokenizer 分割中文语句

让我们利用中文 BERT 的 tokenizer 将一个中文句子断词。

```
text = "[CLS] 他移开这[MASK]桌子，就看到他的手表了。"
tokens = tokenizer.tokenize(text)
ids = tokenizer.convert_tokens_to_ids(tokens)

print(text)
print(tokens[:10], '...')
print(ids[:10], '...')
```

运行结果：

```
[CLS] 他移开这[MASK]桌子，就看到他的手表了。
['[CLS]', '他', '移', '开', '这', '[MASK]', '桌', '子', '，', '就'] ...
[101, 800, 4919, 2458, 6821, 103, 3430, 2094, 8024, 2218] ...
```

14.2　可视化 BERT 注意力权重

现在让我们看看给定上面有 [MASK] 的句子，BERT 会填入什么字。

14.2.1　BERT 对 MASK 字的预测

使用 bertForMaskedLM 模型对被遮掩的词进行预测。

```
"""
导入已训练好的掩码语言模型并对有[MASK]的句子做预测
"""
from transformers import BertForMaskedLM

# 除了标识符以外我们还需要辨别句子的段id
tokens_tensor = torch.tensor([ids])  # (1, seq_len)
segments_tensors = torch.zeros_like(tokens_tensor)  # (1, seq_len)
maskedLM_model = BertForMaskedLM.from_pretrained(PRETRAINED_MODEL_NAME)
clear_output()

# 使用掩码语言模型估计[MASK]位置所代表的实际标识符
maskedLM_model.eval()
with torch.no_grad():
```

```
        outputs = maskedLM_model(tokens_tensor, segments_tensors)
        predictions = outputs[0]
        # (1, seq_len, num_hidden_units)
del maskedLM_model

# 取[MASK]位置的概率分布中前k个最有可能的标识符
masked_index = 5
k = 3
probs, indices = torch.topk(torch.softmax(predictions[0, masked_index], -1), k)
predicted_tokens = tokenizer.convert_ids_to_tokens(indices.tolist())

# 显示前k个最可能的字，一般取第一个作为预测值
print("输入 tokens : ", tokens[:10], '...')
print('-' * 50)
for i, (t, p) in enumerate(zip(predicted_tokens, probs), 1):
    tokens[masked_index] = t
    print("Top {} ({:2}%): {}".format(i, int(p.item() * 100), tokens[:10]), '...')
```

运行结果：

```
输入 tokens :  ['[CLS]', '他', '移', '开', '这', '[MASK]', '桌', '子', '，', '就'] ...
--------------------------------------------------
Top 1 (83%): ['[CLS]', '他', '移', '开', '这', '张', '桌', '子', '，', '就'] ...
Top 2 ( 7%): ['[CLS]', '他', '移', '开', '这', '个', '桌', '子', '，', '就'] ...
Top 3 ( 0%): ['[CLS]', '他', '移', '开', '这', '间', '桌', '子', '，', '就'] ...
```

BERT 透过关注"这""桌"这两个字，从 2 万多个词块的可能值中选出"张"作为这个情境下 [MASK] 标识符的预测值，效果还是不错的。

14.2.2　导入可视化需要的库

1）导入需要的库。

```
from transformers import BertTokenizer, BertModel
from bertv_master.bertviz import head_view
```

2）创建可视化使用的 HTML 配置函数。

```
# 在 Jupyter Notebook 显示可视化
def call_html():
  import IPython
  display(IPython.core.display.HTML('''
        <script src="/static/components/requirejs/require.js"></script>
        <script>
          requirejs.config({
            paths: {
              base: '/static/base',
              "d3": "https://cdnjs.cloudflare.com/ajax/libs/d3/3.5.8/d3.min",
              jquery: '//ajax.googleapis.com/ajax/libs/jquery/2.0.0/jquery.min',
            },
          });
        </script>
        '''))
```

14.2.3 可视化

使用 bert-base-chinese 版本，对语句 sentence_a、sentence_b 的自注意力权重进行可视化。

```
# 使用中文 BERT
model_version = 'bert-base-chinese'
model = BertModel.from_pretrained(model_version, output_attentions=True)
tokenizer = BertTokenizer.from_pretrained(model_version)

# 情境 1 的句子
sentence_a = "老爸叫小宏去买酱油，"
sentence_b = "回来慢了就骂他。"

# 得到标识符后输入BERT模型获取注意力权重
inputs = tokenizer.encode_plus(sentence_a,sentence_b,return_tensors='pt', add_
special_tokens=True)
token_type_ids = inputs['token_type_ids']
input_ids = inputs['input_ids']
attention = model(input_ids, token_type_ids=token_type_ids)[-1]
input_id_list = input_ids[0].tolist() # Batch index 0
tokens = tokenizer.convert_ids_to_tokens(input_id_list)
call_html()

# 用BertViz可视化
head_view(attention, tokens)
```

运行结果如图 14-1 所示。

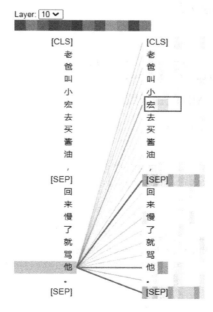

图 14-1 某词对其他词注意力权重示意图

这是 BERT 第 9 层 Encoder 块中一个 head 的注意力结果，从图 14-1 可以看出，左边的这个"他"对右边的"宏"字关注度较高。

14.3　用 BERT 预训练模型微调下游任务

用 BERT 预训练模型微调下游任务有 5 个步骤：

1）准备原始文本数据；

2）将原始文本转换成 BERT 兼容的输入格式；

3）在 BERT 之上加入新 Layer 生成下游任务模型；

4）训练该下游任务模型；

5）对新样本做推论。

步骤 1、4 及 5 都与训练一般模型所需的步骤无太大差异。与 BERT 最相关的步骤是步骤 2 与 3。

那么，如何将原始数据转换成 BERT 兼容的输入格式呢？如何在 BERT 上建立 Layer 以符合下游任务需求？接下来我们以假新闻分类任务为例回答这些问题。这个任务的输入是两个句子，输出是 3 个类别概率的多类别分类任务（Multi-Class Classification Task），与 NLP 领域里常见的自然语言推论（Natural Language Inference）具有相同性质。

14.3.1　准备原始文本数据

导入训练数据，并进行清理、过滤等预处理操作。

```
import os
import pandas as pd

# 数据清理，清理空白
df_train = pd.read_csv("./data/fake-news/train.csv")
empty_title = ((df_train['title2_zh'].isnull()) \
              | (df_train['title1_zh'].isnull()) \
              | (df_train['title2_zh'] == '') \
              | (df_train['title2_zh'] == '0'))
df_train = df_train[~empty_title]

# 过滤太长的样本，以避免BERT无法将整个输入序列放入资源有限的GPU中
MAX_LENGTH = 30
df_train = df_train[~(df_train.title1_zh.apply(lambda x : len(x)) > MAX_LENGTH)]
df_train = df_train[~(df_train.title2_zh.apply(lambda x : len(x)) > MAX_LENGTH)]

# 只用1% 训练数据看看BERT对少量标注数据的效果
SAMPLE_FRAC = 0.01
df_train = df_train.sample(frac=SAMPLE_FRAC, random_state=9527)

# 去除不必要的栏位并重新命名两标题的栏位名
```

```
df_train = df_train.reset_index()
df_train = df_train.loc[:, ['title1_zh', 'title2_zh', 'label']]
df_train.columns = ['text_a', 'text_b', 'label']

# 将处理结果保存tsv文件供PyTorch使用
df_train.to_csv("train.tsv", sep="\t", index=False)

print("训练样本数: ", len(df_train))
df_train.head()
```

运行结果请看本书代码及数据部分。

这里在抽样 1% 的数据后还将去除过长的样本，实际上会被拿来训练的样本数只有2,657 笔，占比不到参赛时可以用的训练数据的 1%，是非常少量的数据。我们也可以看到无关的样本占了 68%，因此我们用 BERT 训练出来的分类器至少要超过 68% 才行：

```
df_train.label.value_counts() / len(df_train)
```

运行结果：

```
unrelated    0.679338
agreed       0.294317
disagreed    0.026346
Name: label, dtype: float64
```

接着对最后要预测的测试集进行非常基本的预处理，方便之后提交符合要求的格式。

```
df_test = pd.read_csv("./data/fake-news/test.csv")
df_test = df_test.loc[:, ["title1_zh", "title2_zh", "id"]]
df_test.columns = ["text_a", "text_b", "Id"]
df_test.to_csv("test.tsv", sep="\t", index=False)

print("预测样本数: ", len(df_test))
df_test.head()
```

运行结果请看本书代码及数据部分。

14.3.2　将原始文本转换成 BERT 的输入格式

处理完原始数据以后，最关键的就是了解如何让 BERT 读取这些数据并用于训练和推论中。我们需要了解 BERT 的输入编码格式，这是本文的关键。图 14-2 是 BERT 模型的输入数据。

1）第二条分隔线之上的内容是 BERT 论文里展示的例子。

图 14-2 中 的 每 个 Token Embedding 都 对 应 前 面 提 过 的 一 个 词 块， 而 Segment Embedding 代表不同句子的位置，是学出来的。Positional Embedding 则跟其他 Transformer 构架中出现的位置编码如出一辙。

2）第二条分隔线之下的信息分析如下。

我们需要将原始文本转换成 3 种 id 张量。

❏ tokens_tensor（标识符张量）：代表识别每个标识符的索引值，用 tokenizer 转换即可。

❏ segments_tensor（段张量）：用来识别句子界限。第一句为 0，第二句则为 1。另外注意句子间的 [SEP] 为 0。

❏ masks_tensor（掩码张量）：用来界定自注意力机制范围。1 表示让 BERT 关注该位置，0 则代表是填充，无须关注。

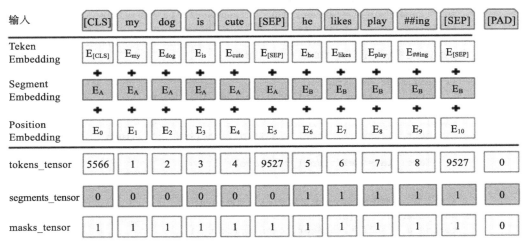

图 14-2　BERT 模型的输入数据

3）填充。

由于每个 batch 中的输入序列可能长度并不相同，为了让 GPU 并行计算，我们需要用 0 来填充批量里的每个输入序列，以保证它们长度一致。另外掩码张量以及段张量在 [PAD] 对应位置的值也都是 0。

通过以上这些步骤就可以把原始文本转换成 BERT 兼容的格式了，这部分内容较多，也非常重要。

14.3.3　定义读取数据的函数

自定义读取训练 / 测试集的函数，此函数每次将 tsv 里的一个句子对转换成 BERT 兼容的格式，并回传 3 个张量：

❏ tokens_tensor：两个句子合并后的索引序列，包含 [CLS] 与 [SEP]。

❏ segments_tensor：可以用来识别两个句子界限的分类张量。

❏ label_tensor：将分类标签转换成类别索引的张量，如果是测试集则回传 None。

下面是定义读取数据函数的具体代码：

```python
from torch.utils.data import Dataset

#自定义读取数据函数，根据PyTorch的要求，需要读取一行函数(__getitem__)
#及度量句子长度的函数(__len__)
class FakeNewsDataset(Dataset):
    # 读取处理后的tsv文件并初始化一些参数
    def __init__(self, mode, tokenizer):
        assert mode in ["train", "test"]
        self.mode = mode
        self.df = pd.read_csv(mode + ".tsv", sep="\t").fillna("")
        self.len = len(self.df)
        self.label_map = {'agreed': 0, 'disagreed': 1, 'unrelated': 2}
        self.tokenizer = tokenizer   # 使用BERT tokenizer

    # 定义回传一笔训练及测试数据的函数
    def __getitem__(self, idx):
        if self.mode == "test":
            text_a, text_b = self.df.iloc[idx, :2].values
            label_tensor = None
        else:
            text_a, text_b, label = self.df.iloc[idx, :].values
            # 将标签label文字也转换成索引，以便转换为张量
            label_id = self.label_map[label]
            label_tensor = torch.tensor(label_id)

        # 建立第一个句子的 BERT 标识符并加入分隔符[SEP]
        word_pieces = ["[CLS]"]
        tokens_a = self.tokenizer.tokenize(text_a)
        word_pieces += tokens_a + ["[SEP]"]
        len_a = len(word_pieces)

        # 第二个句子的BERT标识符
        tokens_b = self.tokenizer.tokenize(text_b)
        word_pieces += tokens_b + ["[SEP]"]
        len_b = len(word_pieces) - len_a

        # 将整个标识符序列转换成索引序列
        ids = self.tokenizer.convert_tokens_to_ids(word_pieces)
        tokens_tensor = torch.tensor(ids)

        # 将第一句包含 [SEP] 的标记位置设为0，其他为1，表示第二句
        segments_tensor = torch.tensor([0] * len_a + [1] * len_b,
                                       dtype=torch.long)

        return (tokens_tensor, segments_tensor, label_tensor)

    def __len__(self):
        return self.len

# 初始化一个读取训练样本的数据，使用中文BERT分词
trainset = FakeNewsDataset("train", tokenizer=tokenizer)
```

14.3.4　读取数据并进行数据转换

现在让我们看看第一个训练样本转换前后的格式差异。

```
# 选择第一个样本
sample_idx = 0

# 与原始文本做比较
text_a, text_b, label = trainset.df.iloc[sample_idx].values

# 利用刚创建数据集，取出转换后的id tensor
tokens_tensor, segments_tensor, label_tensor = trainset[sample_idx]

# 将tokens_tensor还原成文本
tokens = tokenizer.convert_ids_to_tokens(tokens_tensor.tolist())
combined_text = "".join(tokens)

# 渲染前后差异，可以直接看到结果
print(f"""[原始文本]
句子 1: {text_a}
句子 2: {text_b}
分类　: {label}
--------------------
[Dataset 回传的 tensors]
tokens_tensor　: {tokens_tensor}
segments_tensor: {segments_tensor}
label_tensor　: {label_tensor}
--------------------
[还原 tokens_tensors]
{combined_text}
""")
```

运行结果：

```
[原始文本]
句子 1: 苏先生要结婚了，但网友觉得他还是和林小姐比较合适
句子 2: 好闺蜜结婚给不婚族的老秦扔花球，倒霉的老秦掉水里笑哭苏先生！
分类　: unrelated
--------------------
[Dataset 回传的 tensors]
tokens_tensor　: tensor([ 101, 5722, 3300, 3301, 6206, 5310, 2042,  749, 8024,
    852, 5381, 1351, 6230, 2533,  800, 6820, 3221, 1469, 3360, 2552, 1963, 3683,
    6772, 1394, 6844,  102, 1962, 7318, 6057, 5310, 2042, 5314,  679, 2042,
    3184, 4638, 4912, 2269, 2803, 5709, 4413, 8024,  948, 7450, 4638, 4912,
    2269, 2957, 3717, 7027, 5010, 1526, 5722, 3300, 3301, 8013,  102])
segments_tensor: tensor([0, 0, 0, 0, 0, 0, 0, 0, 0, 0, 0, 0, 0, 0, 0, 0, 0, 0,
    0, 0, 0, 0, 0,
        0, 0, 1, 1, 1, 1, 1, 1, 1, 1, 1, 1, 1, 1, 1, 1, 1, 1, 1, 1, 1, 1,
        1, 1, 1, 1, 1, 1, 1, 1, 1])
label_tensor　: 2
--------------------
```

[还原 tokens_tensors]
[CLS]苏先生要结婚了，但网友觉得他还是和林小姐比较合适[SEP]好闺蜜结婚给不婚族的老秦扔花球，倒霉的老秦掉水里笑哭苏先生！[SEP]。

14.3.5　增加一个批量维度

使用 DataLoader，对训练数据添加批量维度。

```
"""
返回一个mini-batch的DataLoader
这个DataLoader基于上面定义函数FakeNewsDataset，
返回训练BERT时，需要4个张量：
- tokens_tensors: (batch_size, max_seq_len_in_batch)
- segments_tensors: (batch_size, max_seq_len_in_batch)
- masks_tensors: (batch_size, max_seq_len_in_batch)
- label_ids: (batch_size)
"""

from torch.utils.data import DataLoader
from torch.nn.utils.rnn import pad_sequence

# 这个样本是一个列表，其中每个元素都是刚定义的FakeNewsDataset回传的一个样本，
# 每个样本都包含3个张量
# - tokens_tensor
# - segments_tensor
# - label_tensor
# 对前两个张量用0填充，并产生masks_tensors
def create_mini_batch(samples):
    tokens_tensors = [s[0] for s in samples]
    segments_tensors = [s[1] for s in samples]

    # 测试集有标签
    if samples[0][2] is not None:
        label_ids = torch.stack([s[2] for s in samples])
    else:
        label_ids = None

    # 对长短不一的张量使用0填充，使之长度相同
    tokens_tensors = pad_sequence(tokens_tensors,
                                  batch_first=True)
    segments_tensors = pad_sequence(segments_tensors,
                                    batch_first=True)

    # attention masks, 将tokens_tensors中不为0（填充为0）的位置设置为1
    # 使BERT只关注这些位置的标识
    masks_tensors = torch.zeros(tokens_tensors.shape,
                                dtype=torch.long)
    masks_tensors = masks_tensors.masked_fill(
        tokens_tensors != 0, 1)

    return tokens_tensors, segments_tensors, masks_tensors, label_ids
```

```
# 每次传递32（该值根据GPU性能进行调整）个训练样本的DataLoader
# 利用collate_fn将样本列合并成一个小批量(mini-batch)
BATCH_SIZE = 32
trainloader = DataLoader(trainset, batch_size=BATCH_SIZE,
                         collate_fn=create_mini_batch)
```

14.3.6　查看一个批次数据样例

通过 DataLoader 中的 mini-batch，看看一个 batch 的数据情况。

```
data = next(iter(trainloader))

tokens_tensors, segments_tensors, \
masks_tensors, label_ids = data

print(f"""
tokens_tensors.shape    = {tokens_tensors.shape}
{tokens_tensors}
-----------------------
segments_tensors.shape = {segments_tensors.shape}
{segments_tensors}
-----------------------
masks_tensors.shape    = {masks_tensors.shape}
{masks_tensors}
-----------------------
label_ids.shape        = {label_ids.shape}
{label_ids}
""")
```

建立 BERT 用的 mini-batch 时最需要注意的就是 0 填充。你可以发现除了 lable_ids 以外，其他 3 个张量的每个样本的最后大部分都为 0，这是因为每个样本的标识符序列基本上长度都会不同，需要补 0。

至此，我们已经成功地将原始文本转换成 BERT 兼容的输入格式了。这部分内容较多，也是本章最重要的内容，需要读者花些时间好好理解。把数据转换成满足 BERT 输入格式的张量后，就可以在 BERT 上通过微调来训练下游任务了。

14.3.7　微调 BERT 完成下游任务

在原预训练模型 BERT 上做一些微调，如增加一个做分类的全连接层，就可用来实现分类，这里选择 bertForSequenceClassification 为下游任务模型，如图 14-3 所示。

因为假新闻分类是一个成对句子分类任务，自然就对应到图 14-3 的左下角。那么，如何微调原 BERT 模型呢？HuggingFace 已开发了针对各种下游任务的微调模型，如对下游的分类任务，开发了 bertForSequenceClassification 模型。下面详细介绍该模型。

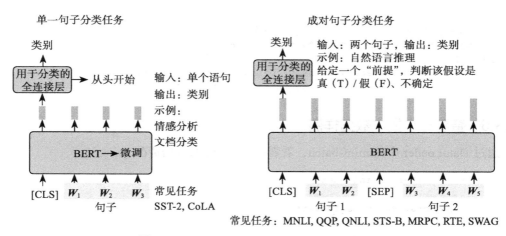

图 14-3 bertForSequenceClassification 模型

14.3.8 查看微调后模型的结构

查看 BERT 预训练模型微调后的模型 bertForSequenceClassification 的结构。

```python
# 导入一个用于中文多分类任务的模型，n_class = 3
from transformers import BertForSequenceClassification

PRETRAINED_MODEL_NAME = "bert-base-chinese"
NUM_LABELS = 3

model = BertForSequenceClassification.from_pretrained(
    PRETRAINED_MODEL_NAME, num_labels=NUM_LABELS)

clear_output()
# high-level显示此模型中的模型信息
print(f"""
name            module
----------------------""")
for name, module in model.named_children():
    if name == "bert":
        for n, _ in module.named_children():
            print(f"{name}:{n}")
    else:
        print("{:15} {}".format(name, module))
```

运行结果：

```
name            module
----------------------
bert:embeddings
bert:encoder
bert:pooler
dropout         Dropout(p=0.1, inplace=False)
```

```
classifier       Linear(in_features=768, out_features=3, bias=True)
```

我们的分类模型 model 也就只是在 BERT 上加入 dropout 层以及简单的用于分类的全连接层，即可输出用来预测类别的 logits。这就是两阶段迁移学习强大的地方：你不用再自己依照不同 NLP 任务从零设计非常复杂的模型，只需要站在巨人肩膀上，做一点点事情就好了。

你也可以看到整个分类模型 model 预设的隐状态维度为 768。如果你想要更改 BERT 的超参数，可以通过 config dict 来设定。以下是分类模型 model 预设的参数设定：

```
model.config
```

PyTorch 中有关 Bert 的模型目前有 10 个。

1）基本模型：

❑ bertModel

❑ bertTokenizer

❑ BertTokenizerFast

2）预训练阶段

❑ bertForMaskedLM

❑ bertForNextSentencePrediction

❑ bertForPreTraining

3）微调阶段

❑ bertForSequenceClassification

❑ bertForTokenClassification

❑ bertForQuestionAnswering

❑ bertForMultipleChoice

更多信息可参考 HuggingFace 官网（https://huggingface.co/transformers/model_doc/bert.html）。本章主要使用其中三个：bertTokenizer、bertForMaskedLM、bertForSequenceClassification。

14.4 训练模型

数据准备好以后，接下来开始训练模型，除了需要记得我们前面定义的 batch 数据格式以外，训练分类模型 model 与使用 PyTorch 训练模型的步骤相同。

14.4.1 定义预测函数

定义预测函数及评估模型指标。

```
device = torch.device("cuda:1" if torch.cuda.is_available() else "cpu")
```

```python
def get_predictions(model, dataloader, compute_acc=False):
    predictions = None
    correct = 0
    total = 0

    with torch.no_grad():
        # 循环整个数据集
        for data in dataloader:
            # 将所有张量移到GPU上
            if next(model.parameters()).is_cuda:
                data = [t.to(device) for t in data if t is not None]

            # 前3个张量分别为tokens、segments 以及 masks
            # 且建议在将这些张量导入model时，指定对应的参数名称
            tokens_tensors, segments_tensors, masks_tensors = data[:3]
            outputs = model(input_ids=tokens_tensors,
                            token_type_ids=segments_tensors,
                            attention_mask=masks_tensors)

            logits = outputs[0]
            _, pred = torch.max(logits.data, 1)

            # 计算训练集的准确率
            if compute_acc:
                labels = data[3]
                total += labels.size(0)
                correct += (pred == labels).sum().item()

            #记录当前批次信息
            if predictions is None:
                predictions = pred
            else:
                predictions = torch.cat((predictions, pred))

    if compute_acc:
        acc = correct / total
        return predictions, acc
    return predictions
```

14.4.2　训练模型

训练模型并显示评估指标值。

```python
#训练模型
model.train().to(device)

# 使用优化器Adam更新参数
optimizer = torch.optim.Adam(model.parameters(), lr=1e-5)


EPOCHS = 6   #循环次数
for epoch in range(EPOCHS):
```

```
running_loss = 0.0
for data in trainloader:

    tokens_tensors, segments_tensors, \
    masks_tensors, labels = [t.to(device) for t in data]

    # 重置参数梯度
    optimizer.zero_grad()

    # forward pass
    outputs = model(input_ids=tokens_tensors,
                    token_type_ids=segments_tensors,
                    attention_mask=masks_tensors,
                    labels=labels)

    loss = outputs[0]
    # backward
    loss.backward()
    optimizer.step()


    # 记录当前的批量损失值
    running_loss += loss.item()

# 计算分类准确率
_, acc = get_predictions(model, trainloader, compute_acc=True)

print('[epoch %d] loss: %.3f, acc: %.3f' %
      (epoch + 1, running_loss, acc))
```

运行结果：

```
[epoch 1] loss: 49.698, acc: 0.855
[epoch 2] loss: 30.061, acc: 0.889
[epoch 3] loss: 21.553, acc: 0.938
[epoch 4] loss: 17.090, acc: 0.937
[epoch 5] loss: 12.715, acc: 0.960
[epoch 6] loss: 7.431, acc: 0.986
```

从准确率可以看出，我们的分类模型在非常小量的训练集的表现已经十分不错，接着让我们看看这个模型的具体情况。

14.5　测试模型

用训练过后的分类模型 model 为测试集里的每个样本生成预测分类。

14.5.1　用新数据测试模型

利用测试数据，对模型进行测试。

```
# 创建测试集。这里batch_size的大小可根据GPU性能进行调整，性能好的可以把batch_size调大一些
testset = FakeNewsDataset("test", tokenizer=tokenizer)
testloader = DataLoader(testset, batch_size=32,
collate_fn=create_mini_batch)

# 基于测试集进行分类预测
predictions = get_predictions(model, testloader)

# 将预测的label id转换为label文字
index_map = {v: k for k, v in testset.label_map.items()}

# 生成可提交csv文档
df = pd.DataFrame({"Category": predictions.tolist()})
df['Category'] = df.Category.apply(lambda x: index_map[x])
df_pred = pd.concat([testset.df.loc[:, ["Id"]],
df.loc[:, 'Category']], axis=1)
df_pred.to_csv('bert_1_prec_training_samples.csv', index=False)
df_pred.head()
```

	Id	Category
0	321187	unrelated
1	321190	unrelated
2	321189	unrelated
3	321193	unrelated
4	321191	unrelated

图 14-4　用新数据测试
模型的运行结果

运行结果如图 14-4 所示。

14.5.2　比较微调前后的数据异同

接下来我们来了解下 BERT 本身在微调之前与之后的差异。以下代码是列出模型成功预测 disagreed 类别的一些例子。

```
predictions = get_predictions(model, trainloader)
df = pd.DataFrame({"predicted": predictions.tolist()})
df['predicted'] = df.predicted.apply(lambda x: index_map[x])
df1 = pd.concat([trainset.df, df.loc[:, 'predicted']], axis=1)
disagreed_tp = ((df1.label == 'disagreed') & \
                (df1.label == df1.predicted) & \
                (df1.text_a.apply(lambda x: True if len(x) < 10 else False)))
df1[disagreed_tp].head()
```

运行结果如图 14-5 所示。

	text_a	text_b	label	predicted
603	海口飞机撒药治白蛾	3月谣言盘点：飞机撒药治白蛾、驾考新规，你中"谣"了吗？	disagreed	disagreed
1752	海口飞机撒药治白蛾	紧急辟谣 飞机又来撒药治白蛾了？别再传了，是假的！	disagreed	disagreed
2646	12306数据泄漏	铁路12306 辟谣，称网站未发生用户信息泄漏！	disagreed	disagreed

图 14-5　微调后数据

从这些例子不难看出，要正确判断 text_b 是否反对 text_a，首先要先关注「谣」、「假」等代表反对意义的词汇，接着再看看两个句子间有没有含义相反的词汇。

让我们从中随意选取一个例子，看看微调后的 BERT 能不能关注到该关注的位置。再

次使用 BertViz 来可视化 BERT 的注意权重。

14.5.3 可视化注意力权重

下面我们看如何可视化语句 sentence_a、sentence_b 的自注意力权重。

```
# 观察训练过后的模型在处理假新闻分类任务时关注的位置
# 去掉state_dict即可观看原始BERT结果

model_version = 'bert-base-chinese'
finetuned_model  =BertModel.from_pretrained(model_version,
output_attentions=True, state_dict=model.state_dict())

#两个语句
sentence_a = "12306数据泄露"
sentence_b = "辟谣：铁路12306 辟谣"

# 得到标识符后导入BERT获取注意力权重
inputs = tokenizer.encode_plus(sentence_a, sentence_b, return_tensors='pt', add_
    special_tokens=True)
token_type_ids = inputs['token_type_ids']
input_ids = inputs['input_ids']
attention = finetuned_model(input_ids, token_type_ids=token_type_ids)[-1]
input_id_list = input_ids[0].tolist() # Batch index 0
tokens = tokenizer.convert_ids_to_tokens(input_id_list)
call_html()
head_view(attention, tokens)
```

运行结果如图 14-6 所示。

非常有意思的是，在看过一些假新闻分类数据以后，这层的一些 head 在更新 [CLS] 的表示时，会开始关注跟下游任务目标相关的特定词汇：泄露、辟谣。

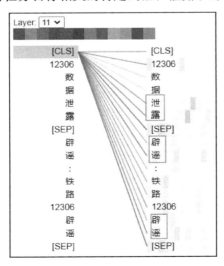

图 14-6　可视化注意力权重

14.6　小结

本章虽然使用了 Transformer 提供的模型，但数据准备工作仍比较烦琐，这也是利用预训练模型的关键所在。预训练模型一般都基于庞大的语料库，模型比较复杂，如果我们自己去训练模型则非常耗时，所以一般不建议这样做，当然，特殊情况除外。

用 GPT-2 生成文本

在上一章我们了解到 BERT 是基于双向 Transformer 构建的，而 GPT-2 是基于单向 Transformer 构建的。这里的双向是指在进行注意力计算时，BERT 会同时考虑左右两边的词对被遮掩的词的影响，而单向是说 GPT-2 只会考虑在待预测词位置左侧的词对其的影响。

GPT-2 模型是通过上述数据预处理方法和模型结构，以及大量的数据训练得出。OpenAI 团队出于安全考虑，没有开源全部训练参数，而是提供了小型的预训练模型。接下来我们将在 GPT-2 预训练模型的基础上进行讲解。具体包括如下内容：

- ❏ GPT-2 概述；
- ❏ 用 GPT-2 生成新闻；
- ❏ 微调 GPT-2 生成戏剧文本。

15.1 GPT-2 概述

GPT-2 的框架与 GPT 基本相同，但对下游任务的处理方式不同。GPT 基于有监督的学习采用微调方法处理下游任务，GPT-2 直接使用无监督学习方式处理下游任务。这与 GPT-2 比 GPT 容量更大（参数量是 GPT 的 10 倍，达到 15 亿个），以及比 GPT 获得更广泛、更通用、更高质量的训练数据有关。

GPT-2 在做下游无监督任务的时候，不改变模型结构，也不更新权重参数，而是通过修改输入方式来实现。对于不同类型的输入，加入一些引导字符，引导 GPT-2 正确地预测目标。

接下来我们通过几个实例来验证 GPT-2 的效果。以下实例来自 OpenAI 官网，为便于大家理解，这里附上对应中文，PenAI 官网地址为：https://openai.com/blog/better-languagemodels/#sample1。

例 1. 根据提示生成对应文本

假设有如下语句（人工提供）：

In a shocking finding, scientist discovered a herd of unicorns living in a remote, previously unexplored valley, in the Andes Mountains. Even more surprising to the researchers was the fact that the unicorns spoke perfect English.

其中文含义为：

【科学家们有个令人震惊的发现，在安第斯山脉一个偏远且没被开发过的山谷里，
生活着一群独角兽。更加让人讶异的是，这些独角兽说着完美的英文。】

下面这些英文是 GPT-2 根据上面的提示语生成的：

The scientist named the population, after their distinctive horn, Ovid's Unicorn. These four-horned, silver-white unicorns were previously unknown to science. Now, after almost two centuries, the mystery of what sparked this odd phenomenon is finally solved.

这些语句的中文含义为：

【这些生物有着独特的角，科学家们就以此为它们命名，叫Ovid's Unicorn。长着四只角的银白色生物，在这之前并不为科学界所知。
现在，过了近两个世纪，这个奇异的现象到底是怎么发生的，谜底终于揭开了。】

例 2. 常识推理，下面用 GPT-2 根据人工提供的英文语句做常识推理。

用 GPT-2 阅读下面的句子，回答单词 it 指代的部分。

The trophy doesn't fit into the brown suitcase because it is too large.
【奖杯放不进棕色旅行箱，因为它太大了。】

GPT-2 给出的答案：

it = trophy
[与正确答案一致]

用 GPT-2 阅读下面的句子，回答单词 it 指代的部分。

The trophy doesn't fit into the brown suitcase because it is too small.
【奖杯放不进棕色手提箱，因为它太小了。】

GPT-2 给出的答案：

it = suitcase
[与正确答案一致]

那么，GPT-2 具体是如何实现的呢？接下来我们通过使用 GPT-2 生成新闻的实例进行详细说明。

15.2　用 GPT-2 生成新闻

想要直接运行一个预训练好的 GPT-2 模型，最简单的方法是让它自由工作，即随机生成文本。换句话说，在开始时，我们给它一点提示，即一个预定好的起始单词，然后让它自行地随机生成后续的文本。

但这样有时可能会出现问题，例如模型陷入一个循环，不断生成同一个单词。为了避免出现这种情况，GPT-2 设置了一个 top-k 参数，这样模型就会从概率前 k 大的单词中随机选取一个单词作为下一个单词。下面是选择 top-k 的函数的具体实现过程。

15.2.1　定义随机选择函数

1）定义随机选择函数的代码如下。

```
import random

def select_top_k(predictions, k=10):
    predicted_index = random.choice(
        predictions[0, -1, :].sort(descending=True)[1][:10]).item()
    return predicted_index
```

2）导入分词库等。

```
#过滤警告信息
import warnings
warnings.filterwarnings('ignore')
import logging
logging.basicConfig(level=logging.INFO)

import torch
from transformers import GPT2Tokenizer
# 载入预训练模型的分词器
tokenizer = GPT2Tokenizer.from_pretrained('gpt2')
```

3）测试 GPT2Tokenizer。

```
# 使用 GPT2Tokenizer 对输入进行编码
text = "Yesterday, a man named Jack said he saw an alien,"
indexed_tokens = tokenizer.encode(text)
tokens_tensor = torch.tensor([indexed_tokens])
tokens_tensor.shape
```

15.2.2　使用预训练模型生成新闻

接下来使用 GPT2LMHeadModel() 建立模型，并将模型模式设为验证模式。由于预训练模型参数体积很大，这里预先下载了相关模块，并放在了本地的 gpt 目录下。下载 GPT-2 预训练模型，具体方法如下。

进入 huggingface 官网（https://huggingface.co/models），选择预训练模型，如图 15-1 所示。

```
from transformers import AutoTokenizer, AutoModelWithLMHead

tokenizer = AutoTokenizer.from_pretrained("gpt2")

model = AutoModelWithLMHead.from_pretrained("gpt2")
```

List all files in model · See raw config file

图 15-1　进入下载模型界面

点击 List all files in model，进入下载文件界面，如图 15-2 所示。

List of model files

File name	Last modified	File size
64-8bits.tflite	Thu, 12 Dec 2019 15:44:08 GMT	119.4MB
64-fp16.tflite	Thu, 12 Dec 2019 15:43:43 GMT	236.8MB
64.tflite	Fri, 29 Nov 2019 22:57:23 GMT	472.8MB
config.json	Mon, 11 May 2020 21:02:03 GMT	665.0B
merges.txt	Mon, 18 Feb 2019 10:36:15 GMT	445.6KB
modelcard.json	Fri, 20 Dec 2019 12:28:51 GMT	230.0B
pytorch_model.bin	Mon, 18 Feb 2019 10:36:15 GMT	522.7MB
rust_model.ot	Fri, 24 Apr 2020 19:51:09 GMT	670.0MB
tf_model.h5	Mon, 23 Sep 2019 19:49:59 GMT	474.9MB
vocab.json	Mon, 18 Feb 2019 10:36:16 GMT	1017.9KB

图 15-2　选择下载文件界面

这里使用 PyTorch，所以选择 pytorch_model.bin。如果使用 TensorFlow 平台，则选择 tf_model.h5，其他选项相同。

下面用给定的 text 生成新闻。

```
from transformers import GPT2LMHeadModel

# 读取 GPT-2 预训练模型
model = GPT2LMHeadModel.from_pretrained("./gpt2")
model.eval()

total_predicted_text = text
n = 100　# 预测过程的循环次数
for _ in range(n):
    with torch.no_grad():
        outputs = model(tokens_tensor)
        predictions = outputs[0]
```

```
predicted_index = select_top_k(predictions, k=10)
predicted_text = tokenizer.decode(indexed_tokens + [predicted_index])
total_predicted_text += tokenizer.decode(predicted_index)

if '<|endoftext|>' in total_predicted_text:
    # 如果出现文本结束标志, 就结束文本生成
    break

indexed_tokens += [predicted_index]
tokens_tensor = torch.tensor([indexed_tokens])
```

```
print(total_predicted_text)
```

运行结果（部分结果）：

```
he called in an air support aircraft in his helicopter so as to take down the
pilot and get out the other side of his ship to prevent any possible casualties
and prevent anyone from going overboard." The UAS, according to Mr, has no record
of a pilot flying within 500 km in that time range," the BBC report stated on
the official site for Pyongyang. It did mention "an unidentified aircraft flying
around in that air base
```

从结果来看，好像是一段正常的文本，不过，仔细看就会发现语句中还存在一些不足之处。除了直接利用预训练模型生成文本之外，我们还可以使用微调的方法使 GPT-2 模型生成有特定风格和格式的文本。

15.3　微调 GPT-2 生成戏剧文本

接下来，我们将使用一些戏剧文本对 GPT-2 进行微调，这里以莎士比亚的戏剧作品《罗密欧与朱丽叶》作为训练样本。

15.3.1　读取文件

读取莎士比亚的戏剧作品《罗密欧与朱丽叶》的文件数据。

```
with open('./data/romeo_and_juliet.txt', 'r') as f:
    dataset = f.read()
len(dataset)
```

运行结果：

```
138150
```

由结果可知，该文件共有 13 万多个单词。

15.3.2　对文件进行分词

对文件进行分词并对字符串分段，使每段长度不超过 512 个标识符的长度。

```
indexed_text = tokenizer.encode(dataset)
del(dataset)

dataset_cut = []
for i in range(len(indexed_text)//512):
    # 对字符串分段，使每段长度为512个标识符
    dataset_cut.append(indexed_text[i*512:i*512+512])
del(indexed_text)

dataset_tensor = torch.tensor(dataset_cut)
dataset_tensor.shape
```

15.3.3　把数据集转换为可迭代对象

利用 dataloader 方法，把数据集转换为可批量处理的迭代对象。

```
from torch.utils.data import DataLoader, TensorDataset

# 构建数据集和数据迭代器，设定 batch_size 为 1
train_set = TensorDataset(dataset_tensor,
dataset_tensor)   # 标签与样本数据相同
train_loader = DataLoader(dataset=train_set,
batch_size=1,
shuffle=False)
train_loader
```

15.3.4　训练模型

训练模型，迭代 30 次，采用 Adam 优化方法，学习率为 1e-5。

```
from torch import nn
import time

pre = time.time()
epoch = 30   # 循环学习 30 次

#model.to(device)
model.train()
optimizer = torch.optim.Adam(model.parameters(), lr=1e-5)   # 定义优化器

for i in range(epoch):
    total_loss = 0
    for batch_idx, (data, target) in enumerate(train_loader):
        data, target = data, target
        optimizer.zero_grad()

        loss, logits, _ = model(data, labels=target)

        #print(loss.shape)
        total_loss += loss.item()
```

```
        loss.backward()
        optimizer.step()

        if batch_idx == len(train_loader)-1:
            # 在每次循环的最后输出一下结果
            print('average loss:', total_loss/len(train_loader))

print('训练时间: ', time.time()-pre)
```

15.3.5　使用模型生成文本

利用训练好的 GPT-2 模型，根据提供的引导语句，推断一段新文字。

```
text = "From fairest creatures we desire"   # 这里也可以输入不同的英文文本
indexed_tokens = tokenizer.encode(text)
tokens_tensor = torch.tensor([indexed_tokens])

model.eval()
total_predicted_text = text

# 对预训练模型进行 500 次训练
for _ in range(500):
    tokens_tensor = tokens_tensor

    with torch.no_grad():
        outputs = model(tokens_tensor)
        predictions = outputs[0]

    predicted_index = select_top_k(predictions, k=10)

    predicted_text = tokenizer.decode(indexed_tokens + [predicted_index])
    total_predicted_text += tokenizer.decode(predicted_index)
    if '<|endoftext|>' in total_predicted_text:
        # 如果出现文本结束标志，就结束文本生成
        break

    indexed_tokens += [predicted_index]

    if len(indexed_tokens) > 1023:
        # 模型最长输入长度为1024个标识符，如果长度过长则截断
        indexed_tokens = indexed_tokens[-1023:]

    tokens_tensor = torch.tensor([indexed_tokens])

print(total_predicted_text)
```

运行结果（部分）：

```
From fairest creatures we desire to be friends
Our lives may not stand but to be separated; we may call
This holy division death: this holy marriage must cease in our death. Thus saying
farewell we besan our dead, that we should be as friends in death. Thus says he;
```

```
Death may not withdraw his holy order: 'tis but our common grief
In that part where thou wossiest death, and where death withdraw'd the blessings
that we shouldDainst us by parting ways:'So sayeth he our hearts will live
on this vow for eon life. This last part of our vow may be quiesolved and
ourmarmarry be as dear a vow ours are; we do wish our death
```

从生成结果可以看到，模型已经学习到了戏剧文本的特点。不过仔细读起来仍会发现文本缺少逻辑和关联，这是因为循环次数、语料等还不够充分。如果有更多的数据，训练更长的时间，模型应该会有更好的表现。

15.4　小结

BERT 模型使用 Transformer 的 Encoder 部分，比较擅长自然语言理解类的任务，而GPT 模型使用 Transformer 的 Decoder 部分，属于自回归，擅长自然语言生成类的任务。本章的实例就是一个典型的自然语言生成类任务，即给 GPT-2 模型一句话，让模型返回一段剧情。

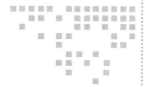

第 16 章 Chapter 16

Embedding 技术总结

Embedding 几乎无处不在，无论是传统机器学习、推荐系统，还是深度学习中的自然语言处理，甚至图像处理，都涉及 Embedding 技术问题。从一定意义上来说，把 Embedding 做好了，整个项目的关键难题就攻克了。作为本书的最后一章，我们将简单回顾下 Embedding 技术，并展望一下它的未来，具体涉及如下内容：

- ❑ Embedding 技术回顾；
- ❑ Embedding 技术展望。

16.1 Embedding 技术回顾

Embedding 的表现能力非常强，无论是带序列特征的语句、用户浏览轨迹，还是序列或不连续的类别特征、物品等，都可以用 Embedding 来表示。表示十分重要，不过如何让这种表示准确反映这些物品或行为背后的逻辑更加重要。接下来就这些问题分别进行说明。

16.1.1 Embedding 表示

Embedding 起源于 word2vec 的 Word Embedding，在之前一般采用独热编码表示 word。利用独热编码表示虽然简单，但这种表示非常稀疏，容易导致维度灾难，更重要的是这种表示方法能承载的信息非常少，如图 16-1 所示。所以后来人们研究出 Word Embedding。自从 Word Embedding 在 NLP 取得巨大成功后，人们开始探索，先后把 Item、Graph、Node、Position 甚至图像都转换为 Embedding。

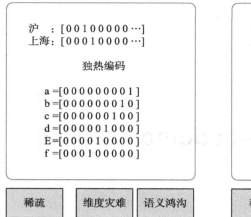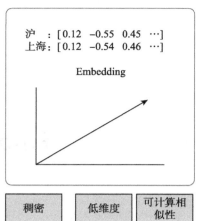

图 16-1　独热编码与 Embedding 比较

Embedding 作为一种新思想，其意义大致包含以下几个方面：

❑ 把自然语言转化为一串数字，从此自然语言可以计算；
❑ 替代独热编码，极大地降低了特征的维度；
❑ 替代协同矩阵，极大地降低了计算复杂度；
❑ 在训练过程中不断学习，从而获得各种信息，如图 16-2 所示。

特性　＼　词（索引）	男 (5391)	女 (9853)	国王 (4914)	王后 (7157)	苹果 (456)	橘子 (6257)
性别	−1	1	−0.95	0.97	0.00	0.01
王室	0.01	0.02	0.93	0.95	−0.01	0.00
年龄	0.03	0.02	0.70	0.69	0.03	−0.02
食物	0.09	0.01	0.02	0.01	0.95	0.97

图 16-2　词嵌入特征示意图

图 16-2 为在某语料库上训练得到的一个简单词嵌入矩阵，从中我们可以看出，男、女、国王、王后、苹果等词嵌入已从语料库中学习到性别、王室、年龄、食物等相关信息的权重。

16.1.2　多种学习 Embedding 表示的算法

给定输入数据，如何学到输入数据的 Embedding 表示？最初人们是利用多层神经网络，通过不断迭代来学习输入的 Embedding 表示，具体过程如图 16-3 所示。

当然通过这种方法学到的 Embedding 比较简单，而且 Embedding 是静态的，无法随着语义环境的变化而变化。后来人们研究出 ELMo、BERT、GPT 等预训练模型，分别采用

LSTM、Transformer 作为特征提取器，使用 biLM、MLM 学到输入的预训练模型表示，及动态的 Embedding 表示。通过这些方法可以学到动态向量（或动态 Embedding），也可以随着上下文的不同而改变。像 GPT、BERT、XLNet 等采用 Self-Attention 方法，能够学到更长语句之间的依赖关系，所以学到的 Embedding 自然表现能力就更强大、更灵活。

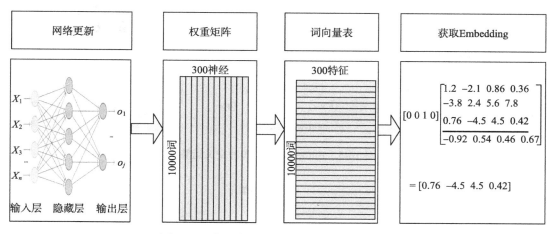

图 16-3　使用多层神经网络生成 Embedding

16.1.3　几种 Embedding 衍生技术

根据已有的 Embedding 衍生出新的 Embedding，与特征工程中的特征组合、特征衍生类似。Embedding 衍生的常用方法有拼接、线性组合、交叉组合等，如图 16-4 所示。

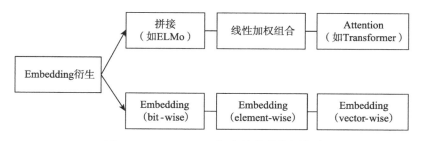

图 16-4　Embedding 衍生的几种常用方法

图 16-4 中 Embedding 的 bit-wise、element-wise、vector-wise 等特征交叉运算的可视化如图 16-5 所示。

在图 16-5 中，Embedding（bit-wise）、Embedding（element-wise）、Embedding（vector-wise）都是生成交叉特征的几种方式，前两者属于元素级运算，后者属于向量级运算。

Embedding 的各种衍生方法在推荐系统中运用非常广泛。图 16-6 为 xDeepFM 模型结构示意图，整个模型分为三个部分。

❑ Linear：捕捉线性特征。

❑ CIN：压缩交互网络，显式地、向量级（vector-wise）地学习高阶交叉特征。

❑ DNN：隐式地、元素级（bit-wise）地学习高阶交叉特征。

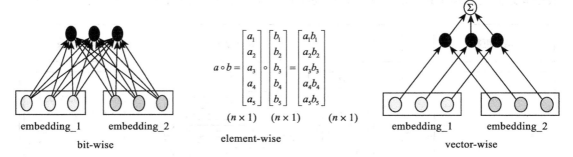

图 16-5　Embedding 的各种交叉运算

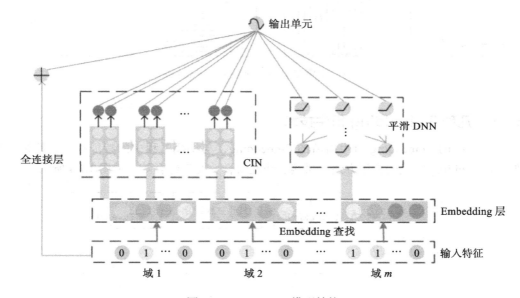

图 16-6　xDeepFM 模型结构

在论文 *AutoInt: Automatic Feature Interaction Learning via Self-Attentive Neural Networks* 中引入了多头自注意力（Multi-Head Self-Attention）技术来提升模型表达能力。图 16-7 为 AutoInt 的架构图。

AutoInt 发表于 2019 年，它的思路和 DCN、xDeepFM 相似，都是提出了能够显式学习高阶特征交叉的网络。除此之外，AutoInt 算法借鉴了 NLP 模型中 Transformer 的多头自注意力机制，给模型的交叉特征引入了可解释性，可以让模型知道哪些特征交叉的重要性更大。

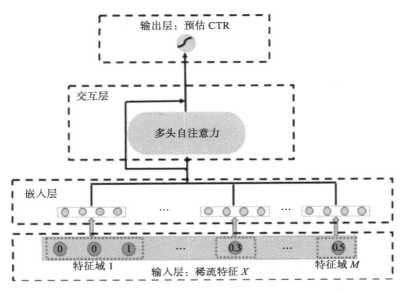

图 16-7　AutoInt 的架构图

16.1.4　Embedding 技术的不足

Embedding 作为一种技术，虽然很流行，但是也存在一些不足。比如 Embedding 的维度一般作为超参数，不能根据实际情况选择合理的大小；涉及多个特征的向量化时，一般都采样相同的维度，而不是根据各特征的贡献及特性进行量身定做；对一些稀疏特征进行的 Embedding，存在长尾数据而影响训练效果；另外，与 RGB 相比，Embedding 的可解释性不够透明，这或许也是目前机器学习、深度学习模型存在的较普遍的问题。

16.2　Embedding 技术展望

离散数据、连续数据、序列数据、自然语言，甚至图像数据等，都可以转换为 Embedding，可以说万物都可用 Embedding 表示。如何找到更好的表示方法，已成为一个系统或项目考虑的重要问题。

Embedding 是一个正在蓬勃发展的新事物，如何发挥其优点，克服其不足，都是要努力解决的问题。近日，针对 Embedding 的空间分布影响模型的泛化误差的问题，阿里和 Google 先后在 Embedding 的表示和结构上进行了各种尝试。

16.2.1　从 Embedding 的表示方面进行优化

阿里提出了 Residual Embedding 的概念，有点类似聚类的思想，把一个向量用中心向量和残差向量的形式来表示，以达到同一类别向量簇内高度聚集的目的，如图 16-8 所示。

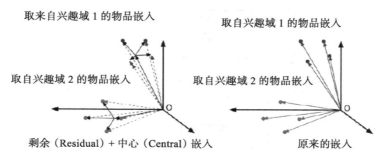

图 16-8　Residual Embedding 结构

在图 16-8 中，将 8 个嵌入向量替换为 2 个中心嵌入向量和 8 个剩余嵌入向量。利用这种结构，同一兴趣域中嵌入向量的包络半径由剩余嵌入向量的尺度所限定。

16.2.2　从 Embedding 的结构上进行优化

Google 则希望对 Embedding 的编码空间进行优化，对各特征的 Embedding 采用类似加权方式来处理，而不是简单地把每个特征的 Embedding 都设置成一个维度。简单来说就是为更高频、更有效的特征分配更多的编码位置，反之则分配更少的编码位置，如图 16-9 所示。这种选择非手工，而是借助强化学习的方法来完成。

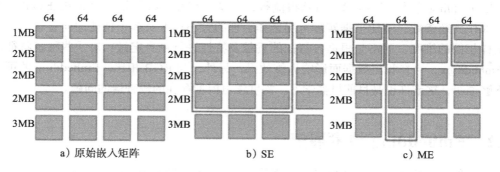

图 16-9　嵌入块和控制器选择的示例

嵌入块（Embedding Block）的概念实际上就是原始嵌入矩阵的分块。假设原始嵌入矩阵大小是（10MB，256），图 16-9a 将其分成了 20 个嵌入块。控制器为每个特征提供两种选择：图 16-9b 所示的单一尺寸嵌入（Single-size Embedding，SE）以及图 16-9c 所示的多尺寸嵌入（Multi-size Embedding，ME）。

16.3　小结

本章对 Embedding 技术进行了简单回顾，并对其未来进行了一些探索。

基于 GPU 的 TensorFlow 2+、PyTorch 1+ 升级安装

A.1　环境分析

1）目标：升级到 TensorFlow-GPU 2.0

2）原有环境：Python 3.6，TensorFlow-GPU 1.6，Ubuntu16.04，GPU 驱动为 NVIDIA-SMI 387.26

3）"硬核"：

① 如果要升级到 TensorFlow-GPU 2.0，CUDA 应该是 10.+，而 CUDA 为 10.+ 时，GPU 的驱动版本应该不低于 410，但这里使用的是驱动版本 387.26。

② TensorFlow 支持 Python 3.7

4）在安装 TensorFlow-GPU 2.0 之前需要做的事情

①升级 GPU 驱动版本，需不低于 410（最关键）

②安装 Python 3.7

③安装 CUDA 10

④安装 TensorFlow-GPU 2.0

A.2　参考资料

在安装过程中可能需要以下这些参考资料。

1. 如何查找 GPU 型号与驱动版本之间的关系？

安装新的支持 CUDA 10+ 的驱动。具体安装程序可登录官方网址（https://www.nvidia.com/Download/Find.aspx?lang=en-us）得到，登录界面如图 A-1 所示，输入相应 GPU 型号以获取对应驱动程序。

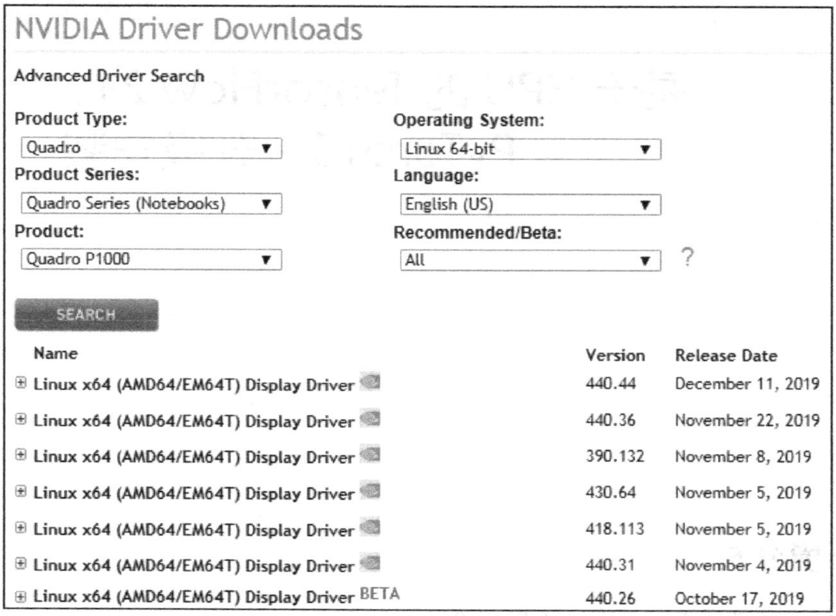

图 A-1　GPU 型号及产品系列兼容的驱动版本

2. 安装 GPU 驱动有哪些常用方法？

安装 GPU 驱动有以下 3 种常用方法，前 2 种操作比较简单，第 3 种是 NVIDIA 推荐的手动安装方法，定制化程度比较高，但比较烦琐。

1）使用标准 Ubuntu 仓库进行自动化安装。

2）使用 PPA 仓库进行自动化安装。

3）使用官方的 Nvidia 驱动进行手动安装。

3. 如何查看当前内核？

在安装过程中，可能会出现 /boot 目录空间不足的问题，此时需要通过一些方法保证 /boot 空间，如删除一些非当前使用的内核或扩充 /boot 空间等。

1）查看内核列表：

```
sudodpkg --get-selections |grep linux-image
```

2）查看当前使用的内核：

```
uname -r
```

3）删除非当前使用的内核：

```
sudo apt-get remove linux-image-***-generic
```

A.3　安装的准备工作

1. 查看显卡基本信息

通过命令 nvidia-smi 查看显卡基本信息，结果如下所示：

```
NVIDIA-SMI 387.26                    Driver Version: 387.26
```

2. Nvidia 驱动和 CUDA runtime 版本对应关系

Nvidia 的官网地址为 https://docs.nvidia.com/cuda/cuda-toolkit-release-notes/index.html。其驱动与 CUDA runtime 版本的对应关系如表 A-1 所示。

表 A-1　CUDA 与其兼容的驱动版本

CUDA 工具包	Linux x86_64 驱动版本	Windows x86_64 驱动版本
CUDA 10.2.89	≥ 440.33	≥ 441.22
CUDA 10.1（一般用 10.1.105 版本）	≥ 418.39	≥ 418.96
CUDA 10.0.130	≥ 410.48	≥ 411.31
CUDA 9.2 (9.2.148)	≥ 396.37	≥ 398.26
CUDA 9.2 (9.2.88)	≥ 396.26	≥ 397.44
CUDA 9.1 (9.1.85)	≥ 390.46	≥ 391.29
CUDA 9.0 (9.0.76)	≥ 384.81	≥ 385.54
CUDA 8.0 (8.0.61 GA2)	≥ 375.26	≥ 376.51
UDA 8.0 (8.0.44)	≥ 367.48	≥ 369.30
CUDA 7.5 (7.5.16)	≥ 352.31	≥ 353.66
CUDA 7.0 (7.0.28)	≥ 346.46	≥ 347.62

从表 A-1 可知，因笔者目前的 GPU 驱动版本为 Driver Version: 387.26，所以无法安装 cudnn10+，需要升级 GPU 驱动。

A.4　升级 GPU 驱动

Ubuntu 社区建立了一个名为 Graphics Drivers PPA 的全新 PPA，专门为 Ubuntu 用户提供最新版本的各种驱动程序，如 Nvidia 驱动。因此这里通过 PPA 为 Ubuntu 安装 Nvidia 驱动程序，即使用 PPA 仓库进行自动化安装。

1）卸载系统里的 Nvidia 低版本显卡驱动：

```
sudo apt-get purge nvidia*
```

2）把显卡驱动加入 PPA：

```
sudo add-apt-repository ppa:graphics-drivers
```

3）更新 apt-get：

```
sudo apt-get update
```

4）查找显卡驱动最新的版本号：

```
sudo apt-get update
```

返回如图 A-2 所示的信息。

```
nvidia-390-dev - NVIDIA binary Xorg driver development files
nvidia-390-diagnostic - NVIDIA driver diagnostics utilities
nvidia-390 - NVIDIA binary driver - version 390.116
nvidia-396-dev - NVIDIA binary Xorg driver development files
nvidia-396-diagnostic - NVIDIA driver diagnostics utilities
nvidia-396 - NVIDIA binary driver - version 396.82
nvidia-410-diagnostic - NVIDIA driver diagnostics utilities
nvidia-410 - NVIDIA binary driver - version 410.129
nvidia-418-diagnostic - NVIDIA driver diagnostics utilities
nvidia-418 - NVIDIA binary driver - version 418.87.01
```

图 A-2 返回驱动信息

5）采用 apt-get 命令在终端安装 GPU 驱动：

```
sudo apt-get install nvidia-418nvidia-settings nvidia-prime
```

6）重启系统并验证

①重启系统：

```
sudoreboot
```

②查看安装情况。在终端输入以下命令行：

```
lsmod | grep nvidia
```

如果没有输出，则安装失败。安装成功会有如图 A-3 所示的类似信息。

```
$ lsmod | grep nvidia
nvidia_uvm            798720  2
nvidia_drm             49152  0
nvidia_modeset       1093632  1 nvidia_drm
nvidia              18198528  332 nvidia_modeset,nvidia_uvm
ipmi_msghandler        49152  3 ipmi_ssif,nvidia,ipmi_si
drm_kms_helper        155648  2 ast,nvidia_drm
drm                   364544  6 ast,ttm,drm_kms_helper,nvidia_drm
```

图 A-3 安装成功

③查看 Ubuntu 自带的 nouveau 驱动是否运行：

```
lsmod | grep nvidia
```

如果终端没有内容输出，则显卡驱动安装成功！

④使用命令 nvidia-smi 查看 GPU 驱动是否正常。成功则会显示如图 A-4 所示信息。

```
$ nvidia-smi
Sat Jan  4 10:58:39 2020

+-----------------------------------------------------------------------------+
| NVIDIA-SMI 418.87.01    Driver Version: 418.87.01    CUDA Version: 10.1      |
|-------------------------------+----------------------+----------------------+
| GPU  Name      Persistence-M  | Bus-Id        Disp.A | Volatile Uncorr. ECC |
| Fan  Temp  Perf  Pwr:Usage/Cap|         Memory-Usage | GPU-Util  Compute M. |
|===============================+======================+======================|
|   0  Quadro P1000         Off | 00000000:81:00.0 Off |                  N/A |
| 34%   35C    P8   N/A /  N/A  |   3997MiB /  4040MiB  |      0%      Default |
+-------------------------------+----------------------+----------------------+
|   1  Quadro P1000         Off | 00000000:82:00.0 Off |                  N/A |
| 34%   37C    P8   N/A /  N/A  |     51MiB /  4040MiB  |      0%      Default |
+-------------------------------+----------------------+----------------------+

+-----------------------------------------------------------------------------+
| Processes:                                                       GPU Memory |
|  GPU       PID   Type   Process name                             Usage      |
```

图 A-4 GPU 驱动成功安装

至此，GPU 驱动已成功安装，版本为 418，接下来就可安装 PTensorFlow、Pytorch 等最新版本了！

A.5 安装 Python 3.7

因 TensorFlow-GPU 2.0 支持 Python 3.7，故需删除 Python 3.6，安装 Python 3.7。

1）使用 rm -rf 命令删除目录：anaconda3。

```
rm -rf anaconda3
```

2）到 Anaconda 官网下载最新的 Anaconda 3 版本。网址为 https://www.anaconda.com/distribution/。下载界面如图 A-5 所示。

图 A-5 Anaconda 下载界面

下载完成后即可得到 sh 程序包：Anaconda3-2019.10-Linux-x86_64.sh。

3）安装 Python3.7。在命令行执行如下命令：

```
bash Anaconda3-2019.10-Linux-x86_64.sh
```

安装过程中会有几个问题，具体如下所示。

第一个问题：

```
Do you accept the license terms? [yes|no]
```

选择 yes。

第二个问题：

```
Anaconda3 will now be installed into this location:
~/anaconda3

  - Press ENTER to confirm the location
  - Press CTRL-C to abort the installation
  - Or specify a different location below
```

按回车 ENTER 即可。

第三个问题：

```
Do you wish the installer to initialize Anaconda3
by running condainit? [yes|no]
```

选择 yes，表示把 Python 安装目录自动写入 .bashrc 文件。

4）使用命令 conda list 查看已安装的一些版本，如图 A-6 所示。

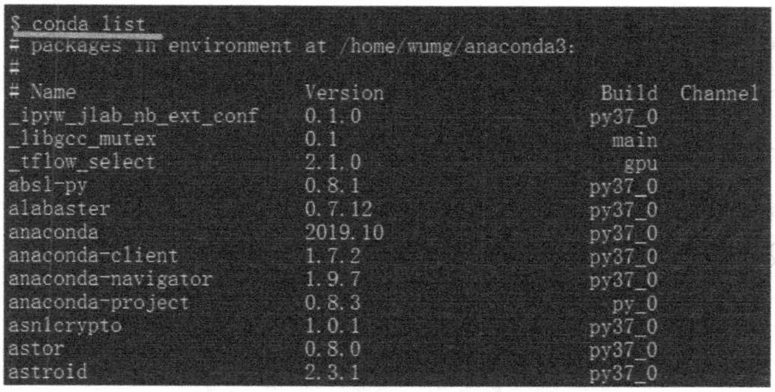

图 A-6 查看 conda 已安装的模块及版本信息等

A.6 安装 TensorFlow-GPU 2.0

如果使用 conda 安装 TensorFlow-GPU 2.0，可用一个命令搞定，如果用 pip 安装则需要 3 步。

A.6.1　用 conda 安装

使用 conda 安装 Tensorflow-GPU 时，它会自动下载依赖项，比如最重要的 CUDA 和 cuDNN 等，其中 CUDA 将自动安装 10 版本。

1）先查看能安装的 TensorFlow 包。

```
conda search tensorflw
```

2）安装 TensorFlow-GPU 2.0。

```
conda install tensorflow-gpu=2.0.0
```

A.6.2　用 pip 安装

1）先安装 cudatoolkit。

```
pip install cudatoolkit==10.0
```

2）安装 cudnn。

```
pip install cudnn
```

3）安装 TensorFlow-GPU 2.0。

```
pipinstalltensorflow-gpu==2.0.0
```

 说明　1）如果使用 conda（如果只有一个 Python 版本，也可不使用 conda 环境），创建环境时，采用 conda create -n tf2 python=3.7，而不是之前版本的 source create *。激活环境也是用 conda activate tf2。

2）如果卸载需先卸载 cuDNN，再卸载 cudatoolkit。

A.7　Jupyter Notebook 的配置

Jupyter Notebook 是目前 Python 比较流行的开发、调试环境，此前被称为 IPython Notebook，以网页的形式打开，可以在网页页面中直接编写和运行代码，同时代码的运行结果（包括图形）会直接显示，如在编程过程中添加注释、目录、图像或公式等内容。Jupyter Notebook 有以下特点：

- ❑ 编程时具有语法高亮、缩进、tab 补全的功能。
- ❑ 可直接通过浏览器运行代码，同时在代码块下方展示运行结果。
- ❑ 以富媒体格式展示计算结果。富媒体格式包括 HTML、LaTeX、PNG、SVG 等。
- ❑ 对代码编写说明文档或语句时，支持 Markdown 语法。
- ❑ 支持使用 LaTeX 编写数学性说明。

接下来介绍配置 Jupyter Notebook 的主要步骤。

1）生成配置文件。

```
jupyter notebook --generate-config
```

将在当前用户目录下生成文件：.jupyter/jupyter_notebook_config.py

2）生成当前用户登录密码。打开 ipython，创建一个密文密码：

```
In [1]: from notebook.auth import passwd
In [2]: passwd()
Enter password:
Verify password:
```

3）修改配置文件。对配置文件 vim ~/.jupyter/jupyter_notebook_config.py 进行如下修改：

```
c.NotebookApp.ip='*'  # 就是设置所有ip皆可访问
c.NotebookApp.password = u'sha:ce...刚才复制的那个密文'
c.NotebookApp.open_browser = False # 禁止自动打开浏览器
c.NotebookApp.port =8888 #这是默认端口，也可指定其他端口
```

4）启动 Jupyter Notebook。

```
#后台启动jupyter: 不记日志:
nohupjupyter notebook >/dev/null 2>&1 &
```

在浏览器上，输入 IP:port，即可看到如图 A-7 所示的界面。

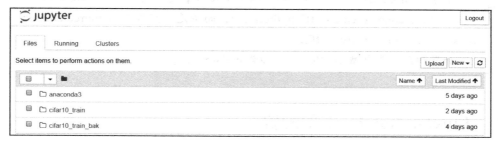

图 A-7 Jupyter Notebook 登录界面

接下来就可以在浏览器完成开发和调试 PyTorch、Python 等任务了。

A.8 安装验证

验证 TensorFlow 安装是否成功：

```
#导入tensorflow
import tensorflow as tf
#查看tensorflow版本
```

```
print(tf.__version__)
#查看gpu是否可用
print(tf.test.is_gpu_available())
```

运行结果为：

```
2.0.0
True
```

说明 TensorFlow-GPU 安装成功，而且 GPU 使用正常。

A.9　TensorFlow 一般方式处理实例

接下来的 A.9 与 A.10 节都基于 MNIST 数据集，数据预处理相同，模型也相同。其中，A.9 节采用 Keras 的一般模型训练方法，A.10 节采用分布式处理方法，读者可通过具体实例比较两种方式的处理逻辑、性能及所用时间等指标。

A.9.1　导入需要的库

导入 Python 的 os、sys、time 等模块及 tensorflow 模块等。

```
import os
import sys
import time
import tensorflow as tf
from matplotlib import pyplot as plt
%matplotlib inline
from tensorflow.keras.models import Sequential
from tensorflow.keras.layers import Dense, Dropout, Flatten
from tensorflow.keras.layers import Conv2D, MaxPooling2D
```

A.9.2　导入数据

使用 tensorflow.keras 自带的函数下载数据。

```
#在Keras自带的数据集中导入所需的MNIST模块
from tensorflow.keras.datasets import mnist
#加载数据到Keras
(x_train, y_train), (x_test, y_test) = mnist.load_data()
```

A.9.3　数据预处理

1）转换为 4 维数组：

```
x_train = x_train.reshape(60000, 28, 28, 1)
x_test = x_test.reshape(10000, 28, 28, 1)
```

2）获取通道信息：

```
# 定义输入图像数据的行列信息
img_rows, img_cols = 28, 28

#导入backend模块，使用函数image_data_format()获取通道位置信息
from tensorflow.keras import backend as K
if K.image_data_format() == 'channels_first':
    x_train = x_train.reshape(x_train.shape[0], 1, img_rows, img_cols)
    x_test = x_test.reshape(x_test.shape[0], 1, img_rows, img_cols)
    input_shape = (1, img_rows, img_cols)
else:
    x_train = x_train.reshape(x_train.shape[0], img_rows, img_cols, 1)
    x_test = x_test.reshape(x_test.shape[0], img_rows, img_cols, 1)
    input_shape = (img_rows, img_cols, 1)
```

3）对数据进行缩放：

```
x_train = x_train.astype('float32')
x_test = x_test.astype('float32')
x_train /= 255
x_test /= 255
```

4）把标签数据转换为二值数据格式或独热编码格式。

```
# 使用Keras自带的工具将标签数据转换成二值数据格式，以方便模型训练
import tensorflow.keras.utils as utils
y_train =utils.to_categorical(y_train, 10)
y_test = utils.to_categorical(y_test, 10)
```

A.9.4 构建模型

采用 tf.keras 的序列模式构建模型。

```
model = Sequential()#初始化序列模型
model.add(Conv2D(32, kernel_size=(3, 3),
                  activation='relu',
input_shape=(28,28,1)))#二维卷积层
model.add(MaxPooling2D(pool_size=(2, 2)))#最大池化层
model.add(Conv2D(64, (3, 3), activation='relu'))#二维卷积层
model.add(MaxPooling2D(pool_size=(2, 2)))#最大池化层
model.add(Flatten())#Flatten层，把tensor转换成一维形式
model.add(Dense(64, activation='relu'))#定义全连接层
model.add(Dense(10, activation='softmax'))#定义输出层
model.summary()#查看模型结构
```

模型结构如下。

layer(type)	Output Shape	Param #
conv2d(Conv2D)	(None,26,26,32)	320
max_pooling2d(MaxPooling2D)	(None,13,13,32)	0
conv2d_1(Conv2D)	(None,11,11,64)	18496
max_pooling2d_1(MaxPooling2D)	(None,5,5,64)	0
flatten(Flatten)	(None,1600)	0
dense(Dense)	(None,64)	102464

```
dense_1(Dense)                        (None,10)                    650
Total params: 121,930
Trainable params: 121,930
Non-trainable params: 0
```

A.9.5　编译模型

编译模型，指明优化器及评估方法。

```
import tensorflow.keras as keras
model.compile(loss=keras.losses.categorical_crossentropy,
             #optimizer=keras.optimizers.Adadelta(),
             optimizer=keras.optimizers.Adam(),
             metrics=['accuracy'])
```

A.9.6　训练模型

训练模型，包括指标批量大小及循环次数等。

```
model.fit(x_train, y_train,
batch_size=128,
         epochs=12,
         verbose=1,
validation_data=(x_test, y_test))
```

运行结果如下。

```
Epoch 9/12
60000/60000 [==============================] - 5s 81us/sample - loss: 0.0133 -
    accuracy: 0.9958 - val_loss: 0.0259 - val_accuracy: 0.9915
Epoch 10/12
60000/60000 [==============================] - 5s 79us/sample - loss: 0.0101 -
    accuracy: 0.9969 - val_loss: 0.0264 - val_accuracy: 0.9916
Epoch 11/12
60000/60000 [==============================] - 5s 81us/sample - loss: 0.0083 -
    accuracy: 0.9973 - val_loss: 0.0338 - val_accuracy: 0.9892
Epoch 12/12
60000/60000 [==============================] - 5s 80us/sample - loss: 0.0082 -
    accuracy: 0.9973 - val_loss: 0.0308 - val_accuracy: 0.9910
```

A.9.7　GPU 的使用情况

查看 GPU 的使用情况，如图 A-8 所示。

从图 A-8 可以看出，实际上只有一个 GPU 在使用，另一个几乎没有运行。

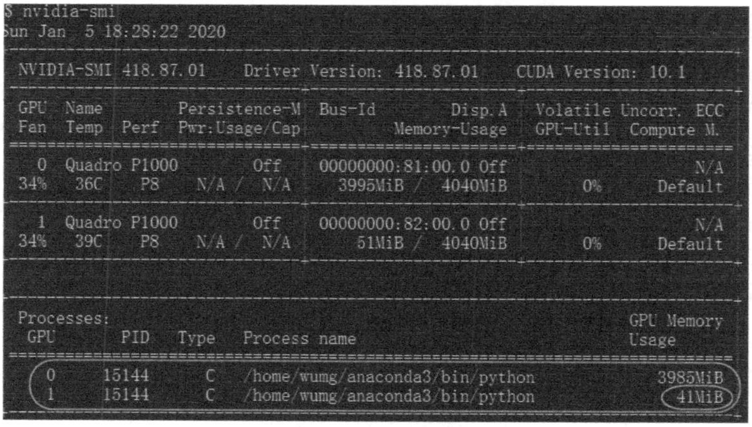

```
$ nvidia-smi
Sun Jan  5 18:28:22 2020
+-----------------------------------------------------------------------------+
| NVIDIA-SMI 418.87.01    Driver Version: 418.87.01    CUDA Version: 10.1     |
|-------------------------------+----------------------+----------------------+
| GPU  Name        Persistence-M| Bus-Id        Disp.A | Volatile Uncorr. ECC |
| Fan  Temp  Perf  Pwr:Usage/Cap|         Memory-Usage | GPU-Util  Compute M. |
|===============================+======================+======================|
|   0  Quadro P1000        Off  | 00000000:81:00.0 Off |                  N/A |
| 34%   36C    P8    N/A /  N/A |   3995MiB /  4040MiB |      0%      Default |
+-------------------------------+----------------------+----------------------+
|   1  Quadro P1000        Off  | 00000000:82:00.0 Off |                  N/A |
| 34%   39C    P8    N/A /  N/A |     51MiB /  4040MiB |      0%      Default |
+-------------------------------+----------------------+----------------------+

+-----------------------------------------------------------------------------+
| Processes:                                                       GPU Memory |
|  GPU       PID   Type   Process name                             Usage      |
|=============================================================================|
|    0     15144      C   /home/wumg/anaconda3/bin/python             3985MiB |
|    1     15144      C   /home/wumg/anaconda3/bin/python               41MiB |
+-----------------------------------------------------------------------------+
```

图 A-8 GPU 使用信息

A.10 TensorFlow 分布式处理实例

A.10.1 概述

TensorFlow 2.0 开始支持更优的多 GPU 与分布式训练。目前 Tensorflow 的分布策略主要有四个。

- MirroredStrategy：镜像策略。
- CentralStorageStrategy：中心存储策略。
- MultiWorkerMirroredStrategy：多工作区镜像策略。
- ParameterServerStrategy：参数服务器策略。

这里主要介绍第 1 种策略，即镜像策略。TensorFlow 2.0 在多 GPU 训练上的效果是否更好了呢？是的，镜像策略用于单机多卡数据并行同步更新的情况，在每个 GPU 上保存一份模型副本，模型中的每个变量都镜像在所有副本中。这些变量一起形成一个名为 MirroredVariable 的概念变量。通过进行相同的更新，可保持这些变量彼此同步。

镜像策略用了高效的 All-reduce 算法来实现设备之间变量的传递更新。默认情况下，它使用 NCCL（Nvidia Collective multi-GPU Communication Library, Nvidia 多卡通信框架）作为 All-reduce 实现。用户还可以在官方提供的其他几个选项之间进行选择。如图 A-9 所示。

镜像策略的工作原理分析如下。假设你的机器上有 2 个 GPU。在单机单 GPU 的训练中，数据是一个批量一个批量的训练。在单机多 GPU 中，数据一次处理 2 个批量（假设是 2 个 GPU 训练），每个 GPU 处理一个批量的数据计算。变量，或者说参数，保存在 CPU 上。刚开始的时候数据由 CPU 分发给 2 个 GPU，在 GPU 上完成计算，得到每个批量要更新的梯度。然后在 CPU 上收集 2 个 GPU 上要更新的梯度，计算一下平均梯度，然后更新参数。接着继续循环这个过程。

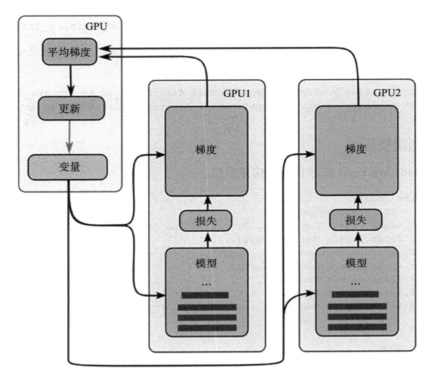

图 A-9　TensorFlow 使用多 GPU 示意图

A.10.2　创建一个分发变量和图形的镜像策略

为使用 TensorFlow 的分布式处理需构建镜像策略。

```
strategy = tf.distribute.MirroredStrategy()
print ('Number of devices: {}'.format(strategy.num_replicas_in_sync))
#训练脚本就会自动进行分布式训练。如果你只想用主机上的部分GPU训练
#strategy = tf.distribute.MirroredStrategy(devices=["/gpu:0", "/gpu:1"])
```

A.10.3　定义批处理等变量

定义批次大小、循环次数等超参数。

```
BUFFER_SIZE = len(x_train)
BATCH_SIZE_PER_REPLICA = 128
GLOBAL_BATCH_SIZE = BATCH_SIZE_PER_REPLICA * strategy.num_replicas_in_sync
EPOCHS = 12
```

A.10.4 创建数据集并分发

把数据集划分为训练集和测试集。

```
train_dataset = tf.data.Dataset.from_tensor_slices((x_train, y_train)).shuffle
(BUFFER_SIZE).batch(GLOBAL_BATCH_SIZE)
test_dataset = tf.data.Dataset.from_tensor_slices((x_test, y_test)).batch(GLOBAL_
BATCH_SIZE)

train_dist_dataset = strategy.experimental_distribute_dataset(train_dataset)
test_dist_dataset = strategy.experimental_distribute_dataset(test_dataset)
```

A.10.5 创建模型

采用 tensorflow.keras 的序贯模式构建模型。

```
def create_model():
  model = tf.keras.Sequential([
      tf.keras.layers.Conv2D(32, 3, activation='relu',input_shape=(28,28,1)),
      tf.keras.layers.MaxPooling2D(),
      tf.keras.layers.Conv2D(64, 3, activation='relu'),
      tf.keras.layers.MaxPooling2D(),
      tf.keras.layers.Flatten(),
      tf.keras.layers.Dense(64, activation='relu'),
      tf.keras.layers.Dense(10, activation='softmax')
    ])

  return model
```

A.10.6 创建存储检查点

保存模型并指定保存路径。

```
# 创建检查点目录以存储检查点。
checkpoint_dir = './training_checkpoints'
checkpoint_prefix = os.path.join(checkpoint_dir, "ckpt")
```

A.10.7 定义损失函数

定义损失函数，这里的参数 Reduction 使用默认值 NONE。

```
with strategy.scope():
  # 将参数Reduction设置为NONE
  loss_object = tf.keras.losses.CategoricalCrossentropy(
      reduction=tf.keras.losses.Reduction.NONE)
  # 或者使用 loss_fn = tf.keras.losses.sparse_categorical_crossentropy
  def compute_loss(labels, predictions):
    per_example_loss = loss_object(labels, predictions)
    return tf.nn.compute_average_loss(per_example_loss, global_batch_size=GLOBAL_
        BATCH_SIZE)
```

A.10.8　定义性能衡量指标

定义性能衡量指标，如准确性。

```
with strategy.scope():
  test_loss = tf.keras.metrics.Mean(name='test_loss')

  #train_accuracy = tf.keras.metrics.SparseCategoricalAccuracy(
  train_accuracy = tf.keras.metrics.CategoricalAccuracy(
      name='train_accuracy')
  #test_accuracy = tf.keras.metrics.SparseCategoricalAccuracy(
  test_accuracy = tf.keras.metrics.CategoricalAccuracy(
      name='test_accuracy')
```

A.10.9　训练模型

1）定义优化器、计算损失值：

```
# 必须在strategy.scope下创建模型和优化器。
with strategy.scope():
  model = create_model()

  optimizer = tf.keras.optimizers.Adam()

  checkpoint = tf.train.Checkpoint(optimizer=optimizer, model=model)
with strategy.scope():
  def train_step(inputs):
    images, labels = inputs

    with tf.GradientTape() as tape:
      predictions = model(images, training=True)
      loss = compute_loss(labels, predictions)

    gradients = tape.gradient(loss, model.trainable_variables)
    optimizer.apply_gradients(zip(gradients, model.trainable_variables))

    train_accuracy.update_state(labels, predictions)
    return loss

  def test_step(inputs):
    images, labels = inputs

    predictions = model(images, training=False)
    t_loss = loss_object(labels, predictions)

    test_loss.update_state(t_loss)
    test_accuracy.update_state(labels, predictions)
```

2）训练模型。

```
with strategy.scope():
  #experimental_run_v2将复制提供的计算内容，并分布式运行
```

```
@tf.function
def distributed_train_step(dataset_inputs):
  per_replica_losses = strategy.experimental_run_v2(train_step,
                                                     args=(dataset_inputs,))
  return strategy.reduce(tf.distribute.ReduceOp.SUM, per_replica_losses,
                         axis=None)

@tf.function
def distributed_test_step(dataset_inputs):
  return strategy.experimental_run_v2(test_step, args=(dataset_inputs,))

for epoch in range(EPOCHS):
  # 训练循环
  total_loss = 0.0
  num_batches = 0
  for x in train_dist_dataset:
    total_loss += distributed_train_step(x)
    num_batches += 1
  train_loss = total_loss / num_batches

  # 测试循环
  for x in test_dist_dataset:
    distributed_test_step(x)

  if epoch % 2 == 0:
    checkpoint.save(checkpoint_prefix)

  template = ("Epoch {}, Loss: {}, Accuracy: {}, Test Loss: {}, "
              "Test Accuracy: {}")
  print (template.format(epoch+1, train_loss,
                         train_accuracy.result()*100, test_loss.result(),
                         test_accuracy.result()*100))
```

运行结果如下。

```
Epoch 9, Loss: 1.0668369213817641e-05, Accuracy: 99.91753387451172, Test Loss:
    0.041710007935762405, Test Accuracy: 99.09666442871094
Epoch 10, Loss: 0.006528814323246479, Accuracy: 99.90166473388672, Test Loss:
    0.04140192270278931, Test Accuracy: 99.10091400146484
Epoch 11, Loss: 0.001252010464668274, Accuracy: 99.90159606933594, Test Loss:
    0.04158545285463333, Test Accuracy: 99.10043334960938
Epoch 12, Loss: 0.0014430719893425703, Accuracy: 99.90159606933594, Test Loss:
    0.041613057255744934, Test Accuracy: 99.09874725341797
```

A.10.10　GPU 使用情况

查看 GPU 的使用情况，如图 A-10 所示。

由此可知，采用分布式方式，两个 GPU 都能得到充分使用。

```
$ nvidia-smi
Sun Jan  5 18:39:21 2020

NVIDIA-SMI 418.87.01    Driver Version: 418.87.01    CUDA Version: 10.1

GPU  Name        Persistence-M  Bus-Id        Disp.A  Volatile Uncorr. ECC
Fan  Temp  Perf  Pwr:Usage/Cap          Memory-Usage  GPU-Util Compute M.

  0  Quadro P1000          Off  00000000:81:00.0 Off                   N/A
34%   35C    P8    N/A /  N/A     3997MiB / 4040MiB        0%      Default

  1  Quadro P1000          Off  00000000:82:00.0 Off                   N/A
34%   38C    P8    N/A /  N/A     3997MiB / 4040MiB        0%      Default


Processes:                                                   GPU Memory
GPU       PID   Type   Process name                          Usage

  0     15144      C   /home/wumg/anaconda3/bin/python          3987MiB
  1     15144      C   /home/wumg/anaconda3/bin/python          3987MiB
```

图 A-10　分布式 GPU 使用情况

A.11　建议使用 conda 安装 TensorFlow

使用 TensorFlow 开展机器学习工作的朋友，应该有不少是通过 pip 下载的 TensorFlow。但是近日机器学习专家 Michael Nguyen 提出，为了性能，不建议用 pip 而是用 conda 下载 TensorFlow，理由有以下两点。

（1）更快的 CPU 性能

CondaTensorFlow 包利用了用于深度神经网络或 1.9.0 版本以上的 MKL-DNN 网络的英特尔的数学核心库（Math Kernel Library，MKL），这个库能让 CPU 的性能大幅提升。如图 A-11 所示。

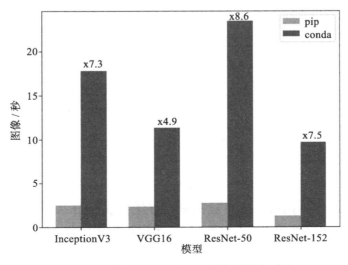

图 A-11　使用 conda 和 pip 安装的性能对比

可以看到，相比 pip 安装，使用 conda 安装后的性能最多提升了 8 倍。这对于仍然经常使用 CPU 训练的人来说，无疑帮助很大。

MKL 库不仅能加快 TensorFlow 包的运行速度，而且能提升其他一些广泛使用的程序库的速度，比如 NumPy、NumpyExr、Scikit-Learn。

（2）简化 GPU 版的安装

conda 安装会自动安装 CUDA 和 GPU 支持所需的 CuDNN 库，但 pip 安装需要你手动完成。

说明　使用 conda 安装软件或版本时，有些可能找不到，这时需要使用 pip 安装。使用 pip 可以安装一些较新版本。

A.12　安装 PyTorch

1）登录 PyTorch 官网（https://pytorch.org/）。

2）选择安装配置，如图 A-12 所示。

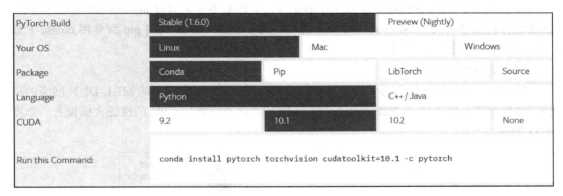

图 A-12　PyTorch 安装配置界面

说明　如果没有 GPU 显卡，则 CUDA 选择 None，如果有 GPU 显卡，可以选择 10.1 或 9.2（由驱动版本决定），具体可参考表 A-1。

3）用 CUDA 安装：

```
conda install pytorchtorchvisioncpuonly -c pytorch
```

如果这种方式无法执行，或下载很慢，可把 -c pytorch 去掉。-c 参数指明了下载 PyTorch 的通道，优先级比清华镜像更高，可以采用如下命令：

```
#安装CPU版本
```

```
conda install pytorchtorchvisioncpuonly

#安装GPU版本
conda install pytorchtorchvisioncudatoolkit=10.1
```

> 说明　如果在 Windows 下安装 PyTorch 出现对 xx 路径没有权限的问题时，在进入 cmd 时，右键选择用管理员身份安装，如图 A-13 所示。

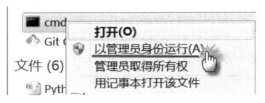

图 A-13　以管理员身份安装

4）使用 pip 安装。

```
#安装更新GPU最新版本
python -m pip install --upgrade torch torchvision -i https://pypi.tuna.tsinghua.
edu.cn/simple
#安装CPU版本
pip install torch==1.6.0+cpu torchvision==0.7.0+cpu -f https://download.pytorch.
org/whl/torch_stable.html
```

5）验证安装是否成功。

```
import torch
print(torch.__version__)
print(torch.cuda.is_available())    #查看GPU是否可用
```

A.13　修改安装源

我们用 pip 或 conda 安装软件时，很慢甚至时常报连接失败等错误，出现这些情况一般是因为下载源是国外网站。可以修改安装源来加快下载速度并保证稳定性，以下介绍几种利用清华镜像源的方法。

1. 修改 conda 安装源
在用户当前目录下，创建 .condarc 文件，然后把以下内容放入该文件即可。

```
channels:
    - defaults
show_channel_urls: true
channel_alias: https://mirrors.tuna.tsinghua.edu.cn/anaconda
default_channels:
    - https://mirrors.tuna.tsinghua.edu.cn/anaconda/pkgs/main
    - https://mirrors.tuna.tsinghua.edu.cn/anaconda/pkgs/free
```

```
        - https://mirrors.tuna.tsinghua.edu.cn/anaconda/pkgs/r
        - https://mirrors.tuna.tsinghua.edu.cn/anaconda/pkgs/pro
        - https://mirrors.tuna.tsinghua.edu.cn/anaconda/pkgs/msys2
custom_channels:
conda-forge: https://mirrors.tuna.tsinghua.edu.cn/anaconda/cloud
msys2: https://mirrors.tuna.tsinghua.edu.cn/anaconda/cloud
bioconda: https://mirrors.tuna.tsinghua.edu.cn/anaconda/cloud
menpo: https://mirrors.tuna.tsinghua.edu.cn/anaconda/cloud
pytorch: https://mirrors.tuna.tsinghua.edu.cn/anaconda/cloud
simpleitk: https://mirrors.tuna.tsinghua.edu.cn/anaconda/cloud
```

 说明 Windows 环境也是如此，如果没有 .condarc 文件，就创建。

2. 修改 pip 安装源

为了和 conda 保持一致，还是选择清华的镜像源。步骤如下。

（1）修改 ~/.pip/pip.conf 文件。

```
vi ~/.pip/pip.conf
```

 说明 如果是 Windows 环境，在用户当前目录下，修改 pip\pip.ini 文件，如果没有就创建一个。

（2）添加源

```
[global]
index-url = https://pypi.tuna.tsinghua.edu.cn/simple
[install]
trusted-host = pypi.tuna.tsinghua.edu.cn
```

语言模型

预训练模型（Pre-Trained Models, PTM）从大量无标注数据中进行预训练，训练时通常引入语言模型作为训练目标。这些语言模型主要分为三大类。

1. 自回归语言模型

1）定义：

自回归（AutoRegressive, AR）是时间序列分析或者信号处理领域常用的一个术语，一个句子的生成过程如下：首先根据概率分布生成第一个词，然后根据第一个词生成第二个词，接着根据前两个词生成第三个词，以此类推，直到生成整个句子。

2）表达式：

$$\max_\theta \log p_\theta(x) = \sum_{t=1}^{T} \log p_\theta(x_t \mid x_{<t}) \tag{B.1}$$

3）优点：文本序列联合概率的密度估计，即为传统的语言模型，天然适合处理自然生成任务。

4）缺点：联合概率按照文本序列从左至右分解（顺序拆解），无法通过上下文信息进行双向特征表征。

5）代表：ELMO、GPT、GPT-2、GPT-3。

2. 自编码语言模型

1）定义：

自编码器（AutoEncoding, AE）是一种无监督学习输入特征的方法：我们用一个神经网络把输入（输入通常还会增加一些噪声）变成一个低维的特征，这就是编码部分。再用一个 Decoder 尝试把特征恢复成原始的信号。例如：可以把 BERT 看作一种自编码，它通过掩码改变了部分标识符，然后试图通过其上下文的其他标识符来恢复这些被遮掩的标识符。

2）表达式：

$$\max_\theta \log p_\theta(\overline{x} \mid \hat{x}) \approx \sum_{t=1}^{T} m_t \log p_\theta(x_t \mid \hat{x}) \tag{B.2}$$

3）优点：本质为降噪自编码特征表示，通过引入噪声 [MASK] 构建 MLM，获取上下文相关的双向特征表示。

4）缺点：引入独立性假设，为联合概率的有偏估计，没有考虑预测 [MASK] 之间的相关性；不适合直接处理生成任务，MLM 预训练目标的设置造成预训练过程和生成过程（或测试过程）不一致；预训练时的 [MASK] 噪声在微调阶段不会出现，造成两阶段不匹配等问题。

5）代表：BERT、UniLM、T5、ALBERT 等。

3. 排列语言模型

1）定义：

排列语言模型（PLM）是一种广义的自回归方法，对于一个给定序列，生成其所有可能排列进行采样作为训练的目标。PLM 没有改变原始文本序列的自然位置，只是定义了标识符的预测顺序。PLM 只是针对语言模型建模不同排列下的因式分解排列，并不是词的位置信息的重新排列。

2）表达式：随机的采样给定序列的部分排列，求期望。

$$\max_\theta E_{z \sim Z_T}\left[\sum_{t=1}^{T} \log p_\theta(x_{z_t} \mid X_{Z<t})\right] \tag{B.3}$$

3）优点：PLM 借鉴 NADE（Neural Autoregressive Distribution Estimation，神经自回归分布估计法）的思想，将这种传统的自回归语言模型进行推广，将顺序拆解变为随机拆解，从而产生上下文相关的双向特征表示。

4）缺点：针对某一个因式分解序列来说，被预测的标识符依然只能关注到它前面的序列，导致模型依然无法看到完整序列信息和位置信息。

5）代表：XLNet。